U0242214

"十四五"职业教育国家规划教材

调味品生产技术

李平凡　邓毛程　主编

中国轻工业出版社

图书在版编目（CIP）数据

调味品生产技术/李平凡，邓毛程主编. —北京：中国轻工业出版社，2025. 5

ISBN 978 - 7 - 5019 - 9126 - 6

Ⅰ.①调…　Ⅱ.①李…②邓…　Ⅲ.①调味品 - 生产技术 - 高等职业教育 - 教材　Ⅳ.①TS264

中国版本图书馆 CIP 数据核字（2012）第 316795 号

责任编辑：张　靓　　责任终审：劳国强　　封面设计：锋尚设计
版式设计：王超男　　责任校对：晋　洁　　责任监印：张　可

出版发行：中国轻工业出版社（北京鲁谷东街 5 号，邮编：100040）
印　　刷：三河市万龙印装有限公司
经　　销：各地新华书店
版　　次：2025 年 5 月第 1 版第 7 次印刷
开　　本：720 × 1000　　1/16　　印张：13.5
字　　数：272 千字
书　　号：ISBN 978 - 7 - 5019 - 9126 - 6　　定价：28.00 元
邮购电话：010 - 85119873
发行电话：010 - 85119832　　　010 - 85119912
网　　址：http://www.chlip.com.cn
Email：club@ chlip.com.cn

我国是调味品的发源地，也是调味品生产与消费大国，每年总产量已超过1000 万 t。调味品行业的发展速度基本保持在每年增长 15%～20%，并形成了"小产品、大市场"的格局，成为食品工业中新的经济增长点。我国调味品生产历史悠久，但是这个传统行业领域的许多生产技术已落后于日本等国家，整个行业存在技术人员数量严重不足，从业人员职业素质普遍偏低，生产设备陈旧、生产技术和管理方法落后等问题，整个产业亟需优化和升级。解决这些问题，是我国高职食品及生物技术类专业的人才培养任务和发展机遇。因此，有必要根据食品和生物产业的相关岗位要求，将调味品生产技术构建成一门专业核心课程。

本教材根据现代调味品行业中的酱油、食醋、增味剂、天然调味品及复合调味品等产业的生产岗位的工作内容和相关职业技能资格证书的要求，以完成现代调味品生产岗位工作任务所需要的职业能力培养为核心，以贯穿性项目为导向组织教材内容，体现以工作任务为驱动实施教学的思想，采用教、学、练三者结合以练为主的教学方式，将从业所需的技能、知识和工作态度等有机地结合在一起，使学生在完成项目和任务的过程中获取相关理论知识的同时，也培养了相关的职业能力。

本教材是根据高职院校食品及生物技术类专业的教学需要编写的。但由于调味品产品众多，相关工艺技术也不尽相同，由于篇幅有限，不可能将每一种调味品生产技术都一一阐述。本教材从大多数调味品的典型生产技术分类入手，选择调味品行业典型的生产工艺技术作为教学内容。期望通过有代表现性的项目教学，起到举一反三的作用，从而达到能力培养和知识积累的目的。

本教材由三大模块组成。模块一发酵类调味品生产技术，包括项目一酱油生产技术，项目二食醋生产技术，项目三豆腐乳生产技术，项目四味精生产技术；模块二反应类调味品生产技术，包括项目五水解型调味品生产技术，项目六抽提类调味料生产技术；模块三复合类调味品生产技术，包括项目七固态复配类调味品生产技术，项目八半固态复配类调味料生产技术和项目九液态复合调味料生产技术。本教材可供高职食品及生物技术类专业学生使用，同时可供从事调味品生产、研发的技术人员参考。

2021 年重印时，根据高等职业教育发展要求，结合行业企业的技术发展和现状，修改了部分内容，同时增加了微课视频和思政话题。

本教材由广东轻工职业技术学院李平凡、邓毛程；广东科贸职业技术学院谢婧，佛山市海天调味食品股份有限公司文志州任副主编；西昌学院李正涛，广州双桥股份有限公司冯文清，广东轻工职业技术学院范瑞和张东峰参与编写。具体编写分工如下：李平凡编写模块一中的项目一、项目二；邓毛程编写模块一中的项目四、模块二中的项目五；谢婧编写模块二中的项目六；冯文清编写模块三中的项目九；李正涛编写模块三中的项目七；文志州编写模块三中的项目八；范瑞、张东峰编写模块一中的项目三。

由于编者水平有限，书中肯定存在不少错误与不足之处，恳请读者批评指正。

编 者

目录 ▶

模块一
发酵类调味品生产技术

背景知识

发酵类调味品是指动植物原料经过微生物或者酶的作用,经过特殊的发酵工艺过程制造而成的调味品。发酵类调味品是调味食品中不可或缺的重要元素之一。市场上的发酵类调味品主要是指酱油、食醋、豆腐乳、料酒、酱类、味精等。一般作为基础调味料和功能性调味料应用于食品中。

目前,发酵类调味品的制作方法主要有固态发酵和液态发酵两种。

一、固态发酵生产的特点

固态发酵是指微生物在不含或几乎不含自由水的固态基质中进行生长及生物反应的过程。几千年前,固态发酵技术就已用于酿造中国白酒、食醋、酱油等,至今除了仍用于生产传统酿造食品,还用于生产食用菌、抗生素、酶制剂、微生态制剂、单细胞蛋白、生物农药、生物饲料、生物肥料等。

一般情况下,固态基质水分含量为40%~60%(湿基质量分数),但有些物料持水性极强,即使固态基质含水量高达70%(湿基质量分数)以上,液相也并不以连续相存在,这类发酵仍然属于固态发酵。在固态发酵体系中,多孔性的物料层存在固、液、气三种物质状态,即:固态基质、与固态基质紧密结合的液体(包括少量的游离水)和固体物料颗粒间隙中的气体,因而反应体系内的物质传递极其复杂,存在气–固、气–液、液–固等形式。

固态发酵与固体发酵常被混用,两者在逻辑上有所区别。固体发酵的基质特指那些可作为碳源、能源而又不含或几乎不含自由水的物料;而固态发酵通常利用自然基质作为碳源、能源,和(或)利用惰性基质作为固体支持物。固态发酵的原料非常广泛,包括各种谷物及其加工副产物(如稻壳、麸皮、玉米皮、玉米芯、米糠等)、豆类及其加工副产物(如豆粕等)、一些纤维素类物质(如木屑等)以及富含有机物的工业废渣等。

与液态发酵相比，固态发酵具有以下特点：

（1）培养基原料种类较少，多为来源广泛的天然基质或加工业副产物，所用原料通常不需经过复杂加工。例如，对于淀粉质类原料，在固态发酵中往往经过粉碎加工即可使用，而液态发酵中可能要经过原料制取淀粉、淀粉制取葡萄糖等复杂处理。

（2）固态发酵基质含水量较少，水分活度较低，可模拟某些微生物生长的自然环境，有利于这些微生物生长及代谢特殊产物；同时，在水分活度较低的情况下，杂菌不易生长。例如，丝状真菌一般在较低的水分活度下生长，许多丝状真菌适宜采用固态发酵，如白僵菌、绿僵菌的分生孢子不能在液体中繁殖，只能采用固态发酵技术进行生产；而细菌一般在较高的水分活度下生长，许多细菌适宜采用液态发酵。

（3）固态基质存在明显的固、液、气三相界面，通过固态发酵可以得到液态发酵难以得到的发酵产物。例如，对于白酒、酱油、食醋等传统食品风味物质的产生，固态发酵工艺明显优于液态发酵。

（4）在固态发酵中，单位体积的产物浓度较高，产物提取容易，但萃取产物过程中易污染基质成分；同时，固态发酵过程很少或不产生有机废水，而液态发酵过程产生大量的有机废水，因而固态发酵的废水污染治理相对容易。

（5）固态发酵体系中物料层疏松，通入空气的压力降较小，大量供气过程中的动力消耗也较小，而液态发酵的供气动力消耗较大。

（6）由于固态基质不含游离水或含有游离水极少，固体颗粒内营养物质的扩散是制约微生物生长的主要因素，发酵过程中去除生物热比较困难，许多参数在线检测和自动控制不易进行，而液态发酵在这几方面相对容易进行。

二、固态发酵生产的基本过程

一般情况下，固态发酵生产的基本过程：原料预处理→菌种扩大培养→固态发酵→发酵产品后处理。

（一）原料预处理

固态发酵原料预处理的目的是使原料更适合被微生物利用，预处理方法很多，主要包括粉碎、筛分、浸泡、配制、蒸煮（灭菌）、压制成型（块曲制造）、冷却等操作。

固体原料粉碎是将块状物料借助机械粉碎成适宜粒径的颗粒或细粉的操作过程，粉碎的目的在于减小粒径、增大比表面积，有利于提高难溶性成分的溶出，从而提高原料的利用率，并可节省蒸煮时的蒸汽消耗。

在对原料颗粒大小有要求的情况下，可通过筛网将不同粒径的物料进行筛分。我国工业标准常用"目"表示筛网型号，即以每平方英寸上筛孔的数目来表示，而筛孔常用微米来表示孔径，孔径大小与筛网目数、筛丝材料及丝径等有关。例如，对于100目的筛，以钢丝为筛丝材料时的孔径为170μm，以锦纶为筛丝材料时的孔径为150μm。

浸泡是原料吸水并膨胀的过程，浸泡目的在于保证原料充分吸收水分，使淀粉粒在蒸煮时容易透心，有利于糊化彻底。同时，谷物原料经过浸泡，沥干水分可去除其中的一些杂质。浸泡时间的长短要根据季节、水温及原料品种而定，一般情况下，温度越高，原料吸水速度越快，浸泡时间越短。

固态发酵基质的营养成分包括碳源、氮源、无机盐、维生素和水，配制固态发酵培养基时应根据生产工艺要求选择各种营养物料的配比，尤其要注意培养基中碳氮比例。有的固态发酵培养基必须掺入一定比例的填充料，如稻壳、玉米皮、棉子壳、玉米芯等，其主要作用是调整淀粉浓度，增加疏松性，以利于微生物的生长和酶的作用。

原料蒸煮处理的目的主要有两个：其一，可促使蛋白质变性和淀粉糊化，并软化纤维素及破坏其晶体结构；其二，对原料进行灭菌处理。原料蒸煮前，应先对原料进行浸泡，使其吸足水分。在蒸煮过程中，蒸汽具有强大的穿透力，可破坏原料内的细胞壁，使大分子物质水合化及更容易被酶解，此过程主要发生了淀粉糊化及蛋白质变性。蒸煮不充分时，则出现原料"生心"现象；若蒸煮过度，蒸煮后的原料过于稀烂，不易成型，对后续的发酵会产生不良影响。

（二）固态发酵中的菌种培养

固态发酵的微生物种类主要有细菌、放线菌、酵母菌、霉菌和担子菌等，而用于固态发酵的种子主要有液体种子和固体种子，分别通过液态培养和固态培养而获得。种子培养方式的选择与菌种特性、培养目的等有关。若种子是细菌的纯种培养物，培养目的是获得大量菌体，适宜在较高的水分活度下进行培养，故菌种培养可选择液态培养方式；若种子是丝状真菌，培养目的是获得大量分生孢子，要求在较低的水分活度下培养，只能选择固态培养方式。

许多的传统固态发酵采用谷、豆类等为原料，发酵过程需要能够大量产生水解酶类的微生物参与，这类微生物往往更适宜采用固态培养，因而固态发酵最常用的种子是固体种子。在古代的白酒、酱油、食醋等酿造中，"曲"就是发酵所需的种子。所谓的"曲"，即是经过微生物培养后所得的固体基质、微生物及其代谢产物的固态混合物。古代人们已经创立了曲法培养技术，该技术使用浅盘、竹匾或竹帘等简单设备，在曲室里进行保温、保湿培养，最终获得大量的固体曲。在长期生产实践中，传统曲法培养技术已得到不断改进，为了适用于大规模的种曲生产，厚层通风制曲技术就是一项重大的改进。

固态培养微生物的接种方式有两种：自然接种和人工接种。所谓自然接种，即培养基暴露于环境中，依赖环境中微生物以偶然机会接入培养基的方式。原始曲种制作就是采用自然接种的方式，但古代早有以人工接种方式制曲的记载，如宋代《北山酒经》中记载"以旧曲末逐个为衣"，即挑选当年质量好的曲作为种子，接于下一年的曲料。如果以优良曲种作为出发种子，固态扩大培养过程通常是一级扩大培养（即：曲盘培养或种曲机培养）或二级扩大培养（即：三角瓶培养→曲盘培养或种曲机培养）。

传统固态发酵过程通常是多菌种混合发酵的过程，一方面由于发酵过程需要多种微生物参与，另一方面在于固态发酵体系通常是开放式或半开放式的体系，难以真正实现纯种发酵。但是，为了强化某种微生物在固态发酵中的特殊作用，随着纯种培养技术的建立与发展，人们经常有意识地分离纯化某种微生物，然后进行纯种培养，再接种到培养物上进行发酵。有时是将单一微生物扩大培养后，再与传统曲种混合作为种子；有时是将多种微生物分别进行纯种扩大培养，再先后或同时接入固态发酵培养基。如果以纯种培养物作为出发种子，固态扩大培养过程通常是三级扩大培养，即：试管培养或茄子瓶培养→三角瓶培养→曲盘培养或种曲机培养。

以厚层通风制曲为例，菌种固态培养的影响因素主要包括 pH、温度、湿度及氧浓度，需对这些因素加以控制。由于固态培养过程难以实现 pH 在线检测，通常以控制培养基初始 pH 为主要措施。生物热是引起固态培养温度变化的主要因素，而散热成为了温度控制的关键，可以通过强制通风进行温度控制，强制通风可以促进培养基水分蒸发，以蒸发散热的形式带走大量的热量，还可以直接带走部分的热量。固态基质的水含量和厚层通风系统的相对湿度对固态培养影响很大，以霉菌为例，如果种曲的培养以产孢子为目的，由于孢子萌发比菌丝体生长所需的水分活度要低，湿度控制时应根据孢子萌发条件调节基质的初始含水量，同时可以采用定期向培养基喷洒无菌水、调节通入空气的相对湿度等方法维持固态基质的含水量。由于物料层具有多孔性，使分布于颗粒间隙的空气形成连续的气相，可以为微生物生长提供良好的有氧环境，但是随着菌丝体的生长和蔓延，菌丝与基质之间、菌丝与菌丝之间会相互缠结，从而使基质内部出现局部缺氧，因此，培养过程中需采用连续通风、搅拌或定期通风、搅拌等方法来为微生物供氧。在整个过程中，温度、湿度和氧浓度的控制往往采用耦合控制的方式，即在强制通风过程中，采用控制通入空气的流速、湿度及温度等手段，达到三个发酵参数的耦合控制。

（三）固态发酵的影响因素及控制

1. 碳氮比的影响及控制

从微生物细胞的元素组成来看，碳元素含量占 40% ~ 50%，氮元素含量占 7% ~ 15%，氢元素含量占 6% ~ 8%，磷、硫、金属元素含量占 1% ~ 11%，培养基的组成要满足菌体生长繁殖的元素需求。从获得特定产物来看，尤其是非生长偶联型或部分生长偶联型的发酵类型，培养基中碳和氮的比例（C/N）是非常重要的。若碳氮比过大，菌体生长繁殖缓慢，甚至导致发酵所需生物量不足；若碳氮比过小，菌体生长过于旺盛，有可能不利于某种代谢产物的积累。配制培养基时，必须明确生物量的化学组分和发酵的预产量，以便确定合适的碳氮比及培养基组成，从而使微生物能够充分利用各种营养成分，不会造成原料的浪费。固态发酵中碳氮比一般控制为 10 ~ 100，对于不同微生物的生长或不同产物的发酵，需通过试验来确定最佳的碳氮比。

2. 温度的影响及控制

根据微生物的生长最高温度，可将微生物分为极端嗜热微生物、嗜热微生物、嗜温微生物和嗜冷微生物；在固态发酵生产中，嗜温微生物是最普遍存在和被利用的微生物，这类微生物生长的最适温度在 30 ~ 45℃，可耐受的温度一般不超过 50℃。微生物的生长和产物的合成都是在各种酶的催化下进行的，温度是保证酶活性的重要条件。如果发酵温度过高，易引起一些重要变化，如蛋白质变性、酶抑制、抑制特定代谢途径产物、细胞死亡等。

固态发酵的发酵热是引起温度变化的因素，其是生物热、蒸发热和辐射热的总和。固态发酵的生物热是微生物在固态发酵过程中所产生的热量，其主要来源是碳水化合物、脂肪和蛋白质等物质被微生物分解所释放出来的能量；在释放出来的能量中，一部分用于合成代谢产物，一部分用于合成生命活动所需的高能化合物，其余部分则以热的形式散发出来。蒸发热是固态发酵过程中水分蒸发所带走的热量，辐射热是由于反应器与环境之间存在温差而产生辐射传递的热量。在固态发酵过程中，生物热是产热的主要因素，尤其在发酵旺盛阶段，大量生物热能够使固态料层的温度急剧上升，有时升温速度可高达 2℃/h。

在固态发酵过程中，由于基质的热传导性很差，生物热难以及时扩散；同时，由于基质体积发生收缩，多孔性下降，更加阻碍热的传递。由于传热困难，固态发酵过程中易出现热量堆积现象，使整个固态发酵体系无法达到最佳温度，有时固态料层温差高达 3℃/cm。固态发酵过程的热量散失主要通过蒸发、对流、传导三种机制进行，Gutierrez 等曾经对柠檬酸固态发酵过程的三种传热机制进行研究，结果表明，蒸发、对流及传导的传热效率分别占 64.7%、26.65% 及 8.65%，传导是固态发酵的传热阻力。

固态发酵的温度控制方式与固态发酵工艺、固态反应器等有关，控温方式通常有：自然控温法、通风控温法、拌料控温法、水浴控温法及耦合控温法。

（1）自然控温法 自然控温法是利用自然环境的温度变化进行调节发酵温度的控温方式，整个过程通常不需采用强制控温手段。例如，在传统的酱油、酱等发酵过程中，将陶缸等发酵容器置放在露天的晒场中，任其日晒夜露半年甚至一年，发酵温度随自然温度而变化，由于这类发酵主要依靠曲料的酶进行作用，而自然温度一般不超过酶的失活温度，故所采用日晒夜露的控温法能够满足发酵温度控制的要求。另外，由于传统固态发酵生产的控温设施并不完善，组织生产时需选择合适的季节，如选择在春季或秋季，其实是利用自然控温法进行温度控制，使发酵温度不超过工艺要求的上限值。

（2）通风控温法　通风控温法是采用强制通风的措施进行散热的控温方式。强制通风不仅可以直接带走热量，而且可以加强培养基的水分蒸发量，从而带走大量的生物热。例如，在厚层固态发酵过程中，可从物料底部通入空气，由于入口空气的相对湿度较小，而物料层的相对湿度较大，通入空气有助于水分汽化蒸发，从而达到散热目的。通风控温法也适用于固态发酵室的温度控制，通过加强室内外的空气对流，间接地加强物料的水分蒸发，可有效地控制物料的发酵温度。

（3）拌料控温法　拌料控温法是采用人工翻料或机械翻料的措施进行散热的控温方式。这种方法一般适用于散状物料，翻拌物料可以起到疏松物料、均匀温度的作用，使堆积在物料内部的生物热及时散发出去。

（4）水浴控温法　水浴控温法是借助发酵设备的隔层（夹套）而采用水浴换热的控温方式。该方法适用于配置隔层（夹套）的小型固态反应器，将恒温水循环输入隔层（夹套），可调解固态反应器内物料的温度。固态发酵采用大型反应器时，由于设备的表面积有限，水浴控温法的换热效果较差，难以调节物料层内部的温度。

（5）耦合控温法　耦合控温法是将上述数种方法耦合在一起进行调节发酵温度的控温方式。在大规模固态发酵系统中，采用单一的控温方式难以维持物料层内部温度达到较理想的分布，因而需要采用耦合控温法进行控温，例如，同时采用强制通风、拌料、水浴等控温方法；有时，甚至将湿度控制与温度控制进行耦合，定期向物料喷淋无菌水以维持物料层的含水量，从而可以辅助通风控温法的有效实施。

3. 湿度及水分活度的影响及控制

在固态发酵体系中，基质含水量和反应器内的相对湿度都是影响固态发酵的重要因素，但是，微生物能否在基质上生长取决于固态基质的水分活度 A_w，水分活度 A_w 更加直接反映物料与水亲和能力的大小，从而反映了物料中所含水分作为化学反应和微生物生长的可利用价值。水分活度 A_w 定义为：湿料饱和蒸汽压（p）跟同样温度下纯水饱和蒸汽压（p_0）的比值。水分活度与基质含水量、溶质种类及溶质数量等均有关系，纯水体系的水分活度 A_w 为 1.00，随着水中溶质的增加，A_w 值逐渐减小；同时，水分活度还与温度有关，同一物料含水量相同时，温度越高，则其水分活度越大。

底物的性质、最终产物的类型及微生物的需求共同决定底物含水量的水平，不同微生物水分活度要求也不同。一般情况下，细菌要求 A_w 在 0.90～0.99，大多数酵母菌要求 A_w 在 0.80～0.90，真菌和少数酵母菌要求 A_w 在 0.60～0.70。因此，适宜在较低 A_w 下进行生长和代谢的微生物适合于固态发酵过程，这是固态发酵常用真菌的原因。如果 A_w 发生微小的波动，则会对微生物的生长和代谢产生较大的影响，从对维持微生物的生理活性来分析，A_w 要比基质含水量更为重要，它表示了基质中水的一种潜在的能量，即渗透压和表面张力。当 A_w 过高时，物料层的空隙率会降低，对 O_2 和 CO_2 的扩大会造成阻碍，最终影响了微生物的生长。

另外，固态发酵中水分不仅为微生物生长提供水环境，还直接影响到微生物对氧的利用。基质表面的水膜是传质的控制因素，气体传递受到这层水膜的限制。在生长旺盛的微环境中，氧的浓度梯度很大，表明了水膜制约了氧的传递效率。

在固态发酵中，水分活度的控制主要体现为两方面：其一，控制基质的初始含水量；其二，在发酵过程中调节基质含水量及空气湿度。初始含水量一般控制为 30% ~75% ，若发酵所用菌种为细菌时，初始含水量须高于 70% ；若是酵母菌，初始含水量控制在 60% ~70% 范围内；若是真菌，初始含水量控制在 30% ~70% 。在发酵过程中，由于蒸发及温度上升，导致 A_w 下降，此时可以采用往基质喷淋无菌水、通入湿度较大的空气等措施来提高 A_w ，以保证发酵的正常进行。

4. pH 的影响及控制

pH 是影响发酵的重要因素，每一种微生物都有其生长、代谢的最适 pH 范围。但是，固态发酵过程仍缺乏在线检测 pH 的方法，很难有效实施 pH 的控制。目前，控制 pH 的方法主要有：①对固态培养基的初始 pH 进行调节；②在配制培养基时，不使用铵盐，而以其他含氮无机盐（如脲）为氮源，以消除发酵过程中酸的生成带来的不利影响；或者，加入一些缓冲能力较强的物质，以消除 pH 变化幅度过大所带来的不利影响；③在固态发酵过程中，将蒸发散热、水分活度和 pH 控制相耦合，即将一定浓度的酸溶液或碱溶液直接喷洒在固态培养基上，但酸碱与固态基质混合的均一性比较差，只是在一般敞开式固态发酵中才行之有效。

5. 供氧的影响及控制

固态发酵过程大多数是好氧发酵过程。在固态发酵过程中，氧气在基质颗粒间的传质过程受颗粒间空隙率的影响，而空隙率又受基质颗粒大小、结构及含水量的影响。如果物料颗粒较细或基质含水量过高，空隙率就会降低，容易造成局部厌氧环境。另外，由于微生物的生长，基质表面形成菌膜，甚至出现基质结块，导致基质内局部区域缺氧。为了防止基质内缺氧和增加基质内氧的浓度，确保固态发酵的正常进行，通常采用通风、搅拌或翻拌来增大氧的传递。虽然搅拌或翻拌可以防止物料结块，并有利于散热，但过多的搅拌或翻拌有可能损伤菌丝体。固态发酵过程以通风为供氧的主要手段，往基质通气有助于氧从气相传递到基质表面的液膜，从而被微生物利用；同时，通气对生物热的散发、CO_2 的排出等都起到重要作用。

固态发酵中没有自由水，基质表面形成的一层液膜是氧气从气相主体到微生物传质的控制因素，与液态发酵相比，它的传质阻力较小。在通风供氧过程中，基质空隙率、料层厚度、基质湿度、氧的分压、通气率、搅拌或翻拌的转速、反应器几何特征等对氧的传递速率都有影响。为了提高氧的传递速率，除了适当地搅拌或翻拌，常用的措施还有：以多孔颗粒状物质或纤维状物质为基质；减小基质厚度；增加基质间空隙；使用浅盘式反应器、转鼓式反应器等。

三、液体发酵生产的特点

按培养基的物理性状区分，可将工业发酵分为液体发酵和固体发酵两大类型，而液体发酵又可分为液体浅层发酵和液体深层发酵两种方式。液体浅层发酵又可称为浅盘发酵，即将液体培养基放在浅盘内进行静止发酵，该方式存在劳动强度大、占地面积大、效率低、易染杂菌等缺点。液体深层发酵即是将液体培养基放在发酵罐内进行发酵，按微生物对氧的要求，又可分为厌氧、好氧等方式，好氧发酵方式则需采用通气、搅拌等措施进行供氧。

与固体发酵、液体浅层发酵等相比，液体深层发酵具有很多优点：①容易按照生产菌种生长、代谢的要求而选择最适发酵条件，菌体生长快，发酵产率高，发酵周期短；②可使发酵在均质或拟均质的状态下进行，发酵条件容易控制，产品质量稳定；③占地面积小，容易扩大生产规模，容易实现自动化控制，生产效率高；④产品易于提取、精制等。因此，液体深层发酵在现代发酵工业中被广泛应用，如谷氨酸、柠檬酸、肌苷酸、青霉素等发酵产品都采用这种方法进行大量生产。但是，液体深层发酵尚存在设备投资大、废液排放量大等缺点，仍需不断改进。

四、液体深层发酵生产的基本过程

目前，大多数发酵产品都采用液体深层发酵法进行生产，虽然产品种类繁多，但总体上的生产工艺流程相似，基本流程为：生产菌种→种子扩大培养→发酵→提取与精制→成品。

（一）生产菌种

发酵工业使用的微生物菌种是多种多样的，但不是所有的微生物都可作为菌种，即使同属于一个种（species）的不同株的微生物，其生产能力也不同。因此，无论是野生菌株，还是突变菌株或基因工程菌株，都必须经过精心选育，达到生产菌种的要求方可应用于发酵工业。

一般来说，优良的生产菌种应该具备以下基本特性：①菌种在有限的发酵过程中生长繁殖快和代谢能力强；②菌种遗传特性稳定，不易变异退化，且菌种所要求的工艺控制比较粗放，易于控制；③发酵过程中产生的副产物少；④对噬菌体等的抗感染能力强；⑤菌种不是病源菌，对人、动物、植物和环境都不具有潜在的危害性；⑥菌种具备利用广泛来源原料的能力，并对发酵原料成分波动的敏感性尽可能小。具备以上条件的菌株才能成为生产菌种，生产运行中要对其进行妥善保藏，防止菌种衰退，以保证发酵产率和产品质量。

(二) 种子扩大培养

现代发酵工业生产规模越来越大，有些发酵罐的容积已发展至 $1000m^3$ 左右，要使微生物在有限时间内完成巨大的发酵转化任务，就必须具有数量巨大的微生物细胞。发酵周期的长短与接种量的大小有直接关系，按 10% 左右的接种量计算，$100m^3$ 的发酵罐需要 $10m^3$ 左右的种子量，$1000m^3$ 的发酵罐则需要 $100m^3$ 左右的种子量，因而发酵生产需要一个种子扩大培养的过程。

种子扩大培养是指将保存在沙土管、冷冻干燥管中处于休眠状态的生产菌种经活化后，再经斜面、三角瓶以及种子罐等逐级扩大培养，最终获得一定数量和质量的纯种的过程。所得纯种培养物通常称为种子。种子扩大培养的目的就是为每次发酵罐的投料生产提供数量足够的、活力旺盛的种子。足够数量的种子接入发酵罐中，有利于缩短发酵周期，提高发酵罐的周转率，并且也有利于减少染菌的机会。

种子扩大培养的一般流程：保藏斜面→斜面培养→三角瓶培养→种子罐培养→发酵罐。整个过程大致可分为实验室种子制备与生产车间种子制备两个阶段，实验室种子制备阶段一般包括斜面种子的培养、实验室内进行的固体或液体培养基的种子扩大培养，生产车间种子制备阶段是指在生产车间进行的种子扩大培养，如利用种子罐进行种子培养等。在种子扩大培养过程中，培养基组成、种龄、接种量、温度、pH、溶氧以及泡沫等因素对种子质量均有影响，需对这些因素进行控制。

(三) 发酵

发酵体系是一个非常复杂的多相共存的动态系统，其主要特征：①微生物细胞内部结构及代谢反应的复杂性；②生物反应器内部环境的复杂性，其内部环境为气相、液相、固相三相共存的系统；③系统状态的时变性及包含参数的复杂性，这些参数互为条件，相互制约。

发酵过程的主要目的是使微生物能够积累大量的代谢产物，发酵生产水平主要取决于生产菌种特性和发酵条件的适合程度，需根据生产菌种的特性及其环境条件的相互作用、产物合成代谢规律及调控机制进行控制。常规的控制参数包括温度、pH、溶氧（DO）、溶解 CO_2、罐压、液位、补料速率及补料量等。

按发酵工艺流程，液态深层发酵可分为分批发酵、连续发酵和补料分批发酵三大类型：

（1）分批发酵　即将整批培养基装进单个发酵罐，完成整个发酵过程后，排空发酵罐，将发酵液送至提取、精制等后处理工序，再对该发酵罐进行下一批发酵。

（2）连续发酵　即在发酵过程中往发酵罐内连续补充新鲜的培养基，同时又以同样速度从发酵罐内排出培养物，其控制方式主要有恒浊器法和恒化器法两种。恒浊器法是利用浊度来检测细胞的浓度，通过自控仪调节流入培养基的量，以控制发酵液中菌体浓度达到恒定值。恒化器法与恒浊器法相同之处是维持一定的体积，但不是直接控制菌体浓度，而是控制恒定输入的培养基中某一种生长限制基质的浓度。

（3）补料分批发酵　即在分批发酵过程中，间歇或连续地补加新鲜培养基的发酵方法，又称为半连续发酵或流加分批发酵。此法能使发酵过程中的某种营养成分保持在较低浓度，避免阻遏效应和积累有害代谢产物。

（四）提取与精制

发酵产物大致可分为菌体、酶和代谢产物三大类，都存在于发酵基质中。发酵结束后，要获得纯净的目标产物，必须对发酵液进行提取、精制等处理。提取与精制是指从发酵醪中分离、纯化目标产物的过程。有的目标产物存在于细胞内，获取目标产物的首要步骤是从发酵醪中将菌体分离出来；而有的目标产物存在于细胞外，菌体分离虽然不是获取目标产物的必要步骤，但有时需要对发酵醪进行预处理并回收菌体，为目标产物的获取创造有利条件。

发酵产物提取与精制的一般流程如图 1-1 所示。发酵产物的提取与精制大致分为两个阶段，即产物的粗分离阶段和纯化精制阶段。粗分离阶段是指在发酵结束后的产物提取、初步分离阶段，操作单元包括固液分离、细胞破碎、溶剂浸提、溶剂萃取、蒸发浓缩、沉淀法提取或除杂、吸附法提取或除杂等环节。纯化精制阶段是在初步分离纯化的基础上，依次采用各种特异性、高选择性分离技术，进一步将目标产物和杂质尽可能地分开，使目标产物纯度达到一定的要求，最后制成所需的产品。

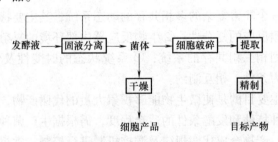

图 1-1　发酵产物提取与精制的一般流程

发酵产物提取与精制方法的工艺设计目标是产率高、品质优、成本低、操作简便、无环境污染等，工艺设计原则要求操作步骤尽可能少，应用单元操作的次序要合理。在选择单元操作方法时，应充分总结与参考大量的实践结果。在初步选定各个单元操作方法之后，可以根据每个单元操作的分离纯化效果来确定各个单元操作的先后次序，一般来说，收率高、纯化程度较低的方法在前，而纯化程度较高的方法在后。根据提取与精制的需要，有些单元操作，如离心、过滤、减压浓缩等，可能在工艺流程中需反复应用。

思政话题

五、液体深层发酵的影响因素及控制

（一）营养基质的影响及控制

基质是细胞的营养物质，其成分可影响细胞的生长繁殖和代谢产物的生成。例如，在以淀粉为唯一碳源的培养基中，枯草杆菌可产生 α - 淀粉酶和蛋白酶；在以葡萄糖为唯一碳源的培养基中，枯草杆菌只能产生蛋白酶。不同菌株发酵生产同一代谢产物，或同一菌株在不同发酵阶段，所需要的碳源、氮源等有可能不同，应根据菌种生长特性、发酵产物形成特性加以选择。例如，在生长非偶联型发酵中，菌体生长阶段和产物形成阶段的碳源、氮源等可能有所区别，于是培养基可以采用迅速利用和缓慢利用的混合碳源、混合氮源，以控制菌体的生长和产物的形成。

基质浓度对菌体生长和发酵产物形成均具有影响。基质浓度过高会严重影响菌体的生长，例如，由于酵母具有 Crabtree 效应，当在高糖培养基中发酵生产面包酵母时，即使溶氧充足，酵母在生长的同时也会产生大量的乙醇，从而使酵母的得率下降。另外，基质浓度过高有可能使营养过于丰富，菌体生长过盛，致使发酵液黏稠，传质状况差，菌体细胞将消耗较多能量来维持其生存环境，对发酵产物合成不利，最终导致发酵转化率降低。例如，在以葡萄糖、玉米浆和尿素为主要成分的培养基中，用克鲁斯假丝酵母（Candida krusei）发酵生产甘油，玉米浆的用量会影响发酵产物的生成量；当玉米浆浓度为 12g/L 时，菌体生长量较大，菌体生长消耗的葡萄糖量较多，甘油的产量和得率均较低；而玉米浆浓度为 9g/L 时的情况则相反，甘油的产量和得率都较高。

在初级代谢产物发酵中，磷酸盐浓度往往通过影响菌体生长而间接影响产物的产量；而对于次级代谢产物来说，磷酸盐浓度的调节作用机制比较复杂。微生物生长的适宜磷酸盐浓度为 0.32 ~ 300mmol/L，但次级代谢产物合成良好的适宜磷酸盐浓度平均值为 1.0mmol/L，如果提高到 10mmol/L 就明显抑制其合成。因此，抗生素等次级代谢产物的发酵中，通常采用生长亚适量的磷酸盐浓度，即磷酸盐浓度对菌体生长不是最适量，但又不低至影响菌体生长的量。一般控制基础培养基中磷酸盐在适当的浓度，如果发酵过程中发现代谢缓慢，可适当补加磷酸盐加以纠正，例如在四环素发酵中，间歇微量补加磷酸二氢钾，有利于提高四环素的产量。

综上所述，为了提高单位体积发酵罐内的产量，通常将基础培养基中基质控制在适当浓度，使菌体生长不受抑制，然后在发酵过程中采用连续或间歇补加高浓度基质的方法，以提高单位体积发酵罐内的基质总量，从而提高单罐产量。

（二）温度的影响及控制

微生物的生长和代谢产物的合成都是在各种酶的催化下进行的，温度是保证酶活性的重要条件。温度对发酵的影响是多方面且错综复杂的，主要体现在对微生物生长、产物形成及发酵液物理性质等方面的影响。

由于微生物所具有酶系的差异，不同微生物的最适生长温度范围也会有差异，例如，一些经过诱变的耐高温菌株的最适生长温度上限比一般生产菌株高3~4℃。同一种微生物对温度的反应也会因生长阶段不同而有区别，处于延滞期的细菌对温度的反应十分敏感，如果将其置于最适生长温度下培养，可以缩短生长的延滞期；处于生长后期的细菌，在最适生长温度范围内的温度变化对其生长速度的影响不明显。

细胞内氨基酸合成是一系列酶促反应的结果，酶极易因过热而失活，温度越高失活越快，表现为细胞过早衰老、发酵周期缩短、产物产量低等现象，故产物形成也有一个最适温度范围。此外，温度对某些产物的生物合成方向具有调节作用，例如，金色链霉菌能产生四环素和金霉素，在低于30℃时，它合成金霉素的能力较强，随着温度的升高，合成四环素的比例也增大，在35℃时只产生四环素。

同时，温度可以改变培养液的物理性质，从而间接影响到微生物生长和产物代谢。例如，温度通过影响培养液中的溶解氧浓度、氧传递速率、基质的分解速率等而影响发酵。

在发酵过程中应控制温度于发酵的最适温度，即在微生物生长阶段，发酵温度应控制在微生物生长的最适温度范围内；在产物形成阶段，发酵温度应控制在产物生成的最适温度范围内。在微生物生长温度与产物生成温度不同的情况下，宜采用多级温度控制的方法。发酵罐一般都配置热交换装置，例如夹套、排管或盘管等，通过调节热交换装置可以控制发酵温度。

（三）pH 的影响及控制

微生物都有其生长和生物合成最适的和耐受的 pH。一般微生物能在 3~4 pH 单位的范围内生长，如细菌一般适宜在 pH6.5~7.5 的范围内生长，在 pH5.0 以下或 pH8.5 以上一般不能生长；酵母能在 pH3.5~7.5 的范围内生长，最适 pH 为 4~5；霉菌生长的 pH 范围较宽，一般为 pH3.0~8.5，最适 pH 为 5~7。微生物生长和代谢都是酶促反应的结果，由于所起作用的酶种类不同，故代谢产物的合成也有其最适 pH 范围，例如，青霉素合成的最适 pH 为 6.5~6.8；柠檬酸合成的最适 pH 为 3.5~4.0。如果发酵环境的 pH 不合适，则微生物的生长和代谢就会受到影响，主要表现为：①影响酶的活性；②影响细胞膜的电荷状态；③影响培养基某些组分和中间代谢产物的解离；④影响某些生物合成途径的方向。

由于发酵是一系列酶的复合反应体系，各种酶具有不同的最适 pH，故微生物生长和产物合成两个阶段的最适 pH 往往不同。例如，链霉素产生菌的最适生长 pH 为 6.2~7.0，而合成链霉素的最适 pH 为 6.8~7.3。因此，应根据发酵不同阶段的最适 pH 而分别控制。

在发酵过程中，当环境 pH 变化较大时，微生物的 pH 自身调节能力就显得十分微弱，必须根据发酵过程中 pH 变化规律，人为地调节发酵液 pH，使微生物能在最适的 pH 范围内生长、繁殖和代谢。首先考虑培养基各种生理酸性物质和生理碱性物质的适当配比，甚至可加入磷酸盐等缓冲溶液，使培养基具有一定的缓冲能力；但这种缓冲能力毕竟是有限的，通常在发酵过程中直接补加酸性溶液或碱性溶液来调节 pH，尤其是直接补加生理酸性物质或生理碱性物质，不但可以调节 pH，而且可以补充营养物质。

调节 pH 时，应尽量避免发酵液的 pH 波动过大造成对菌体的不良影响。补加法调节 pH 有间歇添加和连续流加两种方式。连续流加可使发酵液 pH 相对稳定；若采用间歇添加法调节 pH，应遵循少量多次添加的原则，使 pH 在较窄的范围内波动。为了避免发酵液局部过酸或过碱，通常借助机械或空气搅拌使补进的酸性溶液或碱性溶液尽快与发酵液混匀。

（四）溶氧的影响及控制

工业发酵的生产菌株多数为好氧菌，少数为厌氧菌或兼性厌氧菌。对于好氧菌的发酵过程，必须供给适量无菌空气，菌体才能正常生长繁殖并积累所需要的代谢产物。需氧微生物的氧化酶系存在于细胞内原生质中，只能利用溶解于液体中的氧，故其生长、繁殖以及代谢受到溶氧浓度的直接影响。

各种好氧微生物所含的氧化酶体系的种类和数量不同，且氧化酶系受环境条件的影响，因此，不同种类微生物的呼吸强度有所不同，即使是同一种微生物，其呼吸强度也随菌龄和培养条件等不同而异。呼吸强度是指单位质量干菌体在单位时间内所吸取的氧量，一般而言，幼龄菌的呼吸强度比老龄菌的要大。但是，从微生物的总吸氧量来看，还要考虑菌体浓度，通常以耗氧速率来表示微生物的吸氧量，其计算方法为：耗氧速率 = 菌体呼吸强度 × 菌体浓度。

各种微生物的呼吸对发酵液中溶氧浓度有一个最低的要求，Hixson 等人称这一溶氧浓度为"临界氧浓度"，以 $C_{临界}$ 表示。如果不存在其他限制性基质，当溶氧浓度低于临界氧浓度时，呼吸强度随溶氧浓度的增加而增加，如果此时限制溶氧浓度，就会严重影响细胞的代谢活动；当溶氧浓度继续增加，达到临界氧浓度后，呼吸强度不随溶氧浓度变化而变化。工业发酵中，微生物的临界氧浓度一般为 0.003~0.05mmol/L。

在发酵过程中，并不是溶氧越高越好，即使是专性好氧菌，过高的溶氧对其生长可能不利。氧的有害作用是因为形成新生 O、超氧化物基 O_2^- 和过氧化基 O_2^{2-} 或羟自由基 OH^-，破坏细胞及细胞膜。有些带巯基的酶对高浓度的溶解氧很敏感，好氧微生物就产生一些抗氧化保护机制，如形成过氧化物酶（POD）

和超氧化物歧化酶（SOD），以保护其不被氧化。

由于氧在水中的溶解度很低，故溶氧往往成为好氧微生物发酵过程中的限制因素。在常压和25℃时，空气中的氧气在纯水中的溶解度仅为 $0.25mmol/L$，在发酵液中，由于各种溶解的营养物、无机盐和微生物的代谢物存在，溶氧浓度会明显降低。如果发酵液中氧的溶解度为 $0.2mmol/L$，由于微生物呼吸作用，大约经过14s后发酵液中的溶氧就会被耗尽，因而需在发酵过程不断通入无菌空气。

然而，发酵液中氧的传递是一个相当复杂的过程。对于一个发酵罐来说，影响氧传递效率的因素包括搅拌、空气线速度、空气分布器的形式、氧分压、发酵液黏度、发酵液深度等，需充分了解各因素的影响程度，并加以调节。

在发酵过程中，控制溶氧必须从需氧和供氧两方面进行考虑。产物不同、生产菌株不同、发酵工艺不同、或发酵阶段不同，发酵的需氧量就不同。因此，首先要了解生产菌株在发酵过程中各阶段的需氧量，然后根据需氧量对供氧进行控制。在具有规模性的发酵生产中，控制溶氧的手段一般有调节通气量、调节搅拌转速和调节发酵罐的压力等几种，由于搅拌转速和发酵罐压力的可调幅度较窄，通常以调节通气量为主要手段。

（五）CO_2 的影响及控制

在发酵过程中，CO_2 是呼吸和分解代谢的终产物，也是合成某些代谢产物的基质。微生物代谢产生的 CO_2 积累在发酵液中，会造成 pH 下降，其浓度对微生物生长和合成代谢具有刺激或抑制作用。通常情况下，当排气中 CO_2 的浓度高于4%时，菌体的糖代谢和呼吸速率会下降；当发酵液中 CO_2 浓度达到一定浓度时，对发酵产生不利影响。例如，发酵液中 CO_2 的浓度达到 $1.6 \times 10^{-1} mol/L$ 时，酵母的生长会受到严重的抑制。又例如，CO_2 明显影响青霉素发酵生产，当排气中 CO_2 含量高于4%时，即使溶解氧在临界氧浓度以上，菌体呼吸强度和青霉素合成都受到抑制；当进气中 CO_2 分压达到 $0.08 \times 10^5 Pa$ 时，青霉素的比生产速率下降50%。

CO_2 和 HCO_3 主要是影响细胞膜的结构，分别作用于细胞膜的不同位点。溶解的 CO_2 主要作用于细胞膜的脂质核心部位，HCO_3^- 主要影响细胞膜的膜蛋白。当细胞膜的脂质相中的 CO_2 浓度达到临界值时，膜的流动性及表面电荷密度就发生改变，使许多基质的膜运输受到阻碍，膜运输效率受到影响就会导致细胞生长受到抑制，细胞形态就发生改变。除了上述机制外，还可能存在其他机制影响微生物的代谢，如 CO_2 抑制红霉素生物合成，可能是 CO_2 对甲基丙二酸前体合成产生反馈抑制作用，使红霉素发酵单位降低。另外，CO_2 还影响发酵液的 pH，或与其他化学物质发生化学反应，或与生长必需的金属离子形成碳酸盐沉淀等，造成间接作用而影响菌体生长和产物合成。

控制发酵液中 CO_2 浓度要视其对发酵的影响，如果 CO_2 对发酵有促进作用，应该适当提高 CO_2 的浓度；如果 CO_2 对产物合成有抑制作用，应设法降低其浓度。由于 CO_2 与氧的传递不同，CO_2 的传递是从液相向气相进行传递的，当液相溶解 CO_2 的分压高于气相 CO_2 平衡时的分压时，才能发生液—气相间 CO_2 的传递。通过加强搅拌和通气，不但促进氧的溶解，而且有利于产生的 CO_2 随废气排出。因此，通气搅拌是控制 CO_2 浓度的方法之一。降低通气量和搅拌速率，有利于增加发酵液的 CO_2 浓度，反之则会减小 CO_2 浓度。

（六）泡沫的影响及控制

对于发酵过程来说，产生一定数量的泡沫是正常现象，但持久稳定的泡沫过多，将给发酵带来许多负面影响。过多泡沫产生，若消除不及时，将造成大量逃液，导致产物的损失和周围环境的污染。若泡沫从发酵罐向外渗出，将增加发酵染菌的机会。泡沫增多使发酵罐的装填系数减小。持久稳定的泡沫影响通气搅拌的正常进行，使溶氧效果降低，同时代谢气体不容易排出，影响菌体的正常呼吸作用，程度严重时可导致菌体自溶，将会形成更多的泡沫。泡沫液位上升后，将使部分菌体黏附在发酵液面的罐壁上，不能及时回到发酵液中，使发酵液中菌体量减少，影响发酵的产率。为了消除泡沫，通常加入消泡剂，但过多的消泡剂将给产物提取带来困难。

根据泡沫形成的原因与规律，可从生产菌种本身的特性、培养基的组成与配比、灭菌条件以及发酵条件等方面着手，预防泡沫的过多形成。当泡沫大量产生时，必须予以消除。发酵工业上消除泡沫的常用方法有机械消泡和化学消泡两种。

机械消泡是一种物理作用消除泡沫的方法，借助机械的强烈振动或压力的变化促使泡沫破碎。机械消泡的优点是不需要往发酵液添加消泡物质，可节省消泡剂，减少添加消泡剂时可能带来的染菌机会，也可以减少培养液性质的变化，对提取工艺无任何副作用。但是，机械消泡并不能完全消除泡沫，尤其对黏度较大的流态型泡沫作用微弱，故通常将机械消泡作为化学消泡的辅助方法。

化学消泡是使用化学消泡剂消除泡沫，是目前发酵工业上应用最广的一种消泡方法。其优点是消泡作用迅速可靠，但消泡剂用量过多会增加生产成本，且有可能影响菌体的生长、代谢，对产物的提取、精制不利。在发酵工业生产中，首先在发酵培养基配制时加入一定量（一般为培养基的 $0.3g/L$ 左右）的消泡剂，连同培养基一起灭菌，具有一定的抑泡作用；然后，在发酵过程中根据需要不定量地添加消泡剂（经灭菌处理），每次尽量少加，添加量以能够消除泡沫为宜。

项目一

酱油生产技术

学习内容

- 酱油的类型及特点。
- 酱油制备工艺（低盐固态、高盐稀态发酵）。
- 酱油生产常见问题。
- 酱油生产技术经济指标及质量标准。

学习目标

1. 知识目标

- 熟悉低盐固态和高盐稀态发酵生产酱油的生产工艺。
- 掌握酱油生产原料预处理的技术。
- 掌握酱油制曲的技术。
- 熟悉酱油的发酵原理。
- 熟悉酱油浸出、半成品处理技术。
- 熟悉酱油的质量标准。

2. 能力目标

- 能进行酱油生产的工艺设计和操作。
- 能进行酱油的原料预处理、制备种曲操作和常见问题处理。
- 能进行酱油的发酵、浸出的操作和常见问题处理。
- 能进行酱油半成品处理的操作和常见问题处理。
- 能分析和解决酱油制作中常见的质量问题。
- 初步具备酱油生产企业生产管理和质量管理的能力。

子项目一

低盐固态发酵酱油的生产

项目引导

一、低盐固态发酵工艺的特点与流程

酱油是以大豆、小麦等蛋白质原料和淀粉质原料为主要原料，经蒸煮、微生物发酵、浸淋提取等工序而制成的调味品。酱油起源于我国，在《周礼》《论语》中均有关于酱类的记载，古代人在制酱基础上创造了酱油酿制技术。酱油在历史上的名称很多，如清酱、豆酱、酱汁、豉油、淋油、晒油等，"酱油"一词最早出现在宋代，从而沿用至今。

酱油约有三千年的生产历史，从酱油出现至20世纪30年代，我国酱油生产工艺几乎没有改进，一直沿用传统的日晒夜露酿造方法，其过程包括常压蒸煮原料、自然接种制曲、高盐低温长周期的日晒夜露发酵、压榨提取酱油等步骤。20世纪30年代以后，随着科学技术的发展，酱油生产在微生物菌种选育、酿造工艺、酿造设备等方面均取得很大进步，如高蛋白酶活力的米曲霉菌株、生香酵母菌株、加压蒸煮设备及工艺、厚层通风制曲设备及工艺、保温发酵工艺、稀醪发酵工艺、固稀发酵工艺、浸淋提取工艺等应用于酱油生产，使生产效率、原料利用率得到大幅度的提高，如原料蛋白质利用率已突破80%。

目前，酿造酱油的生产方法可分为两大类：高盐稀态发酵法和低盐固态发酵法。高盐稀态发酵法是以大豆或脱脂大豆、小麦或小麦粉为原料，经蒸煮、曲霉菌制曲，再与盐水混合成稀醪而进行发酵的方法；低盐固态发酵法是以脱脂大豆及麦麸为原料，经蒸煮、曲霉菌制曲，再与盐水混合成固态酱醪而进行发酵的方法。低盐固态发酵法是上海调味品研究所在20世纪70年代研制的生产方法，是在无盐固态发酵法的基础上改进而成的，不需添置特殊设备，保持采用浸出法淋油，克服了无盐固态发酵法中质量不稳定、酱油香气不足等缺点，具有设备简单、操作简易、原料蛋白质利用率及氨基酸生成率均较高、发酵周期短（15d左右）等优点，采用该法生产的酱油占我国酱油总量的70%以上。

低盐固态发酵酱油的工艺流程如图1-2所示。

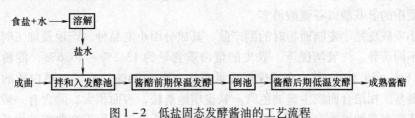

图1-2　低盐固态发酵酱油的工艺流程

二、酱油生产原料处理

（一）酱油生产的主要原料

酱油生产的主要原料包括蛋白质原料、淀粉质原料、食盐和水等。

1. 蛋白质原料

蛋白质原料对酱油的色、香、味、体的形成至关重要，酱油生产的原料历来都是以大豆为主要的蛋白质原料，随着科学技术的发展，人们发现大豆中的脂肪对酿造酱油的作用不大，目前我国已普遍采用大豆脱脂后的豆粕、豆饼作为主要的蛋白质原料。

大豆是黄豆、青豆及黑豆的统称。豆粕是大豆先经适当的预处理（一般低于100℃），调节其水分至8%~9%，轧扁，然后加入有机溶剂浸泡或喷淋，使其中油脂被提取，然后去豆粕中溶剂（或用烘干法）得到。豆饼是大豆经压榨法提取油脂后的产物，习惯上统称为豆饼；如果将未经任何处理的大豆送入压榨机进行压榨提油，所得的豆饼称为冷榨豆饼；如果压榨前大豆经高温处理，再经压榨提油，所得的豆饼则称为热榨豆饼。大豆、豆粕及豆饼的一般成分如表1-1所示。

表1-1		大豆、豆粕及豆饼的一般成分		单位:%
成分	大豆	豆粕	冷榨豆饼	热榨豆饼
水分	7~12	7~10	12	11
粗蛋白质	35~40	46~51	44~47	45~48
粗脂肪	12~20	0.5~1.5	6~7	3~4.6
碳水化合物	21~31	19~22	18~21	18~21
纤维素	4.3~5.2	—	—	—
灰分	4.4~5.4	5	5~6	5.5~6.5

2. 淀粉质原料

酱油生产的淀粉质原料有小麦、小麦麸皮、米糠、玉米、甘薯、碎米、小米等，经一系列试验证明，小麦和麸皮是比较理想的淀粉质原料。

小麦的成分因产地不同而有差别。一般情况下，小麦的淀粉含量为67.5%~72.5%，蛋白质含量为10%~14%，其中麸胶蛋白质和谷蛋白质丰富，而麸胶蛋白质中的氨基酸以谷氨酸最多。

小麦麸皮是小麦制面粉时的副产品，其成分因小麦品种、产地及加工时出粉率的不同而异。一般情况下，麸皮的蛋白质含量为13.1%~16.6%，淀粉含量为53.6%~56.5%，其中多缩戊糖含量高达20%~24%，它可与蛋白质的水解产物氨基酸相结合而产生酱油色素。麸皮质地疏松，表面积大，除含有一般成分外，还含有多种维生素，钙、铁等无机盐，营养成分适于促进米曲霉的生长和产酶，既有利于制曲，又有利于淋油，能提高酱油的原料利用率和出品率。因此，目前我国多以麸皮作为生产酱油的主要淀粉质原料。为了提高酱油质量，尤其是要改善风味，通常还要适当补充一些含淀粉较多的原料。如果淀粉不足，糊精和糖分将减少，对发酵有较大影响，造成酱油口味淡薄和香气不足。

3. 食盐

食盐是生产酱油的重要原料之一，它使酱油具有适当的咸味，并且与谷氨酸结合构成酱油的鲜味，增加酱油的风味。食盐还有抑菌防腐作用，在发酵过程中可以起到减少杂菌污染的作用，对防止成品腐败也具有一定作用。

食盐因来源不同可分为海盐、湖盐（池盐）、井盐和岩盐。生产酱油的食盐宜选用氯化钠含量高、颜色白、水分及夹杂物少、卤汁（氯化钾、氯化镁、硫酸钙、硫酸镁、硫酸钠等的混合物）少的。如果食盐含卤汁过多，会给酱油带来苦味，使酱油品质下降。

4. 水

水是酿造酱油的原料，就产品而言，水分占酱油成分的70%左右，发酵生成的全部调味成分都要溶于水才能成为酱油。酿造酱油用水量很大，包括整料用水、制曲用水、发酵用水、淋油用水、锅炉用水以及清洁用水等，一般生产1t酱油需用水6~7t。凡是符合卫生标准能供饮用的水均可使用。

（二）原料的处理

原料处理是生产酱油的重要环节，直接影响到后续工序的生产，从而影响着原料利用率和酱油质量。原料处理包括两个方面：一是通过机械作用将原料粉碎成为小颗粒或粉末状；二是经过充分润水和蒸煮，使蛋白质原料达到适度变性，使结构松弛，并使淀粉充分糊化，以利于米曲霉的生长繁殖和酶类的分解作用。通过蒸煮，也可以杀灭附着在原料上的杂菌，以排除杂菌对米曲霉生长的干扰。原料处理因原料种类、设备、工艺等而有所不同，但总体要求是：颗粒细而均匀，润水充分，蒸煮压力和时间要适当，卸压和冷却要迅速。

目前，大多数工厂采用豆饼（粕）、麸皮为原料，原料处理的一般工艺流程如图1-3所示。

图1-3　原料处理的一般工艺流程

1. 豆饼轧碎

原料颗粒过大，不仅减少米曲霉生长繁殖的总面积，而且不易吸水和蒸熟，影响酶对原料的分解作用，从而影响酱油的产量和质量。但是，如果原料粉碎过细，润水时容易结块，蒸煮后易产生夹心；制曲时曲料密实，造成通风不畅；发酵时酱醅发黏，淋油操作困难；最终影响原料利用率和酱油质量。

豆饼块大而坚硬，必须予以轧碎，为后续的润水、蒸煮创造有利条件，以增加米曲霉生长繁殖及分泌酶的总面积，提高酶的活力。豆饼轧碎程度以细而均匀为宜，要求颗粒直径为2~3mm，粉末比例低于20%。

2. 加水及润水

向原料中加入适量的水，原料均匀而完全地吸收水分的过程称为润水。加水及润水的目的是：使原料中蛋白质含有适量的水分，以便在蒸料时受热均匀，迅速达到蛋白质的一次变性；使原料中的淀粉吸水膨胀，易于糊化，以便溶解出米曲霉生长所需要的营养物质；供给米曲霉生长繁殖所需要的水分。

加水量直接影响到成曲的质量。制曲时，应尽可能缩短米曲霉孢子的发芽时间，利用米曲霉的生长优势抑制杂菌的侵入，而原料含有适量水分是加速米曲霉发芽的主要条件之一。当曲料中水分含量控制在米曲霉能够生长，而又低于细菌生长所需要的水分活度值时，米曲霉的孢子在短时间内就能吸水萌发，占据生长优势，从而抑制细菌的污染。在一定范围内，适当增大加水量，有利于蒸煮时蛋白质变性与米曲霉生长繁殖及产酶，从而促进原料利用率的提高。但是，如果加水量过多，制曲时易污染杂菌，淀粉质原料和蛋白质原料会消耗过大，游离氨等不良气味产生较多，影响酱油质量。

生产实践证明，加水量宜控制为豆饼（粕）的 80%～100%，使蒸熟后的曲料含水量为 47%～51%。制曲过程中水分蒸发量因季节而异，应以蒸熟后的曲料含水量为依据进行确定加水量，蒸熟后的曲料含水量在冬季、春秋季、夏季分别掌握为 47%～48%、48%～49%、49%～51%。为了加速润水，生产上一般采用 70℃ 左右的水进行润料。

润水设备要与蒸料设备相匹配，目前采用旋转式蒸煮锅蒸料最为普遍，加水浸润、蒸煮、冷却等许多操作集中在旋转式蒸煮锅内进行。由于旋转式蒸煮锅能进行 360° 旋转，被处理的物料不会因加水不匀、压实成团而不能充分吸收水分。如果采用豆粕与麸皮，加水浸润时间一般掌握 40～60min。

3. 蒸料

蒸煮的目的是：使原料中的蛋白质完成适度的变性，使原料中的淀粉吸水糊化，并产生少量糖类，为米曲霉的生长繁殖和大分子物质被酶分解提供基础；同时，消灭附着在原料上的微生物，为米曲霉正常生长繁殖创造有利条件。

蒸煮时，如果加水量过少或蒸煮压力偏低或蒸煮时间过短，原料未蒸熟，其中部分蛋白质还未达到适度变性，还能可逆地恢复原来的状态，虽然这部分蛋白质能溶于盐水中，但不能被蛋白酶水解，最后会进入生酱油中；当生酱油加水稀释或加热，就会出现混浊，静置一段时间后会析出浅黄色或白色沉淀，这些沉淀物称为 N 性物质。N 性物质的存在，既降低了原料蛋白质利用率，又会影响酱油质量。如果蒸煮过度，原料中的蛋白质就会发生过度变性，松散紊乱状态的蛋白质重新进行组织，不溶于（盐）水，难以被蛋白酶水解。同时，在高温长时间的蒸煮过程中，肽、氨基酸等含氮化合物与糖类发生复杂的美拉德反应，熟料呈深红褐色。因此，只有掌握适当的蒸煮温度和时间，才能使原料中蛋白质完全适度地变性，从而提高原料蛋白质利用率和酱油质量。

上海酿造一厂曾进行了蒸料温度、时间与蒸料质量关系的试验，其结果见表 1－2。

表1-2 蒸料温度、时间与蒸料质量的关系

表压 /(kgf/cm²)	温度 /℃	蒸料时间 /min	脱压时间 /min	消化率 /%	变性程度
0.9	117	45	20	86.13	含少量过度变性蛋白质
1.2	123	10	10	81.05	未完成一次变性
1.8	131	8	3	91.40	蒸料适度
1.8	131	15	3	80.23	过度变性
2.0	133	5	3	91.60	蒸料适度
2.0	133	5	20	83.50	过度变性
3.0	143	3	3	92.99	蒸料适度
4.0	152	2	1	93.74	蒸料适度
5.0	159	1	0.7	94.50	蒸料适度
6.0	165	0.5	0.7	94.90	蒸料适度
7.0	170	0.25	0.7	95.10	蒸料适度
7.0	170	1	1	86.86	过度变性

注：1kgf/cm² = 98.0665kPa。

试验表明，蒸煮温度越高，蒸煮时间应越短，在"高温度、短时间"的条件下，蒸料质量好；反之，在"低温度、长时间"或"高温度、长时间"的条件下，蒸料质量差，均出现蛋白质过度变性。同时，高温短时的蒸煮质量还与脱压降温时间有密切关系，如果脱压降温时间长，蛋白质会过度变性。因此，目前我国普遍采用"高短法"蒸料，即在高温短时间的条件下完成蒸料，并在短时间内完成脱压降温，其设备通常采用旋转式蒸煮锅。

三、制曲

(一) 酱油酿造微生物

酱油酿造所用的微生物主要有曲霉菌、酵母菌和乳酸菌三种，它们具有各自的生理生化特性，对酱油品质的形成具有重要作用。

1. 曲霉菌

米曲霉（*Aspergillus oryzae*）是曲霉的一种，含有多种酶类，兼有蛋白质分解能力和糖化能力；自古以来，我国就已经利用自然界中存在的米曲霉来酿造酱类和酱油。应用于酱油生产的米曲霉菌株应具备的基本条件是：不产黄曲霉毒素；蛋白酶和淀粉酶的活力高；不产生异味，酿制的酱油香气好；生长快速、培养粗放、抗杂菌能力强。目前，国内常用的菌株有中科 AS3.951（即沪酿 3.042）、AS3.863 等。

2. 酵母菌

从酱醪中分离出的酵母菌有 7 个属 23 个种，它们多属于鲁氏酵母（*Saccharomyces rouxii*）和球拟酵母（*Torulopsis*），对酱油香气风味的形成具有重要作用。

鲁氏酵母是酱油酿造的重要菌种，适宜生长温度为 28～30℃，最适 pH4.0～5.0，能产生乙醇、酯类、糠醇、琥珀酸、呋喃酮等香气成分。球拟酵母也是酱油酿造中产生香气的重要菌种，它们主要产生 4－乙基愈创木酚、苯乙醇等香气成分。鲁氏酵母主要在酱油的发酵前期起作用，随着糖浓度降低和 pH 下降，鲁氏酵母发生自溶，球拟酵母则活跃起来并发挥作用。

3. 乳酸菌

在酱油酿造中，具有代表性的乳酸菌有嗜盐片球菌（*Pediococcuus halophilus*）、酱油微球菌（*Tetracoccus sojae*）、植物乳杆菌（*Lactobacillus plantanum*），这些乳酸菌参与米曲霉和酵母菌的共同发酵作用，产生酱油的各种风味成分。乳酸本身就具有特殊的香味，适量的乳酸对酱油具有调味和增香的作用，一般情况下，酱油中的乳酸含量为 15mg/mL，此外，乳酸与乙醇生成的乳酸乙酯也是一种重要的香气成分。

（二）种曲的制造流程

制造种曲的目的是要获得大量纯菌种，要求菌丝体发育健壮、产酶能力强、产孢子数量多，每克种曲孢子数达 $2.5×10^9$ 个以上，为制造大曲提供优良的种子。种曲的原料必须适应曲霉繁殖的需要，由于豆饼中的淀粉含量较少，原料配比时应加入较大量的麸皮，还要加入适当的饴糖，满足培养优良种曲的需要。为了保持曲料松散，由于麸皮颗粒过细，应适当加入一些粗糠等疏松料，可改变曲料的物理性质，使曲霉繁殖旺盛。

培养种曲是在种曲室内进行的，要求种曲室密闭、保温、保湿性能好，使种曲具有良好的培养环境。种曲室的大小一般为 5m×（4～4.5）m×3m，四周墙体应保持平整光滑，以便洗刷，房顶应为圆弧形，以防冷凝水滴入种曲中；除了具备门、窗及天窗，还需具备调温、调湿装置和排水设施。种曲的培养用具一般采用木盘，其尺寸为（45～48）cm×（30～40）cm×5cm，盘底有厚度为 0.5cm 的横木条 3 根。

以培养沪酿3.042 米曲霉为例，种曲制造工艺流程如图1－4 所示。

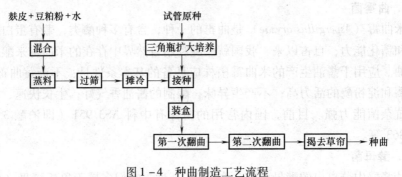

图1－4　种曲制造工艺流程

（三）成曲的制造流程

制曲是酿造酱油的主要工序，其过程实质是创造米曲霉生长的最适宜条件，保证优良的曲霉菌等有益微生物得以充分繁殖发育（同时尽可能减少有害微生物的繁殖），分泌酿造酱油需要的各种酶类，这些酶类为发酵过程提供原料分解、转化合成的物质基础。长期以来，制曲采用帘子、竹匾、木盘等简单设备，操作繁重，成曲质量不稳定，劳动效率低。近年来，随着科技的进步，酿造科技人员已成功地采用厚层通风制曲工艺，再加上菌种的选育，使制曲时间由原来的2～3d缩短为24～28h。

厚层通风制曲就是将接种后的曲料置于曲池内，曲料厚度一般为25～30cm，利用通风机供给空气，调节温度、湿度，促使米曲霉在曲料上生长繁殖和积累代谢产物，完成制曲过程。厚层通风制曲的设备主要包括曲池、空调箱、通风机、翻曲机等部分，其示意图如图1-5所示。曲池一般为长方形，长×宽×高为（8～10）m×（1.5～2）m×0.5m，池顶安装可来回移动的翻曲机，池底是多孔的不锈钢板或塑料板制成的假底。假底下设通风道，通风道高约0.3m，底部倾斜8°～10°，以便水平方向来的气流转向垂直方向运动，全池风量分布均匀。通风道底应设有排水孔，以便洗刷时排水。

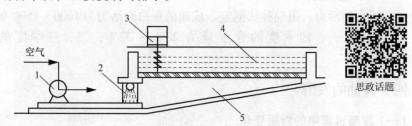

思政话题

图1-5　厚层通风制曲设备示意图

1—通风机　2—空调箱　3—翻曲机　4—曲池　5—风道

厚层通风制曲工艺流程如图1-6所示。

图1-6　厚层通风制曲工艺流程

（四）种曲与成曲的质量指标

1. 种曲的质量标准

（1）感官标准

外观：菌丝体整齐健壮，孢子丛生，呈新鲜黄绿色并有光泽，无夹心、无杂菌、无异味。

香气：具有种曲固有的曲香，无霉味、酸味、氨味等不良气味。

手感：用手指触及种曲，松软而光滑，孢子飞扬。

（2）理化指标

孢子数：用血球计数板法测定米曲霉种曲，孢子数应超过 6×10^9 个/g（以干基计）。

孢子发芽率：用悬滴培养法测定发芽率，要求达到90%以上。

细菌数：米曲霉种曲中细菌数低于 10^7 个/g（以干基计）。

蛋白酶活力：用福林法测定，新制种曲的蛋白酶活力超过5000单位，保存种曲的蛋白酶活力超过4000单位。

水分：新制种曲的水分为35%～40%，保存种曲的水分在10%以下。

2. 成曲的质量标准

（1）感官标准

外观：淡黄色，菌丝体密集，质地均匀，随时间延长颜色加深，不得有黑色、棕色、灰色、夹心。

香气：具有曲香气，无霉臭及其他异味。

手感：曲料蓬松柔软，潮润绵滑，不粗糙。

（2）理化指标

蛋白酶活力：用福林法测定，成曲的蛋白酶活力为1000～1500单位。

水分：一、四季度的含水量为 28%～32%；二、三季度的含水量为26%～30%。

四、酱油的发酵

（一）发酵过程中的物质变化

在酱油酿造过程中，制曲是米曲霉生长繁殖以及分泌各种酶类的过程，而发酵则是米曲霉继续产酶以及高分子物质发生酶解的过程。由于米曲霉所分泌的酶类主要是蛋白酶和淀粉酶，故主要的酶解作用包括：蛋白酶对蛋白质的分解作用和淀粉酶对淀粉的分解作用。同时，空气中的一些酵母菌、细菌在酱油酿造过程中也会落入酿造培养基，与米曲霉协同发酵。在酿造微生物的协同作用下，酱油的色、香、味、体可以逐渐形成。

1. 原料植物组织的分解

原料的蒸煮可以使部分植物组织分解，但以蒸煮条件对植物组织进行分解的作用是有限的，故大部分细胞壁还是完整无损。如果细胞内容的蛋白质和淀粉没有暴露出来，则难以被酶解。植物细胞壁主要由纤维素及半纤维素构成，并以果胶作为黏合剂，使各个细胞以一定形式排列，组成了植物组织。在酱油酿造的生物化学过程中，首要步骤是利用果胶酶对果胶进行降解，使各个细胞分离出来；再利用纤维素酶、半纤维素酶对细胞壁的纤维素、半纤维素进行降解，从而破坏细胞壁。由于米曲霉中果胶酶、纤维素酶及半纤维素酶的活力不高，为了提高原料植物组织的分解效果，有的工厂采用添加枯草杆菌、黑曲霉等菌种的方法进行制曲。

2. 蛋白质的分解

酿造原料中蛋白质经蛋白酶的分解作用，逐步降解成胨、多肽和氨基酸。有些氨基酸或氨基酸钠盐是呈味的，可构成酱油的调味成分，如谷氨酸单钠盐具有鲜味，甘氨酸、丙氨酸具有甜味。米曲霉所分泌的蛋白酶以中性蛋白酶、碱性蛋白酶为主，发酵的 pH 控制不宜过低，否则会影响蛋白质的分解作用，对原料蛋白质利用及产品质量影响极大。

酱油酿造过程中蛋白质的水解过程包括：①蛋白质原料经过蒸煮，次级键断开，二级结构被破坏，达到蛋白质的一次变性；②变性蛋白质在内肽酶（中性蛋白酶、碱性蛋白酶）的作用下，生成低分子的胨、多肽，使水溶性氮增加；③小分子的肽在端肽酶（氨基肽酶、羧基肽酶）的作用下，生成游离的氨基酸；④在蛋白质变性过程中，游离出谷氨酰胺和少量的谷氨酸（粗蛋白质中除含有蛋白质外，还含有核酸、酰胺等物质）；⑤谷氨酰胺在谷氨酰酶的作用下生产谷氨酸。

3. 淀粉的分解

制曲后的原料以及经糖化后的糖浆中，还残留部分碳水化合物尚未彻底糖化。在发酵过程中，微生物所分泌的淀粉酶继续将残留的碳水化合物分解成葡萄糖、麦芽糖、糊精等。糖化作用生成的单糖包括葡萄糖、果糖以及五碳糖。酱油色泽主要由糖分与氨基酸反应而成，酒精发酵也需要糖分。糖化作用完全，酱油的甜味好，体态浓厚，无盐固形物含量高，可提高酱油质量。

4. 脂肪的分解

原料豆饼残存的油脂在 3% 左右，麸皮含有的粗脂肪也在 3% 左右，这些脂肪要通过脂肪酶、解脂酶的作用水解成甘油和脂肪酸，其中软脂酸、亚油酸与乙醇结合生成软脂酸乙酯和亚油酸乙酯，可成为酱油的香气成分。

5. 色素的生成

酱油色素不是由单一成分组成的，而是在酿造过程中经过一系列的化学变化产生的。从我国酿造酱油所推广的低盐固态发酵工艺特点来看，酶褐变和非酶褐变反应是酱油颜色生成的基本途径。

酶褐变反应机理是：蛋白质原料经蛋白酶水解为氨基酸，其中，在酿造微生物产生的多酚氧化酶催化下，酪氨酸氧化生成棕色、黑色的色素，参与酱油色素的组成。在这个过程中，酪氨酸、多酚氧化酶和氧三者同时存在才能进行酶褐变反应。

非酶褐变反应主要是美拉德反应，即羰氨反应，是由氨基酸或蛋白质与糖在加热时产生的复杂化学反应，这类反应与基质的种类与结构、温度、水分等均有密切关系，其最终产物主要为黑褐色的类黑素，类黑素是组成酱油颜色的一种重要色素。酱油醪（醅）保温发酵时，原料的蛋白质和糖类水解越好，累积的氨基酸和还原糖越多，在适当温度下，通过美拉德反应可以生成较深的酱油颜色，有利于酱油色泽质量的提高。

6. 乙醇的生成

在制曲和发酵过程中，由于从空气中落入的酵母菌可以繁殖、生长，从而发生了乙醇发酵作用。温度为 28 ~ 35℃时，酵母菌适宜繁殖和发酵；当温度超过 45℃，酵母菌通常会自行消失。在中温和低温的条件下，酵母菌将葡萄糖分解成乙醇和二氧化碳，生成的乙醇一部分被氧化成有机酸，一部分与氨基酸、有机酸等化合而生成酯类物质。酯类物质对于形成酱油香气成分非常重要。如果采用高温发酵法，绝大部分酵母菌被杀死，乙醇发酵作用很微弱，造成酱油香气少、风味差。

7. 酸类的生成

在制曲过程中，一部分来自空气的细菌也得到繁殖、生长，在发酵过程中能使部分糖类变成乳酸、醋酸和琥珀酸等有机酸。适量的有机酸存在，可增加酱油的风味。

（二）发酵控制要素

酱油发酵的控制要素包括：酱醪的食盐浓度、成曲的拌水量、酱醪的 pH、发酵温度及发酵时间等。

1. 酱醪的食盐浓度

制醅时，向成曲中拌入一定量的食盐水，以抑制不耐盐的杂菌繁殖，防止腐败。但是，蛋白酶活性对食盐浓度比较敏感，如果酱醪中的食盐浓度过高，会抑制蛋白酶的活性。例如，如果食盐浓度为零时，蛋白酶活力为 100%；当食盐浓度为 10% 时，蛋白酶活力剩余 80% 左右；当食盐浓度为 20% 时，蛋白酶活力仅剩余 50% 左右。在传统发酵工艺中，酱醪的食盐浓度为 20% 左右，故蛋白酶的酶解作用缓慢，发酵周期需半年以上，其原料蛋白质利用率不高。如果采用固态低盐发酵工艺，酱醪食盐浓度为 8% 左右，对酶活力影响不大，发酵 8 ~ 10d，原料的酶解基本完成。如果采用固态无盐发酵工艺，酱醪中食盐浓度为零，摆脱了食盐对酶活力的抑制作用，加上发酵温度高，酶解速度快，发酵时间只需 56h，原料中蛋白质和淀粉便能彻底分解，原料蛋白质利用率可达 75% ~ 80%。

同时，酱醪中食盐浓度过高，也会抑制耐盐性乳酸菌和酵母菌的发酵作用，酱油的香气差。但是，如果食盐浓度低于 5%，在没有其他防腐措施下，腐败菌和产酸菌就会大量繁殖，影响酱油质量和原料利用率。

2. 成曲的拌水量

制醅时成曲的拌水量是酱油固态发酵工艺的关键因素。拌水后，成曲中因失水而紧缩的原料颗粒可以重新溶胀，有利于蛋白质分子溶出；成曲中各种酶类可以脱离菌体的束缚，游离出来，对酶解作用有利；此外，也有利于一些有益微生物的繁殖。

成曲的拌水量应视实际情况而定。如果原料的麸皮用量较大，由于麸皮吸水性强，拌水量可适当加大；采用固态发酵移池淋油时，成曲拌水量一般控制在酱醅含量的50%左右，但原池淋油时的酱醅含水量可适当增加。

拌水量控制适当时，酱醅升温正常，表面氧化层薄，成熟的酱醅呈鲜艳褐色，酿造的酱油不仅原料蛋白质利用率、氨基酸生成率高，酱油风味佳、色泽好。如果拌水量过多，对酶解作用有利，全氮和氨基酸含量高，但由于醅粒质软，易造成淋油困难，因美拉德反应底物浓度低而造成酱油色泽较淡，且酱醅升温慢，杂菌容易繁殖。如果拌水量过少，原料酶解不充分，全氮利用率低，酱醅表面氧化层厚，不利于其他有益微生物繁殖，酱油风味欠佳，且因美拉德反应底物浓度高而造成酱油色泽深。

3. 酱醅的 pH

酱醅的 pH 对发酵过程影响较大。在发酵前期，为了有利于蛋白质水解，应保持 pH6 ~ 7，但由于微生物的产酸作用，酱醅的 pH 会迅速下降，生产中存在这个矛盾。为了充分发挥中性蛋白酶的作用，酱醅的 pH 不宜降得过快，应适当调高酱醅的初始 pH，搞好车间内外的环境卫生，严格执行卫生操作规程，以减缓发酵前期 pH 下降速度。另外，采用能够产酸性蛋白酶的曲霉菌来制曲，由于酸性蛋白酶在较低 pH 下具有较强的酶解能力，也可以改善这一矛盾。

4. 发酵温度

发酵温度对酶解作用、微生物发酵作用以及后熟作用都有很大影响。如果发酵温度高于酶的最适作用温度，蛋白酶系的活性将受到抑制；且高温会抑制有益微生物的生长繁殖，还会加速美拉德反应，消耗较多的氨基酸和糖分。如果发酵温度低，如低于40℃，对有益微生物的繁殖和发酵作用有利，但低于蛋白酶系的最适作用温度，导致酶解作用缓慢，发酵周期延长。

对于固态低盐发酵工艺，生产中控制发酵温度的方法是：在发酵前期，即发酵前 10d 左右，发酵温度控制为 40 ~ 45℃，以促进酶解作用；在发酵后期，酶解作用基本结束，适当补充盐分，使酱醅食盐浓度达到15%以上，以确保后期低温发酵的安全性，然后将发酵温度控制为30℃左右，为有益微生物的发酵作用及后熟作用创造条件，提高酱油风味。原池淋油发酵工艺容易实施这种"先中温后低温"的控制方法；而对于移池淋油发酵工艺，由于不能进行补盐，这种温度控制方法无法实施。移池淋油发酵工艺通常采用"先中温后高温"的控制方法，其后期发酵温度提高至 45 ~ 50℃，以利于提高原料利用率，缩短发酵周期，但对谷氨酰胺酶活力以及酵母菌、乳酸菌的发酵作用均不利。

5. 发酵时间

采用固态无盐发酵工艺时，由于酶解作用迅速，发酵时间在 56h 左右即可完成原料的水解，但缺乏微生物的发酵作用，酱油风味欠佳。

采用固态低盐发酵工艺时,发酵时间至少在 10d 左右。为了使微生物的发酵作用以及后熟作用比较充分,应尽可能适当延长发酵时间,以提高酱油风味和原料利用率。如果在发酵后期,向酱醅中适当添加酵母菌、乳酸菌或向生酱油中适当添加酵母菌进行再发酵,则发酵周期可缩短,并能酿造出风味尚好的酱油。

采用传统发酵工艺时,由于酱醅中食盐浓度高,发酵温度低,发酵时间需半年左右。

(三) 低盐固态发酵的成熟酱醅质量标准

1. 感官特性

外观:赤褐色,有光泽,不发乌,颜色一致。

香气:有浓郁的酱香、脂香气,无不良气味。

滋味:由酱醅内挤出的酱汁,口味鲜,微甜,味厚,不酸、不苦、不涩。

手感:柔软松散,不干、不黏,无硬心。

2. 理化标准

水分:48% ~52%。

食盐含量:6% ~7%。

pH:4.8 以上。

原料水解率:50% 以上。

可溶性无盐固形物:250 ~270g/L。

五、酱油的提取

(一) 酱油提取工艺的原理

目前,从酱醪(醅)中提取酱油的方法主要有两种,即压榨法和浸出法。

一般情况下,天然晒露发酵工艺、稀醪发酵工艺和分酿固稀发酵工艺等采用压榨法取油,主要利用压榨设备对酱醪进行压榨而获得酱油,常用的压榨设备有杠杆式压榨机、螺旋式压榨机等。

固态低盐发酵工艺和固态无盐发酵工艺则采用浸出法取油。浸出法提取酱油包括浸泡和滤油两大步骤,浸泡是利用溶剂将酱醅中可溶性成分溶解的过程,而滤油是利用酱醅本身作为过滤介质,在放出浸提液时滤除颗粒的过程。浸出法提取酱油一般采用逆向循环浸取工艺,即:第一次浸提所用的溶剂是前一次生产留下来的第一次洗涤液(称为"三油"),所得的浸提液即为"头油";第二次浸提所用的溶剂是前一次生产留下来的第二次洗涤液(称为"四油"),所得的浸提液即为"二油";两次浸提后,以清水为溶剂进行两次洗涤,第一次洗涤液即为"三油",第二次洗涤液即为"四油"。

浸泡的目的是使酱醅中的可溶性物质尽可能地溶入溶剂中。此过程的影响因素主要是浸出物相对分子质量、浸泡温度、浸提液与酱醅之间的浸出物浓度差等。酱油醅中的糖分、盐分等小分子物质很容易溶出,而多肽、多糖等大分子物质较难溶出，其溶出需要一定的浸泡时间。在浸泡过程中，首先是水分子进入酱油醅内部空隙，使体积膨胀增大，此现象称为溶胀现象；当溶胀达到一定程度之后，溶质分子才能大量地溶解到溶剂中。浸泡温度越高，浸出物越容易溶出，因此，浸泡所用的三油、四油必须经过加热。浸提液与酱醅之间的浸出物浓度差越大，对浸提的速度、收率越有利，采用逆向循环浸取工艺可产生合理的浓度差，并有利于获得高质量的酱油。

浸出法提取酱油时，需保持酱醅的静态，以保持其自然料层，维护在发酵过程中形成的毛细通道，使之不但有利于酱醅中物质的浸出，更有利于酱油的淋出。滤油的影响因素主要有过滤面积、酱醅阻力等，其中酱醅阻力主要与酱醅的毛细通道数量、酱醅厚度有关。如果成曲质量差，或发酵过程中酶解不彻底，酱醅黏度就会变大，导致酱醅中的毛细通道数量少，过滤速度就慢。

（二）浸出法提取工艺流程

浸出法提取工艺包括移池浸出工艺和原池浸出工艺，两者区别在于：移池浸出工艺需将酱醅转到淋油池，而原池浸出工艺不需转移酱醅。浸出法提取工艺流程如图1-7所示。

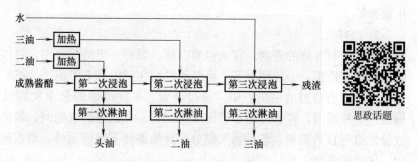

图1-7 浸出法提取工艺流程

六、酱油的加热、配制、贮存、包装及保管

生酱油加工为成品酱油，要经过一系列后处理，其一般流程：生酱油→加热→配制→贮存→包装→成品。

1. 加热

生酱油加热的目的包括：①灭菌，以防止酱油生霉发白；②使酱油变得醇厚柔和，增加醛、酚等香气成分，并使部分小分子缔结成大分子，具有调和香气和风味的作用；③加热后部分糖转化成色素，可增加酱油的色泽；④使微细悬浮物与少量高分子蛋白质凝结成酱泥而沉淀下来，从而除去悬浮物，使产品澄清透明；⑤破坏存在的各种酶，使酱油质量稳定。

目前，我国多采用间接蒸汽法对酱油进行加热，其操作方式有间歇加热和连续加热两种，加热的温度因酱油品种、加热时间及季节等不同而有差异。高级酱油的工艺操作严格，其成分高、质量好，加热温度可略低些，而普通酱油的加热温度可略高些，但都应以杀死产膜酵母及大肠杆菌为准则。一般情况下，酱油的加热温度为 65～70℃，维持 30min。如果采用连续加热的操作方式，应控制加热交换器出口的物料温度为 80℃。如果酱油中添加核酸等调味料增加鲜味，为了破坏酱油中存在的核酸水解酶——磷酸单酯酶，需将加热温度提高至 80℃。此外，夏季杂菌量较大，加热温度应比冬季高 5℃。

加热后的冷却应适当掌握，如果加热后的酱油在 70～80℃放置时间较长，糖分、氨基酸及 pH 将因色素的形成而下降，影响酱油质量。因此，酱油加热操作完成后，应迅速进行冷却，以保持酱油质量。

2. 配制

配制就是将每批生产中的头油和二淋油或质量不等的原油，按统一的质量标准进行配兑，使成品达到感官特性、理化指标要求。由于各地风俗习惯不同、品味不同，还可以在原来酱油的基础上，分别调配助鲜剂、甜味剂以及某些香辛料等，以增加酱油的花色品种。常用的助鲜剂有味精，强助鲜剂有肌苷酸、鸟苷酸，甜味剂有砂糖、饴糖和甘草，香辛料有花椒、丁香、豆蔻、桂皮、大茴香、小茴香等。

3. 贮存

已经配制合格的酱油，在未包装以前，要有一定的贮存期，对风味和体态的改善有一定作用。一般情况下，将酱油贮存在室内地下贮池中，或贮存于露天密闭的大罐（有降温的夹层）中，经过静置，可使微细的悬浮物质缓慢沉降，酱油被进一步澄清，包装以后不再出现沉淀物。在低温静置期间，酱油中的挥发性成分能进行自然调剂，各种香气成分在自然条件下保留适量，对酱油起到调熟作用，使滋味适口、香气柔和。

4. 包装和保管

酱油包装前，需明确产品等级，测定相对密度，检查注油器或流量计，使计量准确。包装好的产品要做到清洁卫生、标签整齐，并标明包装日期。包装好的成品应分级分批存放在库房内，便于保管和发货。

七、酱油的成分和质量鉴定、质量标准

（一）酱油的成分

酱油各种成分的系统划分如图 1-8 所示。

（1）含氮化合物　含氮化合物包括氨基酸类、蛋白肽氮素化合物、有机碱氮素化合物、部分色素及酱香物质。

（2）糖类　糖类主要包括糊精、麦芽糖、葡萄糖、果糖、木糖及半乳糖等。糊精可以增加酱油的黏度；麦芽糖、葡萄糖、果糖等能增加酱油的甜味，从而调和咸味，使味感醇厚柔和。

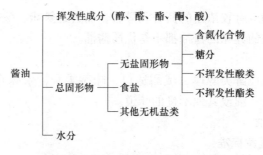

图1-8　酱油各种成分的系统划分

（3）不挥发酸类　所含的不挥发性酸类以乳酸的含量最多，在酱油成分中占 1.5% ~1.6%，在总酸中的含量约占 80%。乳酸是酱油的风味物质之一，对酱油风味有显著提高作用。除乳酸外，不挥发性酸类还含有琥珀酸，虽然其含量很少，仅占 0.1% 左右，但对酱油的滋味有很重要的作用，能使酱油的味长而柔和。

（4）不挥发性酯类　豆粕中残存的脂肪经脂肪酶的作用生成软脂酸、亚油酸和甘油等，它们分别与酒精结合生成软脂酸乙酯、亚油酸乙酯，这些酯类物质除有一定的香气外，更重要的是使酱油味道醇厚。

（5）其他无机盐类　酱油中除含食盐外，还含有其他无机盐类，如硫酸镁、硫酸钙、氯化镁等存在盐卤中，这些盐类是食盐中的杂质，但均随食盐进入到酱油中。这些盐类有苦味，含量过多会影响酱油风味。

（6）挥发性成分　酱油中的挥发性成分种类很多，是酱油香气的主体。挥发性成分在酱油成分中所占比例很少，但在风味方面的作用很大。这些成分都是通过低温发酵生成的，主要有醇类、有机酸、酯类、醛类、酮类、酚类等有机化合物。这些成分各保持一定的数量，因其沸点各不相同，在一定的温度下挥发的数量有多有少，最后汇合在一起，构成了酱油所特有的香气，一般称为酯香。

（二）酱油的感官质量鉴定

1. 色泽

将少量酱油滴于比色瓷板中，可观察酱油的色泽好坏。优质酱油应具有鲜艳的赤褐色，并有透明感，色泽过浅或混浊不清而发乌的酱油都不是优质酱油。为了便于比较多种样品的颜色，可用水将样品稀释 10 倍后再进行观察。在鉴定酱油颜色的同时，通常还要鉴定酱油的体态、浓度或黏度。将未经稀释的样品放在比色瓷板上，倾斜比色瓷板，可观察酱油流动的速度，优质酱油流动速度慢，说明其浓度及黏度较大。将定量样品放入比色管中，加水稀释 1 倍，混匀后观察其透明程度和清浊情况，优质酱油应无悬浮物和沉淀物。

2. 香气

鉴定酱油香气时，将样品放入三角瓶内，微微摇动后嗅其气味，并比较其香气强弱。优质酱油应有较浓厚的酱香和醇香，而具有氨味、酸味、霉味、生米曲味、焦煳味或不快的异味的酱油都不是优质酱油。

3. 滋味

优质酱油味道应鲜美醇厚、咸甜适口、味感柔和，余味在口内停留的时间长，不应有酸、苦、涩或其他不良的味道。

（三）酱油质量标准

1. 酿造酱油国家标准

酱油的质量标准见 GB 18186—2000《酿造酱油》。

（1）感官特性如表1-3所示。

思政话题

表1-3　　低盐固态发酵酱油、高盐稀态发酵酱油感官特性

项目	要求							
	高盐稀态发酵酱油（含固稀发酵酱油）				低盐固态发酵酱油			
	特级	一级	二级	三级	特级	一级	二级	三级
色泽	红褐色或浅红褐色，色泽鲜艳有光泽		红褐色或浅红褐色		鲜艳的深红褐色，有光泽	红褐色或棕褐色，有光泽	红褐色或棕褐色，有光泽	棕褐色
香气	浓郁的酱香及脂香气	较浓的酱香及脂香气	有酱香及脂香气		酱香浓郁，无不良气味	酱香浓郁，无不良气味	有酱香，无不良气味	微有酱香，无不良气味
滋味	味鲜美、醇厚、鲜、咸、甜、适口	味鲜、咸、甜、适口	鲜咸适口		味鲜美、醇厚、咸味适口	味鲜美、咸味适口	味较鲜、咸味适口	鲜咸适口
体态	澄清							

（2）理化指标如表1-4所示。

表1-4　　低盐固态发酵酱油、高盐稀态发酵酱油理化指标

项　　目	指　标							
	高盐稀态发酵酱油（含固稀发酵酱油）				低盐固态发酵酱油			
	特级	一级	二级	三级	特级	一级	二级	三级
可溶性无盐固形物含量/(g/L) ≥	150.00	130.00	100.00	80.00	200.00	180.00	150.00	100.00
全氮（以氮计）含量/(g/L) ≥	15.00	13.00	10.00	7.00	16.00	14.00	12.00	8.00
氨基酸态氮（以氮计)含量/(g/L)≥	8.00	7.00	5.50	4.00	8.00	7.00	6.00	4.00

（3）卫生指标按 GB 2717—2003《酱油卫生标准》执行。

（4）铵盐（以氮计）的含量不得超过氨基酸态氮含量的 30%。

（5）标签标注内容应符合 GB 7718—2011《预包装食品标签通则》的规定，产品名称应标明"酿造酱油"，还应标明氨基酸态氮的含量、质量等级，用于佐餐和/或烹调。

2. 酱油卫生国家标准

（1）关于酱油、烹调酱油、餐桌酱油的定义　酱油是以粮食和其副产品为原料，经过酿造工艺制成的，具有特殊色、香、味的调味品；烹调酱油不得直接使用，适用于烹调加工的酱油；餐桌酱油既可直接食用，又可用于烹调加工的酱油。

（2）卫生要求　具有正常酿造酱油的色泽、气味和滋味，无不良气味，不得有酸、苦、涩等异味和霉味，不混浊、无沉淀、无异物、无霉花浮膜。

理化指标应符合表 1 - 5 的规定。

表 1 - 5　　　　　　　　　　酱油的理化指标

项　　目	指　　标
氨基酸态氮含量/% ≥	0.4
总酸含量（以乳酸计，适用于烹调酱油）/（g/L）　≤	25
砷含量（以 As 计）　≤	0.5
铅含量（以 Pb 计）/（mg/kg）　≤	1
黄曲霉素 B_1 的含量/（μg/kg）　≤	5
食品添加剂	按 GB 2760—2011 规定

微生物指标应符合表 1 - 6 的规定。

表 1 - 6　　　　　　　　　　酱油的微生物指标

项　　目	指　　标
菌落总数（适用于餐桌酱油）/（个/mL）　≤	30000
大肠菌群/（MPN/100mL）　≤	30
致病菌（系指肠道致病菌）	不得检出

任务一　种曲制造

1. 预备工作

曲室和各种工具在使用前需经洗刷、灭菌等处理。通常将木盘洗刷干净，移入曲室以品字形堆叠，然后采用硫黄、甲醛等进行熏蒸灭菌，熏蒸后保持曲室密闭 24h 以上。操作人员的手及不能灭菌的器具均需用 75% 酒精进行擦拭消毒。

2. 原料处理

种曲的原料可按表 1-7 进行配比。如果采用豆粕为原料，需先加水浸泡豆粕，水温 85℃ 以上，浸泡时间 30min 以上；加入麸皮，搅拌均匀，置于蒸料锅内蒸熟，达到灭菌及蛋白质变性的目的；然后出锅过筛，并迅速摊开冷却，要求熟料水分为 52% ~55%，温度降至 35~40℃。

表 1-7　　　　　　　　　　种曲原料的各种配比

序　号	固态物料配比	固态物料与水的比例
1	麸皮:面粉 = 80:20	1:0.7
2	麸皮:豆饼粉 = 85:15	1:0.9
3	麸皮:豆饼粉 = 80:20	1:1~1.1
4	麸皮:豆粕:饴糖 = 85:10:5	1:1.2

3. 接种与培养

(1) 接种　夏天的接种温度为 38℃，冬天的接种温度为 42℃，接种量一般为 0.1% ~0.5%。接种时，用灭菌的竹筷将三角瓶中的纯种培养物取出，与少量的曲料混匀，然后撒布于全部曲料上。如果采用回转式加压锅蒸料，可将三角瓶中的纯种培养物加入锅内，以回转方式拌匀。接种过程中应尽量减少接触空气中的杂菌。

(2) 堆积培养　将接种后的曲料堆积于盘中央，使其形状呈丘形，每盘装料（以干料计）约为 0.5kg，然后将曲盘以柱形堆叠于木架上，8 个曲盘为一堆，每堆上层应倒盖一个空盘，以保温保湿。装盘时的料温应为 30~31℃，室温保持 29~31℃（冬季室温 32~34℃），干湿球温度计温差 1℃。经培养 6h 左右，上层曲盘的料温达 35~36℃，可进行倒盘一次，使上下品温均匀，这一阶段为曲霉的孢子发芽期。

(3) 搓曲　继续保温培养 6h 左右，上层的品温达 36℃ 左右，孢子发芽并生长为菌丝，曲料开始结块，表面呈微白色，这个阶段为菌丝生长期。此时，需进行搓曲，即用双手将曲料搓碎、摊平，使曲料松散，然后每盘上盖灭菌湿草帘，以利于保湿降温，并倒盘一次，将曲盘改为品字形堆放。

(4) 第二次翻曲　继续保温培养 6~7h，曲盘中的料温又升至 36℃ 左右，曲料全部长满白色菌丝，结块良好，这一阶段菌丝发育旺盛，大量生长蔓延，称为菌丝蔓延期。此时，需进行第二次翻曲，即用竹筷将曲料划成 2cm 的碎块，并将盘底的曲料翻起，使菌丝孢子均匀，且有利于通风降温。翻曲后，仍盖好湿草帘并倒盘，仍以品字形堆放。此时室温应控制为 25~28℃，干湿球温度计温差控制为 0~1℃。

(5) 洒水保湿　翻曲后，地面应经常洒水，以保持室内湿度和降低室温，使曲盘中的料温保持在 34~36℃，干湿球温度计温差达到平衡，相对湿度为

100%。这个阶段已经长好的菌丝又长出孢子，称为孢子生长期，应每隔6～7h进行倒盘一次。

（6）揭去草帘　盖草帘48h左右以后，曲料温度趋于缓和，应揭去草帘，停止向地面洒水，并开天窗排潮，保持室温为30℃及曲料温度为35～36℃，再培养24h左右后可使种曲成熟，此过程中间倒盘一次。这一阶段孢子大量生长并老熟，称为孢子成熟期。

任务二　厚层通风制曲

1. 旋转式蒸煮罐蒸料

将原料装入旋转式蒸煮罐，装料量一般不超过70%的容量，以保持旋转时原料能够混匀。蒸料前，先排除蒸汽管中的冷凝水，以免过多水分混入部分原料，造成蒸料水分不匀。连续通入蒸汽，先打开排气阀将罐内空气排出，至连续喷出饱和蒸汽，然后关闭排气阀，继续通入蒸汽，使压力上升至规定的压力，一般为0.1～0.15MPa，维持30～40min。蒸料完毕，开启排气阀，使压力降至零位，然后开启水力喷射器进行减压冷却，使罐内形成真空蒸发，物料温度可迅速下降，降至40℃左右可出料。

2. 接种与培养

（1）接种　出料后，可采用扬散机或绞龙扬开热料，起冷却和打碎结块物料的作用；然后，将成熟的种曲接入冷却的熟料，接种量为0.3%～0.5%。种曲要先用少量麸皮拌匀后再掺入熟料中，以增加其均匀性。

（2）曲料入池　接种后，采用输送机将曲料送入曲池培养。铺料时，应尽量保持料层松、匀、平，防止压实，否则会造成通风、温度、湿度等控制不均匀，影响制曲质量。

（3）孢子发芽期的控制　入池后，由于料层温度过高或上下层料温不一致，应及时启动鼓风机，调解温度在30～32℃，促使米曲霉孢子发芽。培养6～8h期间，不需要大量供给氧气，一般采用静止培养；此后，料层开始升温至35～37℃，应及时通风降温，以后采用启动风机、停止风机的方法来维持曲料温度为30～35℃，通入的风可用循环风或部分地掺入循环系统外的自由空气。

（4）菌丝生长期的控制　培养12h以后，曲料温度上升较快，由于菌丝体密集繁殖，曲料结块，通风阻力加大，出现底层料温偏低、顶层料温偏高、温差逐渐加大的现象，而且顶层料温有超过35℃的趋势，这一阶段为菌丝生长期，应进行第一次翻曲，使曲料疏松，减小通风阻力。

（5）菌丝繁殖期的控制　第一次翻曲后，保持料温在34～35℃，菌丝发育更加旺盛，继续培养5h左右，又形成结块，需进行第二次翻曲。此阶段米曲霉菌丝重复繁殖，称为菌丝繁殖期。

（6）孢子产生期的控制　第二次翻曲后，料温逐渐下降，但仍需连续通风，料温以维持 30 ~ 32℃为宜。曲料接种培养 20h 左右，米曲霉开始产生孢子，此阶段为孢子产生期，米曲霉的蛋白酶分泌最为旺盛。培养至 40 ~ 48h，孢子逐渐成熟，曲料呈现出淡黄色至嫩黄绿色，即可出曲。

任务三 低盐固态发酵

1. 盐水的调制

食盐溶解后，以波美计测定其浓度，并根据当时的温度调整到规定的浓度。一般在 100kg 水中加 1.5kg 盐得到的盐水浓度为 1°Bé。盐水的浓度一般要求在 11 ~ 13°Bé（氯化物含量在 11% ~ 13%），pH 在 7 左右。

2. 成曲拌盐水入池

成曲入池后，将盐水拌入成曲，一般要求将拌盐水量控制在制曲原料总重量的 65% 左右，使酱醅水分为 50% ~ 53%。拌盐水的温度应根据入发酵池后对发酵温度的要求、发酵池的冷热、成曲的温度、气候的冷暖、设备条件等具体条件来决定，夏季盐水温度宜控制在 45 ~ 50℃，冬季盐水则控制在 50 ~ 55℃。

3. 发酵管理

发酵周期一般为 20 ~ 30d，分前、后两个阶段进行温度管理。前 10d 为前期发酵阶段，温度宜控制为 44 ~ 50℃，在此阶段基本完成水解作用；10d 以后的发酵为后期发酵阶段，这个阶段添加酵母菌、乳酸菌，温度宜控制为 38 ~ 43℃，经过后期发酵可改善酱油风味。

4. 倒池

倒池可以使酱醅各部分的温度、盐分、水分以及酶的浓度趋向均匀，还可以排除酱醅内部因生物化学反应而产生的有害气体、有害挥发性物质，增加酱醅的氧含量，防止厌氧菌生长以促进有益微生物繁殖和色素生成等。在发酵过程中，倒池的次数需根据具体发酵情况而定，适当的倒池次数可以提高酱油的质量和全氮利用率。如果发酵周期为 20d 左右时，需在第 9 ~ 10 天进行 1 次倒池；如果发酵周期为 25 ~ 30d，全过程需安排 2 次倒池。

任务四 移池浸出酱油

1. 移醅

发酵成熟后，将酱醅移到淋油池，移醅过程中尽可能不破坏醅粒结构，装醅时要做到醅层疏松、醅面平整，以保证浸泡一致和防止滤油短路。一般情况下，醅层厚度为 40 ~ 50cm。

2. 浸泡与滤油

采用二油代替盐水浸泡酱醅，浸泡前先将二油加热至 70 ~ 80℃，然后加入酱醅中，浸泡 20h 左右，浸泡期间温度一般在 60℃以上。温度适当提高与浸泡时间的延长，对酱油色泽的加深有着显著作用。

浸泡完毕，打开淋油池底部出料阀，将头油放出，流入酱油池。头油放完后，关闭底部出料阀，再加入 70~80℃ 的三油，浸泡 8~12h，再滤出二油。最后，加入热水浸泡 2h 左右，滤出三油。

3. 出渣

滤油结束后，用人工或机械将酱渣排出，输送至酱渣场贮存，作饲料。出渣完毕，清洗容器，检查淋油池假底、四壁是否完好，以防影响下次使用。

子项目二

高盐稀态发酵酱油的生产

项目引导

一、高盐稀态发酵工艺的类型

高盐稀态发酵法是指面曲中加入较多的盐水，使酱醪呈流动状态进行发酵的方法。因发酵温度的不同，有常温发酵和保温发酵之分。常温发酵的酱醪温度随气温高低自然升降，酱醪成熟缓慢，发酵时间较长。保温发酵也称温酿稀态发酵，根据温度不同，又可分为消化型、发酵型、一贯型和低温型四种。

消化型发酵的初期温度较高，一般达到 42~45℃ 保持 15d，酱醪得以充分分解，主要成分全氮及氨基酸生成速度甚快，此时基本达到高峰。然后，逐步降低发酵温度，促使耐盐酵母大量繁殖，以进行酒精发酵，同时促进酱醪成熟。发酵周期为 3 个月，产品口味浓厚，酱香较浓，色泽较深（与其他型相比）。

发酵型的温度是先低后高，酱醪先经过较低温度发酵，在缓慢分解作用的同时进行酒精发酵，然后逐渐将发酵温度上升至 42~45℃，使蛋白质分解作用和淀粉糖化作用完全，同时促使酱醪成熟，整个发酵周期也为 3 个月。

一贯型的发酵温度始终保持 42℃ 左右，耐盐耐高温的酵母也会缓慢地进行酒精发酵，酱醪成熟时间一般只要 2 个月。

低温型是日本近期采用的发酵方法，日本酱油生产密切结合其成曲的碱性蛋白酶活力高、谷氨酰胺酶活力强的特点，将酱醪发酵初期温度控制得比较低，一般在 15℃ 维持 30d。初期维持低温的目的在于抑制乳酸菌的生长繁殖，使酱醪 pH 能够在较长时间内保持在 7.0 左右，使碱性蛋白酶能充分发挥作用，以利于谷氨酸生成和提高蛋白质利用率。发酵 30d 后，发酵温度逐步升高，此时开始乳酸发酵；酱醪 pH 逐渐下降至 5.3~5.5，发酵温度升至 22~25℃，酵母大量繁殖和开始酒精发酵。发酵 2 个月后，酱醪 pH 下降至 5.0 以下，此时蛋白质分解和酒精发酵均基本完成，而继续控制酱醪温度为 28~30℃，维持 4 个月以上，使酱醪成熟作用缓慢，并逐步形成酱油的色泽和酱香气。

二、高盐稀态发酵工艺的特点与流程

在高盐稀态发酵过程中，由于酱醪中含水量大，原料组分溶解性好，酶活性强，有益微生物的发酵作用以及后熟作用进行得比较充分，故原料利用率和酱油风味均优于固态发酵。另外，由于酱醪稀薄，保温、搅拌及输送等都操作容易，适于大规模的机械化生产。但是，该工艺发酵周期长，需要较多的发酵设备，且需要压榨设备，压榨操作繁复，所酿的酱油色泽较淡。

高盐稀态发酵工艺流程如图1-9所示。

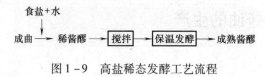

图1-9 高盐稀态发酵工艺流程

任务　高盐稀态发酵

1. 盐水调制与制醪

食盐加水溶解，调制成18~20°Bé，澄清后吸取清液使用。消化型和一贯型尚需将盐水预先加热，但不宜超过50℃；低温型需将盐水预先冷却，使其达到需要的温度。

先对成曲进行破碎处理，使结块成曲散开，然后拌和盐水，盐水加入量一般为成曲质量的250%。成曲和盐水在搅拌机内拌匀后，立即送入发酵容器内。

2. 保温发酵

开启保温装置，根据上述各类型稀醪发酵法所要求的温度进行保温发酵。发酵的第一周内，每天用压缩空气或人工搅拌2次，使酱醪浓度、温度一致，还可供给适量空气，促进有益微生物繁殖及酒精、乳酸等发酵作用，促进氧化作用以增加色素形成。此后，可根据发酵情况，每天或间隔一天搅拌1次，直至酱醪成熟。

拓展与链接

思政话题

一、制曲中的杂菌污染及防治

在制曲过程中，操作是在敞开的条件下进行的，极易污染各种杂菌。制曲过程中常见的杂菌有霉菌、酵母菌和细菌，以细菌为最多，一般正常生产的酱油曲含细菌$(4~6) \times 10^9$个/g，而污染严重的酱油曲含细菌则高达$(2~3) \times 10^{11}$个/g。杂菌污染严重时，不仅会引起成曲质量下降，影响原料利用率，还会影响酱油的风味，造成酱油混浊，使成品质量明显下降。

为了提高制曲质量，必须采取下列措施以减少杂菌的污染：

（1）菌种必须经常进行纯化，以保证菌种的纯粹性和活力。

（2）三角瓶菌种培养时应严格执行无菌操作规程，确保无杂菌污染，以保证种曲质量。

（3）要求种曲质量高，菌丝体健壮旺盛、发芽率高、繁殖力强，以便形成生长优势来抑制杂菌的侵入。

（4）蒸料时要灭菌彻底，冷却必须迅速，以减少杂菌的侵入。

（5）加强曲室及制曲设备等的清洁卫生。

（6）加强制曲过程中的管理工作，使制曲环境条件适宜米曲霉生长而控制杂菌的污染。

（7）制曲过程中可采用添加冰醋酸的方法抑制杂菌的生长，例如，添加相当于原料总量 0.3% 的冰醋酸，可大幅度地减少成曲中的细菌数。

二、低盐固态发酵中的注意事项

（1）采用通风制曲的成曲往往结成大块，在入池前必须经过粉碎，一般只需把结块捣碎即可，防止孢子飞扬。粉碎的目的是使盐水迅速进入曲料内部，增加酶的溶出和原料的分解速度，同时也可防止盐水未浸透的曲料发生升温、丧失酶活力、自行消化及酸败等现象。

（2）在低盐固态发酵过程中，由于酱醅表层与空气直接接触，水分的大量蒸发与下渗，使表层酱醅含水量下降，为氧化层的形成创造了条件。但是，氧化层的形成会使酱醅中氨基酸含量减少，同时会产生大量糠醛等物质，不利于酵母菌繁殖，导致酱油风味和全氮利用率降低。为了防止氧化层的形成，可采用塑料薄膜封盖酱醅表面，起着隔绝空气、防止表层水分大量蒸发等作用，从而可防止酱醅表层的过度氧化。

（3）由于发酵设备的容积大，不容易采取调温措施，故起始温度很重要，不宜过高或过低。在低盐固态发酵过程中，需定时测定品温，要求酱醅升温缓和，防止在短期内升温过高，但也要防止温度过低而导致酱醅过酸、发黏。

三、浸泡淋油中的注意事项

（1）酱醅入池前，假底要铺设妥善，确保微孔畅通，同时也要防止酱醅漏出或浸淋短路。

（2）如果酱醅料层增厚，注入的浸取溶液和作为溶质的酱醅之比相对减少，溶液的浓度相对增加，酱醅中将扩散的质点和溶液的接触面积同时减少；而且，酱醅自重增加，缩小了毛细通道，淋油速度也相对减慢。因此，应根据浸出情况采用多次浸取、多次淋油的操作。

（3）浸泡油浓度高低对浸泡、淋油均有较大影响，浓度越高，浸泡、淋油越难。在浸泡淋油中的三油、四油的自然浓度已有 9°Bé 与 4°Bé，一般不可再加食盐。为了防止三油、四油的变质，可采取相应措施，如将三油、四油温度加热至 80℃ 以上等。

四、酱油生产技术经济指标

1. 原料利用率

酱油生产中的原料利用率主要包括蛋白质利用率和淀粉利用率，即原料中蛋白质及淀粉等成分进入成品中的比例。在整个酱油酿造过程中，原料蛋白质损失较低，而淀粉质损失较高，制曲时间和发酵时间越长，淀粉质损耗越大，故优质酱油的淀粉利用率反而较低。因此，原料利用率应以蛋白质利用为主，以淀粉利用率为辅。

蛋白质利用率是通过测定氮素后计算的，故蛋白质利用率和全氮利用率是同一概念，目前多数工厂的蛋白质利用率为 70% ~ 80%，较低水平的也有 60% ~ 70%。蛋白质利用率（全氮利用率）的计算公式如下：

$$蛋白质利用率（\%）= \frac{实产酱油成品中蛋白质总量}{原料中蛋白质总量} \times 100\%$$

原料中的淀粉除生成还原糖外，还以糊精、有机酸、色素等成分存在于酱油中，故仅以成品中还原糖计算淀粉利用率，难以反映淀粉的实际利用率。较接近实际情况的方法是以无氮无盐固形物含量代替还原糖来计算淀粉利用率。淀粉利用率的计算公式如下：

$$淀粉利用率（\%）= \frac{\frac{G}{d} \times m}{m_s} \times 100\%$$

思政话题

式中　G——酱油实际产量，kg；

d——酱油密度，g/mL；

m——酱油无氮无盐固形物含量（m = 实测酱油中无盐固形物含量 – 酱油中全氮 ×6.25），g/L；

m_s——混合原料中含淀粉量（用酶法测定），kg。

2. 氨基酸生成率

在酱油酿造过程中，原料蛋白质被分解为胨、多肽和氨基酸等，其中有一半左右是氨基酸态氮，一半左右以蛋白质的各种中间生成物形式存在。如果氨基酸含量越多，则表示蛋白质分解得越彻底，酱油滋味越好。因此，通过比较酱油中全氮与氨基酸态氮的比例可以看出蛋白质分解的程度，并可大致判断酱油生产水平及成品质量的情况，这一比例是用氨基酸生成率来表示的，酱油中氨基酸生成率一般为 50%。氨基酸生成率的计算公式如下：

$$氨基酸生成率（\%）= \frac{酱油中氨基酸态氮含量}{酱油中全氮含量} \times 100\%$$

项目二 ▶

食醋生产技术

▌ 学习内容

- 食醋的类型及特点。
- 食醋的原料处理。
- 食醋的发酵。
- 食醋生产技术经济指标及质量标准。

▌ 学习目标

1. 知识目标
- 熟悉食醋的特点，分类及营养成分、功效。
- 掌握食醋的制作技术。
- 掌握食醋的发酵工艺。
- 熟悉食醋的发酵原理。
- 熟悉食醋的质量标准。

2. 能力目标
- 能进行食醋生产的工艺设计和操作。
- 能进行食醋的前期培菌操作。
- 能进行食醋培养基的制备操作。
- 能进行食醋的后期发酵操作。
- 能分析和解决食醋生产过程中常见的质量问题。
- 具备基本的食醋类相关制品企业生产管理和质量管理的能力。

▌ 项目引导

一、概述

（一）食醋的起源与发展

食醋是以淀粉质为原料，经过淀粉糖化、酒精发酵、醋酸发酵三个主要过程及后熟陈酿而酿制成的一种酸、甜、咸、鲜诸味协调的酸性调味品。

食醋起源于我国，古人称醋为苦酒，也说明醋起源于酒。醋有文字记载是在距今3000余年的公元前1058年的《周礼·天官》篇中有"醯人主作醯"的记载。醯（读 xi）即醋和其他各种酸性调味品。秦汉以来用"酢"表示醋的意思，汉代崔实在《四民月今》中著："四月四日可作酢"。北魏贾思勰所著的《齐民要术》中，记载有 24 种作"酢"法。到了元代酿醋技术又有了进步，根据不同季节采用不同原料配方，并用开水淋醋，掌握了一些重要的生产规律，对今天的食醋生产仍有指导意义。

清代和民国时期的制醋方法和现在的用缸制醋的方法基本相同，以小手工作坊形式依靠手工操作生产，卫生条件差、设备简陋、产量低而不稳、原料利用率低、劳动强度大。解放后制醋业有了很大发展，生产工艺和设备都有了很大的改进。目前我国的制醋业已由手工作坊逐步发展成为工业化生产，制醋的工艺技术、生产设备都有了长足发展，有些成产企业已实现了比较先进的机械化、自动化生产，不但产品质量好，而且产量高，并积极创名牌产品，开发新品种、新包装，向品种多样化、包装系列化发展，还研究生产旅游产品、保健产品、营养产品、风味产品、方便产品等，深受消费者的欢迎。

我国生产的食醋风味独特，在世界上独树一帜，有些产品行销国内外市场，颇受欢迎，如山西老陈醋、镇江香醋、四川保宁麸醋、福建永春红曲醋、北京熏醋、上海米醋等，都是享有盛名的。

（二）食醋的分类

1. 按国家及行业标准分类

酿造食醋：是单独或混合使用各种含有淀粉、糖的物料或酒精，经微生物发酵酿制而成的液态调味品。

配制食醋：是以酿造食醋为主体，与冰醋酸、食品添加剂等混合配制而成的调味食醋。注意：配制食醋时酿造食醋的比例（以乙酸计）不得少于 50%。

2. 按所用原料分类

粮谷醋或米醋：以粮谷为原料生产的醋，有些地区以原料名称定醋名。如大米醋、高粱醋、小米醋、黑米醋、薏米醋等。

薯干醋：用薯类为原料生产的醋。

麸醋：用麸皮为原料生产的醋。

糖醋：用饴糖、废糖蜜、糖渣、蔗糖等为原料生产的醋。

果醋：用水果、果汁或果酒生产的醋。

酒醋：用白酒、酒精、酒糟等酿制的醋。

3. 按原料处理方法分类

熟料醋：原料经过蒸煮。

生料醋：原料未经蒸煮。

4. 按生产工艺分类

按醋酸发酵方式分类：一类是固态发酵醋；一类是液态发酵醋。从目前看，固态发酵醋的风味质量要比液态发酵醋好。固态醋发酵工艺是我国传统的酿醋方法，其缺点是生产周期长、劳动强度大、出醋率低。液态发酵醋是通过液态发酵工艺酿制的醋，其中包括传统的老法液态醋、静置液态发酵醋、速酿塔醋（用玉米芯作醋酸菌载体的浇淋醋，也称氧化醋）、深层液态发酵醋等。

按醋的颜色分类：熏醋和老陈醋颜色呈黑褐色或棕褐色，可称为浓色醋。如果食醋没有添加焦糖色或不经过熏醅处理，颜色为浅棕黄色，称淡色醋。用酒精为原料生产的氧化醋或用冰醋酸兑制的醋酸呈无色透明状态，称为白醋。

（三）食醋生产的工艺原理

食醋酿造需要经过糖化、酒精发酵、醋酸发酵以及后熟与陈酿等过程。每个过程中都是由各类微生物所产生的酶引起的一系列生物化学作用，如图 1 - 10 所示。

$$淀粉 \xrightarrow[\text{淀粉酶}]{\text{曲霉菌}} 葡萄糖 \xrightarrow[\text{酒化酶}]{\text{酵母菌}} 乙醇 \xrightarrow[\text{脱氢酶}]{\text{醋酸菌}} 乙酸$$

图 1 - 10　淀粉酿醋常见工艺反应式

1. 淀粉糖化

用淀粉质原料酿造食醋，首先要将淀粉水解为糖，水解过程分两步进行。第一步是原料经蒸煮变成淀粉糊后，在液化型淀粉酶的作用下，迅速降解成相对分子质量较小的能溶于水的糊精，黏度急速降低，流动性增大，这一过程成为液化。第二步是糊精在糖化型淀粉酶作用下水解为可发酵性糖类，这一过程称为糖化。

2. 酒精发酵

在无氧的条件下，酵母菌所分泌的酒化酶系把糖发酵成酒精和其他副产物。酒精作为醋酸发酵的基质，微量的副产物如甘油、乙醛、高级醇、琥珀酸等留在醋液中，形成酯香。

3. 醋酸发酵

酒精在醋酸菌的作用下被氧化成醋酸。

4. 后熟与陈酿

食醋品质的优劣取决于色、香、味三要素。而色、香、味的形成是十分复杂的，除在发酵过程中形成外，与后熟陈酿过程中一系列化学反应有很大关系。

（1）食醋的色素　食醋的色素来源于以下几个方面：①原料本身的色素带入醋中；②原料预处理时发生化学反应而产生的有色物质进入食醋中；③发酵过程中由化学反应、酶反应而生成的色素；④微生物的有色代谢产物；⑤熏醅时产生的色素以及进行配制时人工添加的色素。

其中酿醋过程中发生的美拉德反应是形成食醋色素的主要途径。熏醅时产生的主要是焦糖色素，是多种糖经脱水、缩合而成的混合物，能溶于水，呈黑褐色或红褐色。

（2）食醋的香气　食醋的香气成分主要来源于食醋酿造过程中产生的酯类、醇类、醛类、酚类等物质。有的食醋还添加香辛料，如芝麻、茴香、桂皮、陈皮等。酯类以乙酸乙酯为主，其他还有乙酸异戊酯、乳酸乙酯、琥珀酸乙酯、乙酸异丁酯等。酯类物质一方面由微生物代谢产生；一方面由有机酸和醇经酯化反应生成，但酯化反应速度缓慢，所以速酿醋香气较差，需要经陈酿来提高酯类含量。食醋中醇类物质除乙醇外，还含有甲醇、丙醇、异丁醇、戊醇等；醛类有乙醛、糖醛、乙缩醛、香草醛、甘油醛、异丁醛等；酚类有 4 - 乙基愈创木酚等。而双乙酰、3 - 羟基丁酮的过量存在会使食醋香气变劣。

（3）食醋的味　食醋是一种酸性调味品，其主体酸味是醋酸。醋酸是挥发性酸，酸味强，尖酸突出，有刺激性气味。此外，食醋还含有一定量的不挥发性有机酸，如琥珀酸、苹果酸、柠檬酸、葡萄糖酸、乳酸等，它们的存在可使食醋的酸味变得柔和。

食醋的甜味，来自发酵中的残糖。另外，发酵过程中形成的甘油、二酮等也有甜味，用边糖化边发酵工艺酿造的醋，其甜味较足，对于甜味不够的醋，可以添加适量蔗糖或甜味剂来提高其甜度。

食醋中因存在氨基酸、核苷酸的钠盐而呈鲜味。其中氨基酸是由蛋白质水解产生的；酵母菌、细菌的菌体自溶后产生出各种核苷酸，如：5′-鸟苷酸、5′-肌苷酸，它们也是强烈助鲜剂。

酿醋过程中添加食盐，可以使食醋具有适当的咸味，从而使醋的酸味得到缓冲，口感更好。

（4）食醋的体态　食醋的体态是由固形物含量决定。固形物包括有机酸、酯类、糖分、氨基酸、蛋白质、糊精、色素、盐类等。用淀粉质原料酿制的醋因固形物含量高，所以体态好。

（四）食醋酿造过程中的微生物

酿造食醋的有关微生物有曲霉菌、酵母菌和醋酸菌。曲霉能使淀粉水解成糖，使蛋白质水解成氨基酸；酵母菌能使糖转变成酒精；醋酸菌能使酒精氧化成醋酸。食醋发酵就是这些菌参与并协同作用的结果。

1. 曲霉

我国老池制醋所用的麦曲、药曲和酒曲中，存在着大量霉菌。其中有用的是：根霉中的米根霉群和华根霉；毛霉中的鲁氏毛霉；曲霉中的黄油霉群和黑曲霉群。主要是利用它们所分泌的酶具有淀粉水解作用及蛋白质水解作用等。现在大多选用淀粉水解力强而适于酿醋的曲霉，其中又以黑曲霉群中的甘薯曲霉与黄曲霉群中的米曲霉等为主。

（1）黑曲霉群　黑曲霉群散布甚广。它们的分生孢子穗为炭黑、褐黑或紫褐色，因而菌丛呈黑色，但也有突变种呈无色者。其发育过程是菌丛由白色变嫩黄，然后由嫩黄变黑色。生长最适温度为 37℃。所分泌的酶有糖化型淀粉酶、麦芽糖酶、酸性蛋白酶、鞣酶、转化酶、果胶酶、纤维素酶、酯酶、菊糖酶、氧化酶等，生成量也大，故为应用上重要微生物之一。黑曲霉群中在工业上使用较多的菌种有：甘薯曲霉、泡盛曲雷、宇佐美曲霉、黑曲霉。酿造食醋目前多应用糖化型淀粉酶活力大，使淀粉水解成葡萄糖多的中科3.324号甘薯曲霉。

（2）黄曲霉群　黄曲霉群分为两大组，即黄曲霉及米曲露。它们的主要区别在于前者小梗多双层；后者小梗多一层，双层者甚少。分生孢子大多为黄绿色，其发育过程是菌丛由白色变黄色以至呈黄绿色；衰老的菌落，则为黄褐色。生长最适温度为37℃。所分泌的酶主要有蛋白酶、淀粉酶，此外有转化酶、纤维素酶、菊糖酶等。发酵过程还会生成曲酸、草酸、柠檬酸、葡萄糖酸和α－酮戊二酸等有机酸。黄曲霉群的变种很多，酿造食醋选择淀粉酶活力大的菌株，应用的有中科3.800号黄曲霉、沪酿3.042与3.040号米曲霉。据近年研究，黄曲霉中的某些菌系会产生黄曲霉毒素，危害人健康，因此如果生产上使用黄曲霉菌株，首先应检查其是否产生此类毒素。为安全起见，以使用米曲霉菌株为妥。

2. 酵母菌

酵母菌是食醋酿造中酒精发酵阶段的主要菌种。食醋酿造主要是利用酵母所分泌的酒化酶，它能把糖类转化为酒精和二氧化碳。此外尚有麦芽糖酶、转化酶、乳糖分解酶及酯酶等。酵母培养及发酵的最适温度为25~30℃，但随着菌种的不同而稍有差异，例如：液体深层发酵法制醋所选用的"济南酒精总厂1300号酵母"，其最适温度为30~32℃。酒精发酵一般3~4d完成。酒精发酵在酿醋过程中是极其重要的一环，现在大多数选择是用粮食原料进行发酵的、酒精发酵力强的、使所产食醋香气符合标准的酵母菌。酵母细胞本身含有丰富的蛋白质和维生素等营养物质，当酒精发酵完成后，酵母菌体留在醋酸中就可以作为醋酸菌的营养料，也有利于食醋酿造。

3. 醋酸菌

醋酸菌是指氧化乙醇生成醋酸的一群细菌的总称。按照醋酸菌的生理生化特性，可将醋酸菌分为醋酸杆菌（*Acetobacter*）和葡萄糖氧化杆菌（*Gluconobocter*）两大类。前者在39℃温度下可以生长，增殖最适合温度在30℃以上，主要作用是将酒精氧化为醋酸，在缺少乙醇的醋醪中，会继续把醋酸氧化成CO_2和H_2O，也能微弱氧化葡萄糖为葡萄糖酸；后者能在低温下生长，增殖最适合温度在30℃以下，主要作用是将葡萄糖氧化为葡萄糖酸，也能微弱氧化酒精成醋酸，但不能继续把醋酸氧化为CO_2和H_2O。酿醋用醋酸菌大多属于醋酸杆菌属，仅在老法酿醋醋醪中发现葡萄糖氧化杆菌属的菌株。

（1）醋酸菌的特征

①形态特征：细胞椭圆到杆状，直或稍弯，大小为（0.6~0.8）μm×（1.0~3.0）μm，单个、成对或呈链状排列，有鞭毛，无芽孢，属革兰阴性菌。在高温或高盐浓度或营养不足等不良条件下，菌体会伸长，变成线形或棒形、管状膨大等退化型。

②对氧的要求：醋酸菌为好氧菌，必须供给充足的氧气才能进行正常发酵。在实施液体静置培养时，于液面形成菌膜，但葡萄糖氧化杆菌不形成菌膜。在含有较高浓度乙醇和醋酸的环境中，醋酸菌对缺氧非常敏感，中断供氧会造成菌体死亡。

③对环境的要求：醋酸菌最适合生长温度为 $28 \sim 33℃$，温度范围为 $5 \sim 42℃$；因无芽孢，对热抵抗力弱，在 $60℃$ 下经 10min 即死亡。生长的最适 pH 为 $3.5 \sim 6.5$，对酸的抵抗力因菌种不同而异，一般的醋酸杆菌菌株在醋酸含量达 $1.5\% \sim 2.5\%$ 的环境中，生长繁殖就会停止，但有些菌株能耐受醋酸达 $7\% \sim 9\%$，醋酸杆菌对酒精的耐受力颇高，酒精浓度可达到 $5\% \sim 12\%$（体积分数），若超过其限度即停止发酵。对食盐只能耐受 $1\% \sim 1.5\%$ 浓度，为此，生产实践中醋酸发酵完毕添加食盐，不但调节食醋滋味，而且是防止醋酸菌继续作用，将醋酸氧化为 CO_2 和 H_2O 的有效措施。

④营养要求：醋酸菌最适合的碳源是葡萄糖、果糖等六碳糖，其次是麦芽糖和蔗糖，不能直接利用淀粉和糊精等多糖类。酒精是极适宜的碳源，有些醋酸菌还能以甘油、甘露醇等多元醇为碳源。蛋白质水解产物、尿素、硫酸铵等是适宜的氮源。矿物质中必需有磷、钾、镁等元素。由于酿醋的原料一般是粮食及农副产物，其淀粉、蛋白质、矿物质的含量很丰富，营养成分已能满足醋酸菌的需要。

⑤酶系特征：醋酸菌有相当强的醇脱氢酶、醛脱氢酶等氧化酶系活力，因此除能氧化酒精生成醋酸外，还有氧化其他醇类和糖类的能力，生成相应的酸、酮等物质。醋酸菌也有生成酯类的能力，接入产生芳香酯多的菌种发酵，可以使食醋的香味倍增。上述物质的存在对形成食醋的风味有重要作用。

（2）常用醋酸菌

①沪酿 1.01 醋酸菌：它是从丹东速酿醋中分离得到的，是我国食醋工厂常见菌种之一。该菌细胞呈杆形，常呈链状排列，菌体无运动性，不形成芽孢。在含酒精的培养液中，常在表面生长，形成淡青灰色薄层菌膜。在不良条件下，细胞会伸长，变成线形或棒状，有的呈膨大状，有分支。该菌由酒精产醋酸的转化率平均达到 $93\% \sim 95\%$。

②AS1.41 醋酸菌：它属于恶臭醋酸杆菌，是我国酿醋长久使用的菌株之一。该菌细胞呈杆状，常呈链状排列，单个细胞大小为 $(0.3 \sim 0.4)$ $\mu m \times (1 \sim 2)$ μm，无运动性，无芽孢。在不良条件下，细胞会伸长，变成线形或棒形，管状膨大。平板培养时菌落隆起，表面平滑，菌落呈灰白色；液体培养时则形成菌膜。该菌生长适宜温度为 $28 \sim 30℃$，生成醋酸的最适温度为 $28 \sim 33℃$，最适 pH 为 $3.5 \sim 6.0$，耐受酒精浓度为 8%（体积分数）。最高产醋酸 $7\% \sim 9\%$，产葡萄糖酸能力弱。能氧化分解醋酸为 CO_2 和 H_2O。

③许氏醋酸杆菌（*A. schutzenbachii*）：它是国外有名的速酿醋菌株，也是目

前制醋工业重要的菌种之一。在液体中生长的最适温度为 28 ~ 30℃，最高生长温度为 37℃。该菌产酸高达 11.5%。对醋酸无进一步的氧化作用。

④奥尔兰醋酸杆菌（*A. orleanense*）：它是法国奥尔兰地区用葡萄酒生产醋的主要菌株。生长最适温度为 30℃。该菌能产生少量的酯，产醋酸的能力弱，能由葡萄糖产 5.3% 葡萄糖酸，耐酸能力较强。

⑤攀膜醋酸杆菌（*A. scendens*）：它是葡萄酒、葡萄醋酿造过程中的有害菌，在醋醪中常能分离出来。最适生长温度为 31℃，最高生长温度 44℃。在液面形成易破碎的膜，菌膜沿容器壁上升得很高，菌膜下液体很混浊。

⑥胶膜醋酸杆菌（*A. xylinus*）：它是一种特殊的醋酸菌，若在酿酒醪液中繁殖，会引起酒酸败、变黏。该菌生成醋酸的能力弱，又会氧化分解醋酸，因此是酿醋的有害菌。在液面上，胶膜醋酸杆菌会形成一层皮革状类似纤维样的厚膜。

二、食醋原料及处理

（一）食醋原料

食醋原料一般包括主料、辅料、填充料和添加剂。

1. 主料

主料是指能生成醋酸的主要原料，为淀粉质原料、糖质原料（水果、糖蜜）和酒类原料三大类。

（1）淀粉质原料

①粮食原料：我国长江以南习惯以大米和糯米为原料，北方多以高粱、小米、玉米为原料。用不同粮食原料酿造的食醋，其风味也不同。如用糯米酿制的醋，因残留的糊精和低聚糖较多，口味较浓甜。大米的蛋白质含量低，淀粉含量高，杂质较少，因而配制的食醋比较纯净。高粱蒸熟以后具有疏松适度的特点，很适于固态发酵；另因含有少量单宁，发酵能生成特殊的芳香物质，使高粱醋有独特的香味。玉米含有较多的植酸，发酵时能促进醇甜物质的形成，玉米醋的甜味较突出等。

②薯类原料：薯类原料的淀粉颗粒大，容易蒸煮糊化，也是酿醋的较理想原料。但产醋质量不及粮食醋，特别是薯干中含有瓜干酮、黑尿素、糠醛及丙烯醛等，易产生薯干杂味等，在发酵过程中要尽量除去。主要品种是甘薯、马铃薯和木薯。

③其他：一些农副产品下脚料和野生植物含有淀粉，特别是野生植物能用于酿醋的有很多种，最常见的有葛根、菱角、金樱子、橡子、荔枝核、龙眼核、菊芋等。应注意的是，使用野生植物应注意其成分中是否含有对人体有害的物质。

（2）含糖原料

①糖和糖蜜：糖可以做酿醋的原料，使用方便，但价格较高。糖蜜作为糖厂的一种副产品，含糖量较高（50% 左右），可直接被酵母利用，但使用前须进行

稀释、酸化、灭菌、澄清和添加营养盐等预处理。

②水果：水果原料中含有可发酵糖、矿物质、维生素等成分，适合于生产果醋。某些野生水果如酸枣、黑枣、桑葚等也可以利用。

（3）含酒精原料　白酒和酒精都可用于生产食醋，但均应达到相应标准。要求每100mL白酒中总醛 <0.02g，杂醇油 <0.15g，甲醛 <0.04g。食用酒精要求每100mL无水酒精中总醛 <0.02g，杂醇油 <0.03g，总酯 <0.005g，甲醇（以亚硫酸品红试验）不深于标准色，糖醛不得检出，纯度试验（用硫酸试验）无变色者为合格。

2. 辅料

固体发酵制醋需要大量的辅助原料。辅料一股采用细谷糠和麸皮。它既可为制醋补充些有效成分，又可对醋醅起到疏松作用。麸皮中合有相当高活力的 β - 淀粉酶，如直接用生麸皮参加发酵时，还有利于淀粉的糖化作用。

3. 填充料

固态发酵制醋需要填充料，填充料的作用是为了调整淀粉浓度，吸收酒精及液浆，保持一定空隙，使醋醅疏松，给发酵创造有利条件。填充料与出酒、出醋率有密切的关系。含淀粉多的原料，填充料用量多，淀粉少的原料填充料用量少。常用的填充料有谷糠、花生壳、秸秆、玉米芯等。

4. 添加剂

醋酸发酵成熟后，加入适量食盐可以抑制醋酸菌生长，并同时赋予食醋适当的咸味和鲜味；配制食醋的水质要符合国家饮用水卫生标准要求，受到污染的水不能用来酿醋；蔗糖可用于增加食醋甜味，调和醋酸的尖酸味；香料有芝麻、茴香、生姜等，香料赋予食醋特殊风味；炒米色增加食醋的色泽和香气。

（二）原料处理

1. 去除泥沙杂质

采用风选和振动筛，结合人工分拣进行。

2. 粉碎

为了扩大原料同糖化酶的接触面积，原料需进行粉碎，然后再蒸煮糖化，粉碎设备以锤击式粉碎机为多。使用酶法液化糖化工艺须将原料水磨、浸泡，磨时米加水比例应控制在1:（1.5~2），如加水过多，会产生浆粒不匀，出浆过快等现象，为下一步液化糖化造成困难。

3. 原料蒸煮

除了生料发酵法不蒸煮原料外，其余方法均须进行原料蒸煮阶段。干原料先进行润料，并拌和均匀，然后进行蒸料。润料所用水量，根据原料种类不同来确定：高粱一般润料用水量50%左右，时间为夏季4~6h，冬季8~10h；大米原料则采用浸泡方法，夏季6~8h，冬季10~12h，浸泡后捞出沥干。

食醋原料的蒸料现多采用旋转加压蒸锅，既使物料受热均匀，又不至于焦化结底。加压蒸料一般采用 0.1MPa、30min 即可。常压一般蒸 1～1.5h，焖 1～2h 即可。

三、食醋发酵剂制备

(一) 糖化剂制备

把淀粉转变成为发酵性糖所用的催化剂称为糖化剂，糖化剂主要有大曲、小曲、麸曲、红曲、液体曲等几种。

1. 大曲

(1) 大曲的特点　大曲作为酿造大曲酒、陈醋、熏醋、香醋的糖化发酵剂，在制造过程中依靠自然界带入的各种野生菌在淀粉质原料中进行富集，扩大培养，并保藏了各种酿酒、酿醋用的有益微生物。再经过风干、储藏，即成为成品大曲。

大曲中包含的微生物以根霉、毛霉、曲霉和酵母菌为主，并有大量野生菌混杂其中。由于大曲含菌类多，分泌许多复杂的体外酶，这些酶在酿酒、酿醋时生成不同种类的醋，构成独特的风味。大曲便于保管和运输，但淀粉利用率较低，生产周期长，糖化力低。现在我国几种主要名特食醋的生产仍多采用大曲。

(2) 大曲的生产工艺

①工艺流程（见图1-11）

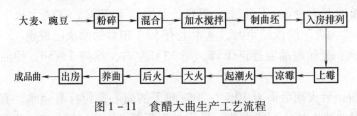

图 1-11　食醋大曲生产工艺流程

②生产工艺

a. 原料粉碎：将大麦 70% 与豌豆 30% 分别粉碎后混合。冬季粗料占 60%，夏季粗料占 45%。

b. 加水搅拌、制曲：每 100kg 混合料加温水 50kg。然后装入制曲模，压制成曲坯，曲块应厚薄均匀，外形平整、四角饱满无缺、结实坚固，每块曲坯重 3.2～3.5kg，曲坯含水量 36%～38%。

c. 入室排列：曲坯入室前调节曲室温度在 15～20℃，夏季气温较高时可将室温尽量降低。曲房地面铺上粗谷糠（或稻皮），将曲坯搬置其上，排列成行（侧放），坯间隔 2～3cm（间距冬小夏大），行距为 3～4cm。每层曲坯上放置芦苇秆，并撒上粗谷糠，上面再放一层曲坯，两层曲坯间隔为 15cm，使成"品"字形。

d. 上霉：上霉期要保持室温暖和，待品温升至 40～41℃时上霉良好，此时曲坯表面出现根霉菌丝和拟内孢霉的粉状霉点，还有比钉头稍大一点的乳白色或乳黄色的酵母菌落。如果品温上升到要求温度，而曲坯表面长霉尚未长好，则可缓缓揭开部分席片，进行散热（但仍应注意保潮），适当延长数小时，使长霉良好。上霉期也称为"生衣"期。冬季 4 ~ 5d，夏季 2d。

e. 凉霉：曲坯品温升到 38 ~ 39℃ 时，须打开曲房门窗，以排除潮气和降低室温。并将曲坯上层覆盖的保温材料揭去，再将上下层曲坯翻坯一次，同时改为堆积成三层，拉开曲间距，以降低曲坯水分和温度，控制曲坯表面微生物的生长，勿使菌丛过厚，令其表面干燥，使曲固定成形，在制大曲操作上称为凉霉。凉霉时间大约为 12h，夏季凉至 32 ~ 33℃，冬季凉至 23 ~ 25℃，凉霉期为 2 ~ 3d。

f. 起潮火：在凉霉 2 ~ 3d 后，曲坯表面不粘手时，即封闭门窗，而进入"起潮火"阶段。入曲室后第 5 ~ 6d 起，曲坯开始升温，曲温上升到 36 ~ 38℃后，进行翻曲，抽去苇秆，曲坯由五层增到六层，间距 5cm，曲坯成"人"字形，每 1 ~ 2d 翻曲 1 次。此时每日放潮两次，昼夜开窗两次，品温两起两落，曲坯品温由 38℃ 渐升到 45 ~ 46℃，这需要 4 ~ 5d。此后即进入"大火"阶段，曲坯已增高至七层左右。

g. 大火：这阶段微生物的生长仍然旺盛，菌丝由曲坯表面向内部生长，水分及热量由内部向外散发。通过开闭门窗来调节曲坯品温，使其保持在 44 ~ 46℃ 高温条件下 7 ~ 8d，不可超过 48℃，不能低于 28℃。在"大火"阶段每天翻曲一次。"大火"阶段结束时，基本上有 50 ~ 70℃ 的曲块已成熟。

h. 后火：此阶段品温逐渐下降，至 33℃ 左右，维持 3 ~ 5d，使曲心水分继续干燥。

i. 养曲：后火期后尚有 10% ~ 20% 曲子的曲心部位存有余水，宜用微温来蒸发，这时曲块本身已不能发热，采用外温保持 32℃，品温 28 ~ 38℃，使曲心残余水分继续蒸发。此时曲间距离缩小至 3.5cm。

j. 出曲：成曲出曲前，尚需摊凉数日，使水汽散尽以利于存放。成曲出曲室后，储于阴凉通风处，垛曲时保留空隙，以防返火。如制红心曲，则应在曲将成之日，保温坐火，使曲皮两边向中心夹击，两边温度相碰接火，则红心即成。

2. 小曲

小曲又称酒药、药曲、甜酒曲，是南方常用的一种糖化剂。因曲坯小而得名。形状、体积因产地各不相同。除酿醋外，还可酿小曲白酒、黄酒等。小曲因配料与工艺不同，各具特色，以四川邛崃米曲、厦门白药、绍兴酒药、桂林酒曲丸、董酒小曲等较为著名。小曲有无药小曲与有药小曲之分。无药小曲中不添加中草药，有药小曲中加入中草药一味至多味不等。

（1）工艺流程（见图 1 - 12）

（2）操作要点

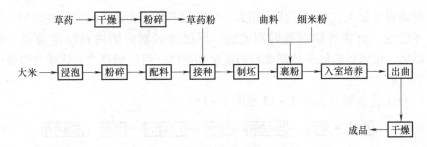

图 1 – 12　食醋小曲制备工艺流程

①原料配比：大米粉总用量的 75% 用来制酒药坯，其余制裹粉用细米粉；草药粉用量 13%（以酒药坯的米粉质量计）；曲母是指上次制药曲时保留下来的一小部分酒药种，用量为酒药坯的 2% 加上裹粉的 4%（以米粉的质量计）；60% 左右的水。

②浸米：大米用水浸泡，夏季为 2～3h，冬季约为 6h 浸后沥干备用。

③粉碎：浸米沥干后，先用石臼捣碎，再用粉碎机进行粉碎，其中取出 1/4，用 180 目细筛筛出约 25% 的细米粉作裹粉用。

④制坯：将制酒药坯米粉，添加草药粉 13%、曲母 2%、水 60% 左右，混合均匀，制成饼团，然后在制饼架上压平，用刀切 2cm 大小的块状，以竹筛筛圆成酒药坯。

⑤裹粉：将过 180 目筛的细米粉加入 0.2kg 曲母粉，混匀，作裹粉用。操作时，先撒小部分裹粉于簸箕中，并洒第一次水于酒药坯，倒入簸箕中，用振动筛筛圆成型后再裹粉一层。再洒水，再裹，直到裹完裹粉为止。洒水量共为裹粉的 10%。裹粉完毕即为圆形酒药坯，分装于小竹筛内耙平，即可入曲室培养。酒药坯含水分约为 46%。

⑥培养：根据小曲中微生物的生长过程，大致可分三个阶段进行管理。前期：室温保持 28～31℃，经 20h 左右，霉菌繁殖旺盛，观察到霉菌丝倒下，酒药坯表面起白泡时，将盖在药小曲上面的空簸箕掀开。这时品温一般为 33～34℃，最高不得超过 37℃。中期：24h 后，酵母开始大量繁殖，室温应控制在 28～30℃，品温不得超过 35℃，保持 24h。后期：为 48h，品温逐步下降，曲子成熟，即可出曲。

⑦出曲：曲子成熟后立即移至烘房烘干或晒干，贮藏备用。药小曲由入曲室至成品烘干共需 5d。

3. 麸曲

麸曲因生产方式不同，通常有盘曲、帘子曲和厚层通风曲之分。前两者曲层较薄，采用自然通风，后者采用机械通风。盘曲制曲的劳动强度大，目前只在制种曲时采用，大生产中已被淘汰了。帘子曲虽然有了改进，但仍不能摆脱手工操作，劳动强度很大，且占厂房面积大，生产效率低，并受自然气候的影响，产品质量不稳定，通常种曲制备时用此法。厚层通风制曲的曲料厚度为帘子曲的10~15倍，用风机通风来控制曲料的温度和湿度，可达到高产、优质及降低劳动强度的目的。

（1）工艺流程（见图1-13至图1-15）

麸皮+稻壳+水 → 拌料 → 蒸料 → 装三角瓶 → 灭菌 → 摇瓶散冷 → 接种 → 保温培养 → 三角瓶种曲

图1-13 三角瓶种曲制备工艺流程图

麸皮+水 → 拌料 → 蒸料 → 散冷 → 接种三角瓶种曲 → 堆积 → 入室培养 → 摊平 → 划盒 → 种曲

图1-14 木盒（或帘子）种曲制备工艺流程图

麸皮+稻壳+水 → 拌料 → 蒸料 → 散冷 → 接种种曲 → 堆积 → 装箱 → 静止培养 →

间接通风保温培养 → 连续通风保温培养 → 麸曲

图1-15 通风制曲制备工艺流程

（2）操作要点

①试管培养（AS3.758黑曲霉曲生产工艺）：称大米50g，冲洗干净，放入350mL水煮成饭状，降温50~55℃接入新鲜的黑曲霉20g，放入500mL三角瓶中盖上棉塞，在50~55℃水浴锅保温糖化4h，取出，用脱脂棉过滤，再用滤纸过滤一次即为糖化液，100mL糖化液加入琼脂2~3g，溶化后装入试管，高压灭菌0.1MPa、20min取出做成斜面培养基，放入冰箱备用。

在无菌条件下接种，放入30℃保温箱72h后，长满黑褐色孢子即可应用。

②三角瓶培养：称取麸皮100g，稻壳5g，加水75~80mL，拌匀装入1000mL三角瓶中，厚0.5~1cm，加棉塞包好防潮纸，放入高压灭菌锅0.1MPa、15min取出放入无菌室冷却至30℃，将试管中黑曲霉移接在三角瓶中，放入30℃保温箱中培养，经24~48h观察生长情况，如布满白色菌丝，即可扣瓶。将三角瓶倒放在保温箱中，再经48h，等长满黑褐色孢子即成熟，短期备用。

③木盒种曲培养：称取麸皮50kg，加水50~55kg，拌匀，装锅冒汽后40min取出，入无菌培养室过筛疏松，等品温降到35℃左右，接入三角瓶种曲0.3%~0.5%，接种后品温降至30~32℃，堆集1~2h，然后装入灭菌的曲盒内，厚度1cm左右，码成柱形，室温前期29℃，当品温上升到34~35℃时倒盒，等长满菌丝后将盒内曲料分成小块，即划盒。划盒后将曲料摊平盖上灭过菌的湿草帘，然后将盒摆成品字形。地面上洒些水，以保持室内温度。后期室温保持在26℃，

全部生产过程需 72h，待曲料布满黑褐色孢子即种曲成熟。后期室温控制在 30℃，排除出曲房潮气，存放在阴凉、通风处，干燥备用。

④通风制曲：通风制曲由于曲料厚度在 20～25cm，要求通风均匀，阻力小，因此在配料中适当加入稻壳或谷糠等以保证料层疏松。

每 50kg 麸皮加入稻壳 4～5kg，加水 30～32.5kg 拌匀，装入锅内冒汽 30min 出锅，用扬料机打碎结块并降温，至 32～35℃接种 0.3%～0.5%，装入曲池内，品温 30℃，室温保持 28℃左右，品温上升至 34℃时开始通风，降至 30℃时停风，待曲块形成翻曲一次，疏松曲块利于通风，控制品温连续通风，经 28～30h 菌丝大量形成结块，即成麸曲，出曲室摊开阴干，短期备用。

注意事项如下：

装曲料入池时要松散，有利于种曲发芽和通风，曲子菌丝形成后，如妨碍通风时要及时翻曲。

品温过高时要及时采取降温措施，放冷风或打开天窗，防止烧曲。

前期间断通风阶段做到兼顾降温保潮，中期连续通风阶段注意控制品温不高于 36～38℃，后期要提高室温排除潮气，使成曲水分在 25% 以下。

成曲不易储存，最好边生产边使用。因成曲含水分容易升温，丧失酶活力，即使干曲也不宜久存。

（二）酒母的制备

所谓"酒母"，就是选择性能优良的酵母曲，经纯粹逐级扩大培养后用于糖化醪的酒精发酵；或将酒母和鼓曲同时与蒸熟的原料混合，进行淀粉糖化及酒精发酵。制备优良的酒母，也是食醋生产的关键之一。

1. 酵母菌的选择

酿醋应选择酒精发酵力强，能产生香气的酵母。例如生产一般食醋选用凯氏酵母，北方以高粱为原料生产速酿醋，一般选用 1308 号酵母菌。

2. 培养步骤

酒母制备工艺流程见图 1－16。

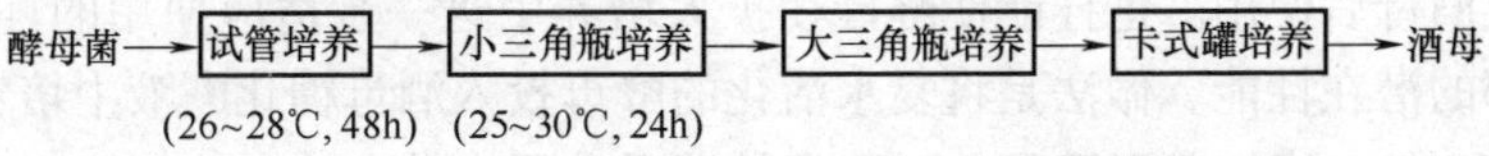

酵母菌 —→ 试管培养 —→ 小三角瓶培养 —→ 大三角瓶培养 —→ 卡式罐培养 —→ 酒母

(26～28℃, 48h)　(25～30℃, 24h)

图 1－16　酒母制备工艺流程

3. 酒母的制作

一般利用大缸加盖作酒母缸，或用种子罐作为酒母罐。制造酒母可用糖化醪为原料，也可用碎米粉、甘薯粉、高粱粉等为原料。

（1）利用糖化醪培养　直接将生产上灭过菌的糖化醪稀释至 8～9°Bé，装入酒母缸内 450L，冷却至 28℃左右，接入培养 8～10h 的卡式罐酵母液 45L，保持

26~28℃，中间经常搅拌，培养8~10h即可使用。

（2）利用碎米粉培养　取碎米粉68kg及麸皮12kg，加水48L，拌和均匀，入锅蒸熟，然后取出置于酒母缸内，加3倍水，再用蒸汽冲沸，冷却至70℃左右，加入鼓曲12kg，保持55~65℃，糖化3~5h。糖化完毕，冷却至28℃左右，接入培养8~10h的卡氏罐酵母液45L，保持26~28℃，培养8~10h即可使用。

（3）利用甘薯粉及高粱粉培养　利用种子罐为酒母罐。酒母罐内装入甘薯粉50kg，高粱粉40kg，麸皮10kg及水400L进行液化和糖化，然后加热至100℃灭菌，冷却至30℃后，接入培养8~10h的卡氏罐酵母液45L，30~32℃培养8~10h即可使用。

4. 酒母的质量

酒母质量的好坏通过镜检来判断，一般要求如下：

（1）优良的酒母中的酵母菌生长健壮。

（2）酵母菌数量在$8 \times 10^7 \sim 1.2 \times 10^8$个/L为宜。

（3）酒母缸或酒母罐培养的酒母，允许有微量的杂菌。

生产实践证明，酒母酸度的高低，也标志着杂菌的多少。正常的酒母酸度为0.2~0.3g/100mL（以醋酸计），如超过此数，酸度越大，酒母中杂菌含量也越多。

5. 活性干酵母的应用

现很多厂在酒母的生产上采用酒精活性干酵母或生香活性干酵母，其具体用法如下。

（1）酒精活性干酵母的复水活化　在35~42℃的温水中加入10%的活性干酵母，小心混匀，静置，使之复水、活化，每隔10min轻轻搅拌一下，经20~30min后酵母已复水活化，可直接添加到糖化醪液中进行发酵。

（2）活化后扩大培养　由于活性干酵母有潜在的发酵活性和生长繁殖能力，为提高使用效果，减少商品活性干酵母的用量，也可在复水活化后再进行扩大培养，制成酒母后使用。这样能使酵母在扩大培养中进一步适应使用的环境条件，恢复全部的潜在性能。做法是将复水活化的酵母投入酒母糖化醪液中培养，扩大比为5~10倍，当培养至酵母的对数生长期后，再次扩大5~10倍培养，培养条件与酒母罐培养相同。

（三）醋母的制备

传统法酿醋，是依靠空气、原料、曲子、用具等上面附着的野生醋酸菌，自然进入醋醅进行醋酸发酵的，因此，生产周期长、出醋率低。现在多使用人工选育的醋酸菌，通过扩大培养得到醋酸菌种子即醋母，再将其接入醋醅或醋醪中进行醋酸发酵，使生产效率大为提高。

国内日前生产上应用的纯种醋酸菌大多为AS1.41和沪酿1.01，其培养步骤如下：

1. 固态培养

培养步骤如下：试管（斜面）原菌→试管液体菌→三角瓶→大缸固态培养。

（1）试管斜面培养

配方一：

酒精（95°）	6mL	琼　脂	2.5g
碳酸钙	1.5g	酵母膏	1.0g
葡萄糖	0.3g	水	1000mL，pH 自然

配方二：

酒精（95°）	2mL	琼　脂	2.5g
碳酸钙	1.5g	酵母膏	1.0g
葡萄糖	1.0g	水	1000mL，pH 自然

接种后 30～32℃培养48h。

（2）三角瓶扩大培养　称取酵母膏1%、葡萄糖0.3%，溶解后分装于容量为1000mL的三角瓶中，每瓶装入量为100mL，加上棉塞，于100kPa下蒸汽灭菌30min，冷却后在无菌室加入95%酒精，每瓶接入刚培养48h的试管液体原菌（每支试管菌接2～3瓶）。于30℃培养5～7d，嗅之有醋酸的清香即可。测定酸度为1.5～2g/100mL（以醋酸计）。

（3）大缸固态醋酸菌的培养　取生产上配制的新鲜醋醅放置于设有假底、下面开洞加塞的大缸中，再将培养成熟的三角瓶纯种醋酸菌种拌入醋醅面上，使之均匀。接种量为原料的2%～3%。培养时室温要求在32℃，1～2d后品温升高，采用回流法降温，控制品温不超过38℃，待发酵至醋酸度为4g/100mL时，说明已大量繁殖，即可用于生产。

2. 液态培养

培养步骤如下：试管斜面原菌→试管液体菌→三角瓶（一级种子）→种子缸（二级种子）。

利用种子缸培养醋酸菌，作为液体深层发酵制醋。

（1）一级种子（三角瓶）培养基及培养条件如表1-8所示。

表1-8　　　　　　　　　　　一级种子培养基培养条件

名　称	菌　种	培　养　基	培　养　方　法
配方1	AS1.41	米曲汁6°Bé、乙醇（95%）：3%～3.5%、500mL 三角瓶装液 100mL	米曲汁以 100kPa 灭菌 30min，冷却至70℃以下加入酒精振荡，至31℃时培养22～24h
配方2	沪酿1.01	葡萄糖1%、酵母膏1%、乙醇3%（灭菌后加入）	100kPa 灭菌30min，冷却至30℃培养24h

（2）二级种子（种子罐通气培养）培养　取酒度4%～5%的酒精醪，定容至70%～75%，用夹层蒸汽使品温升到80℃再用直接蒸汽加热灭菌，0.1MPa，30min，冷却降温至32℃，按接种量10%接入醋酸菌种，于30℃通气培养，培养温度31℃。

四、食醋发酵

（一）固态发酵法制醋

固态发酵法制醋是我国食醋的传统生产方法，在发酵醪中拌入较多的疏松材料，如砻糠、小米壳、高粱壳及麸皮等，使醋醅膨松，能容纳一定量的空气，以促使醋酸菌氧化酒精而生成醋酸。此法制得的食醋香气浓郁，口味醇厚，色泽也好。著名的山西老陈醋、镇江香醋及四川麸醋都是固态发酵制成。

1. 工艺流程

固态发酵法制醋工艺流程如图1－17所示。

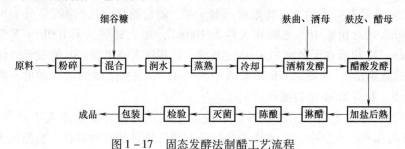

图1－17　固态发酵法制醋工艺流程

2. 操作要点

（1）原料配比　高粱粉（甘薯粉、米粉）100kg，细谷糠（统糠）100kg，粗谷糠（砻糠）50kg，麸皮75kg，麸曲50kg，醋曲40kg，酒母40kg，蒸料前加水275kg，蒸后熟料加水180kg。

（2）原料处理　将高粱粒粉碎为粗粒状，要求无完整粒存在，细粉不超过1/4。取细谷糠与高粱粉粒混合均匀。加60%的水，使水与物料充分拌匀吸透。润料时间依据气温、水温条件而定，一般为6～8h。将润水后的料打散蒸料，常压蒸煮1h，焖1h；加压整料是在0.15MPa下蒸40min。要求蒸熟、蒸适、无夹心、不沾手为宜。

蒸熟后，将熟料取出放在干净的拌料场上，过筛，同时翻拌及排风冷却。要求夏季降温至30～38℃，冬季降温至40℃以下后，再进行第二次洒入冷水，翻拌一次，再行摊平，然后将细碎的麸曲铺于面层，再将搅匀后酒母撒上，进行一次彻底翻拌，即可入池（缸）。入池醋醅的水分含量以60%～62%为宜。

（3）糖化和酒精发酵　原料入池后，压实、填平，用塑料布密封池口发酵。检查初始醅温夏季在24℃左右，冬季28℃左右。室温保持在28℃左右。当醅温升至38℃时，进行倒醅或翻醅，保持醅温不超过40℃。冬季发酵6~7d，夏季发酵5~6d，醅温自动逐渐下降，抽样检查酒精含量达到8%左右，酒精发酵结束。

（4）醋酸发酵　酒精发酵结束后，拌入粗谷糠、麸皮和醋母，开始醋酸发酵。第2、3天醋醅快速升温，控制品温在38~41℃，不超过42℃，每天倒醅一次。约经12d，醅温逐渐下降，此时应每天测醋酸含量，当醋酸含量为7%~7.5%，醅温下降至38℃以下时，表明醋酸发酵结束。

（5）加盐后熟　醋酸发酵结束后要及时加盐，防止成熟醋醅过度氧化。加盐量为醋醅的1.5%~2%，夏季稍多，冬季稍少。加盐方法是先将食盐一半撒在醋醅上，用长把铲翻拌上半缸醋醅，拌匀后移入另一缸内；次日再把余下一半食盐拌入剩下的下半缸内，拌匀，合并成一缸。加盐后压实盖紧，放置2d或更长时间，以作后熟或陈酿，使食醋的香气和色泽得到改善。

（6）淋醋　淋醋的设备用缸或涂料的水泥池。淋醋采用淋缸三套循环法：如甲组淋缸放入成熟醋醅，用乙组淋缸淋出的醋倒入甲组缸内浸泡20~24h，淋下的称为头醋；乙组缸内的醋渣是淋过头醋的头渣，用丙组缸淋下的三醋放入乙组缸内，淋下的作为套二醋；丙组缸内的醋渣是淋过二醋的二渣，用清水放入丙组缸内，淋出的就是套三醋。淋完丙组缸的醋渣残酸仅0.1%，可用作饲料。简言之，就是用二淋醋浸泡醋醅20h，淋下的醋为头醋；用三淋醋浸头渣10~16h、用清水浸泡二渣8~12h；使残渣醋醅残留≤0.1%。

（7）陈酿　陈酿有两种方法：一是醋醅陈酿，将加盐后熟的醋醅移入院中缸内，压实，上盖食盐一层，用泥土封顶，经15~20d晒露，中间倒醅一次再行封缸。一般存放期为1个月，即行淋醋；二是醋液陈酿，将醋液放在院中缸内，上口加盖，陈酿时间为1~2个月。但醋酸含量低于5%时，容易变质，不宜采用。经陈酿后的醋质量有显著提高，色泽鲜艳，香味醇厚，澄清透明。

（8）灭菌和成品配制　陈酿醋或新淋出的头醋，通称为半成品，出厂前需按质量标准进行配兑，除总酸含量5%以上的高档品外，均需加入0.1%苯甲酸钠防腐。

灭菌又称煎醋。煎醋是通过加热的方法把陈醋或新淋醋中的微生物杀死，并破坏残存的酶，同时醋中各成分也会变化，使香气更浓，味道更和润。生醋采用直火加热或热交换器加热，80~90℃灭菌30~40min，然后灌装，封口，即为成品。

（二）液态深层发酵法制醋

液态深层发酵制醋是一种新工艺，不但可以实现制醋不用糠（即不用辅料，包括谷糠、麸皮等），而且使生产机械化和管道化，极大减少劳动力。但是发酵时要有发酵罐。

1. 工艺流程

液态深层发酵法制醋工艺流程如图 1 - 18 所示。

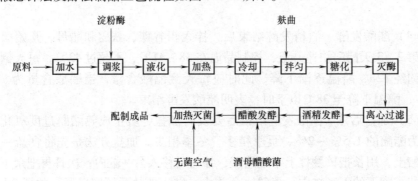

图 1 - 18　液态深层发酵法制醋工艺流程

2. 操作要点

（1）投料　原料与水的比例约为 1:7，加淀粉酶 60 ~ 80U/g。调浆后用泵抽入糖化罐内，为了严格控制水分，采用夹层升温，也可加水时留有余地，采用直接蒸汽。配合罐内搅拌器，使之搅拌均匀。

（2）液化　淀粉酶有效作用温度是 85 ~ 90℃，维持 1h。原料液化后继续升温至 120℃，保持 10 ~ 20min 进行灭酶。

（3）糖化　开冷却水降温至 65℃，加入麸曲，麸曲用量为原料的 10%。麸曲添加方法是用降温至 65℃ 的液化醪，从糖化罐内放出麸曲 4 倍的量，将其搅拌均匀，并用水泵连同麸曲一起抽回罐内。保温 60 ~ 63℃，糖化 3 ~ 4h，取样测定还原糖，一般情况下可达 13% ~ 14%，随即升温至 100℃，维持 10min，杀灭杂菌，然后降温至 40℃，经离心筛过滤去渣，糖液备用。

（4）酒精发酵　将先糖化好备用的糖液，抽入酒精发酵罐内，定容，然后按接种量 10% 进行接种。

培养及发酵：控制温度为 32 ~ 34℃，静止培养及发酵 50 ~ 60h。发酵结束，一般酒精度为 5° ~ 6°，酸度不超过 0.5g/100mL，还原糖 0.25g/100mL 以下。

（5）醋酸发酵　将酒液抽入耐酸陶瓷醋酸发酵罐内。接种量为酒液的 10%。

培养及发酵：醋酸发酵期间，温度保持 35 ~ 37℃，通风量前期为 1:0.13/min；中期为 1:0.17/min；后期为 1:0.13/min。罐压维持 0.3MPa，连续进行搅拌。醋酸发酵时间为 40 ~ 50h，经测定已无酒精，残糖极少，说明醋酸发酵基本结束。

（6）灭菌及配制成品　醋酸发酵结束后，应立即升温至 80℃，维持 10min，杀灭杂菌，并使剩余的糖分和蛋白质进一步转化，以增加食醋的色泽与香味，然后降温放罐，配制成品。

五、食醋半成品处理

陈酿醋或新淋出的头遍醋，通称为半成品醋。半成品醋的后续处理工序包括陈酿、加热灭菌和配制等。这是提高食醋品质，保证食醋不变质的一道重要工序。通过后处理，食醋发生化学、物理变化，圆满地完成色、香、味、体的形成，从而达到食醋的质量要求。

后处理的方法有很多，分析这些不同的工艺方法，掌握它们的各自特点，弄清后处理阶段各成分的变化，有利于提高食醋的质量。

（一）陈酿

1. 陈酿的目的

陈酿是指在醋酸发酵结束后，延长发酵时间，增加食醋风味物质的过程。通过陈酿，可进一步完成食醋色泽、香味、滋味和体态的形成，从而提高食醋的品质。

传统的镇江香醋规定醋醅须经过三个月陈酿，制得的产品具有"色、香、酸、醇、浓"的特点。山西老陈醋的工艺也如此，发酵成熟淋出的醋液风味一般，而经过"夏日晒，冬捞冰"长期陈酿后，山西老陈醋才具有"色泽黑紫、味清香、质浓稠、酸味醇厚，回味绵长"的特点。

一般来说，食醋在陈酿之后色泽变深，香气浓郁，滋味柔和醇厚，浓度增大，质量有所提高。

2. 陈酿过程中的变化

陈酿过程中要发生一系列物理和化学变化。

（1）化学变化

①色泽变化：在贮存期间，由于醋中的糖分和氨基酸结合（称为美拉德反应）产生类黑素等物质，使食醋色泽加深。一般食醋经过 3 个月陈酿，氨基酸态氮下降 2.2%，糖分下降 2.1% 左右。这些成分的减少，与增色有关。

色泽变化程度与基质的成分有关，一般含糖（尤其含戊糖、己糖）、氨基酸和肽等多的醋醅或食醋容易上色。固态发酵法的食醋容易上色，因为固态发酵法生产中需配用大量辅料（如麸皮、米糠等），使得基质成分中糖分与氨基酸含量相对提高，故色泽比液态发酵醋深。

醋的贮存时间长、贮存温度高，都会加深食醋色泽。

在陈酿过程中如使用铁质容器长期贮存，容器中的铁锈与醋醅或食醋中酸、醛、醇等成分反应，形成红棕色和黄色素，同时原料中的单宁也会被氧化缩合成黑色素，这些色素不稳定，会产生混浊现象，而且变暗，严重影响光泽，这对食醋的感官品质是不利的，故不宜用铁质材料作陈酿容器。

②氧化反应：陈酿期间部分乙醇氧化成乙醛，乙醛可进一步氧化成醋酸，增加食醋的主成分；未转化成醋酸的少量乙醛可调和食醋的风味。镇江香醋中乙醛

含量高达 19.9mg/100mL；镇江醋中含量达 24.9mg/100mL。当然，乙醛含量不宜过高。

据试验，成熟的食醋在坛中贮存 3 个月，乙醛含量由 1.28mg/100mL 上升至 1.75mg/100mL。

③酯化反应：陈酿过程中的酯化反应是一个重要反应。因为反应生成的酯类物质是构成食醋香气的主要成分之一。名醋中酯的种类和含量较多，而且有的厂家把总酯含量作为内控质量标准。

食醋中的酯主要有乙酸乙酯、乙酸丙酯、乙酸丁酯、己酸乙酯、己酸异戊酯、苯甲酸乙酯。食醋中的酯含量可用气相色谱法作定量分析。

总酯含量与陈酿时间有关，时间长，则酯的含量增加。各种传统工艺规定一定的陈酿时间，就是为了保证成品中酯的内控标准。但在陈酿过程中，食醋的总酸有所下降，有工厂试验结果：食醋在贮存一年后，总酸下降 1.5% ~ 2.0%；2~3 年贮存，总酸损耗 5% 左右，所以在生产中不能为了增加总酯含量而无限制地延长陈酿时间。

同时，酯的产生还受陈酿时温度和前体物质浓度的影响。温度高，成酯速度快。醋中所含醇类物质多，生成的酯也多。固态发酵的醋醅中酯的前体物质较液体醋所含的多，故成品醋中酯的含量也比液体醋多。

（2）物理变化

①低沸点物质的逸散：醋醅或食醋中的低沸点物质（如硫化氢、乙醛、甲醇等）在陈酿过程中逸散到空气中，使成品醋风味更醇正。另外，一些挥发性酸也会逸散，使食醋酸味更加柔和。

②大分子物质沉淀：这是指生醋经陈酿后，杂物沉淀，成品更加澄清。

③水分蒸发：生醋经陈酿后，蒸发部分水分，增大食醋的浓度。

④乙醇分子与水分子的缔合作用：乙醇分子使生醋在口感上有不柔和的刺激，在陈酿过程中，水分子与乙醇分子缔合，大大减少了乙醇分子的活度，口味变得绵软。

3. 陈酿的方法

陈酿的方法主要有三种。

（1）醋醅陈酿　将加盐后熟的醋醅移出发酵室外，装入缸内砸实，再封闭放置。晴天日晒可放置 1~3 个月，中间倒醅。

（2）生醋陈酿　即将生醋经"夏日晒，冬捞冰"，陈酿 9~12 个月，方制得老陈醋。

（3）液体陈酿　即将醋液密封装坛中陈酿。大多数工艺制得的食醋用此法，从而提高其品质。用淋浇法和深层发酵法生产出来的食醋，均需贮存 1 个月，这是不可缺少的工序。

（二）加热

1. 加热的目的

加热是指食醋在作为成品之前所经过的加热过程。加热的目的是杀死食醋中存在的微生物，并破坏酶的作用，以延长食醋的保质期。

食醋生产过程大都是敞开进行发酵的，极易污染上一些有害的微生物。尽管食醋中含有一定的酸度，但一些耐酸的微生物仍能生存，消耗食醋的营养成分，使食醋表面生白花。另外，食醋中还存在一些酶，它们会氧化醋酸或分解食醋中的有益成分而降低食醋质量。通过加热杀死有害病菌，并破坏酶的作用，保证食醋不变质。

2. 加热过程中的变化

（1）化学变化　加热后食醋色泽的变化，一方面由于食醋中的氨基酸与糖分产生美拉德反应，在温度高的条件下加快反应速度，增加了色泽的成分；另一方面焦糖化反应促进色素增加；再加上水分的蒸发，使色泽加深。

（2）物理变化

①加热时水分蒸发，提高了食醋的浓度。加热至沸点的食醋，水分损耗5%，改变了食醋的体态。

②加热时可逸散 CO_2 等挥发性气体。加热后，食醋不挥发性酸的比例有所提高，有利于改善食醋风味。加热时部分挥发酸逸出，也会使酸度下降。

③加热也可使食醋中的悬浮物及少量絮状物质聚集而沉淀下来，使食醋更澄清。

3. 加热的方法

加热常用的方法有直接火法和蒸汽法。

（1）直接火法　将生醋放入大锅，用直接火加热，人工不停搅拌。这种加热方法使接近火源的锅底易生成积垢，产生焦煳味，香气成分易散失，有损于食醋质量。

（2）蒸汽加热法　有三种形式：

①夹层锅加热：生醋置于锅内，蒸汽由管道通入锅的夹层，可在锅内设置搅拌装置，使之受热均匀。

②盘管加热：在加热容器内安装不锈钢盘管，将蒸汽通入管内加热，也需设置搅拌装置，使加热均匀。

③列管式热交换器加热：这是一种密闭的连续式加热装置，加热器由钢板制成圆柱状，内装不锈钢列管，利用泵的压力使醋从列管一端进入，由另一端排出，使醋快速通过列管。加热器列管外通入蒸汽，通过调节蒸汽压力和管内醋流速，使流出的醋温度达到80℃。这种换热器结构简单、清洁卫生，操作及管理比较方便，成品质量好，生产效率也较高。

三种方法各有优缺点，具体要视工厂的规模，生产特点而定。但不管采用何种加热设备，都要定期对设备进行清洗，否则会影响食醋质量，并降低热效率。

（三）配制

食醋的配制主要包括拼格、各类添加剂的加入。添加剂（如砂糖、炒米色、香辛料等）的种类及用量要根据产品的特点风格及消费者的习惯选用，各地不尽相同。

1. 食醋的拼格

食醋的拼格，是为了使成品质量达到规定的标准。将低于标准和高于标准的食醋进行调配，称为食醋的拼格。拼格之前，应通过化验分析了解有关数据，然后按需要配制的品种计算各批用量。

食醋的拼格主要以醋酸的含量为依据来配制，其具体计算方法与酱油配制计算方法相同。

2. 防腐剂的添加

食醋在贮存、包装、运输及销售的过程中，会产生白色皱膜，这就是食醋的生白发霉。使食醋生白的主要原因是环境中的一些耐酸微生物以食醋为培养基，生长代谢而生成的。生成皱膜后，使食醋中的醋酸、还原糖等含量下降，甚至发生混浊，产生恶臭味，严重影响了食醋的质量。因此，在整个生产、销售过程中除了注意保持卫生外，还要做好防止食醋生白发霉的工作，即合理使用防腐剂。

食醋的防腐剂与酱油一样，常用苯甲酸钠或山梨酸钾，用量为 0.06% ~ 0.1%。生产中，其用量可根据生产季节适当调整。部分名醋由于其总酸含量较高（总酸含量在 5% 以上），浓度较大，习惯上不添加防腐剂，食醋本身就具有防腐的功能。

六、食醋质量标准、物料衡算

（一）食醋质量标准

食醋的质量因原料的种类、配比、制造方法等不同而有差别，一般依靠感官鉴定、理化分析及卫生检验来判定食醋的质量。

1. 酿造食醋国家标准

GB 18187—2000《酿造食醋》由国家质量技术监督局于 2000 年 9 月 1 日发布，于 2001 年 9 月 1 日执行。

（1）感官指标　见表 1-9。

表 1-9　　　　酿造食醋感官指标

项　目	指　标	
	固态发酵醋	液态发酵醋
色泽	琥珀色或红棕色	具有该品种固有的色泽
香气	具有固态发酵食醋特有的香气	具有该品种特有的香气
滋味	酸味柔和，回味绵长，无异味	酸味柔和，无异味
体态	澄清	澄清

（2）理化指标　见表 1 – 10。

表 1 – 10　　酿造食醋理化指标

项　目	指　标	
	固态发酵醋	液态发酵醋
总酸含量（以乙酸计）/（g/100mL）　≥	3.50	
不挥发酸含量（以乳酸计）（以乳酸计）/（g/100mL）　≥	0.50	—
可溶性无盐固形物含量/（g/100mL）　≥	1.00	0.50

注：以酒精为原料的液态发酵食醋不要求可溶性无盐固形物。

2. 配制食醋行业标准

SB 10337—2000《配制食醋》由国家国内贸易局于 2000 年 6 月 20 日发布，于 2000 年 12 月 20 日实施。

（1）感官指标　见表 1 – 11。

表 1 – 11　　配制食醋感官指标

项目	色泽	香气	滋味	体态
要求	具有产品应有的色泽	具有产品特有的香气	酸味柔和、无异味	澄清

（2）理化指标　见表 1 – 12。

表 1 – 12　　配制食醋理化指标

项　目	指　标
总酸含量（以乙酸计）/（g/100mL）　≥	2.50
可溶性无盐固形物含量/（g/100mL）　≥	0.50

注：使用酒精原料酿造食醋而后配制的食醋对可溶性无盐固形物无要求。

（3）配制食醋中酿造食醋的比例（以乙酸计）不得小于50%。

3. 食醋卫生标准

酿造食醋和配制食醋的卫生标准按照 GB 2719—2003《食醋卫生标准》执行。

（1）感官指标　具有正常食醋的色泽、气味和滋味，不涩，无其他不良气味与异味，无悬浮物，不混浊，无沉淀，无异物，无醋鳗和醋虱。

（2）卫生指标　见表 1 – 13。

表 1 - 13　　　　　　　　　　　　　食醋卫生指标

项　目		指　标
砷（以 As 计）/（mg/kg）	≤	0.5
铅（以 Pb 计）/（mg/kg）	≤	1
游离矿酸		不得检出
黄曲霉毒素 B_1/（μg/kg）	≤	5
食品添加剂		按 GB 2760 规定
细菌总数/（个/mL）	≤	10000
大肠菌群/（MPN/100mL）	≤	3
致病菌（指肠道致病菌）		不得检出

（二）食醋生产的物料衡算

1. 糖化率

淀粉质原料加水加热、糊化液化后，加入糖化曲，在 55 ~ 60℃或 28 ~ 32℃时糖化、水解为葡萄糖。糖化反应可用以下方程式表示：

$$（C_6H_{10}O_5）_n + nH_2O = nC_6H_{12}O_6$$
$$n \times 162 \qquad n \times 18 \qquad n \times 180$$

理论上每千克纯淀粉完全水解后可生成 180/162 = 1.111（kg）葡萄糖。但实际上由于糖化剂的酶活力及工艺条件（如淀粉浓度、糖化温度、pH 及淀粉酶有无受到激活或抑制）不同，各厂的糖化效果也有差异，淀粉糖化通常是达不到理论值的。

淀粉实际糖化率可按下式计算：

$$糖化率（\%）= \frac{糖化液中葡萄糖总量}{投料淀粉总量 \times 1.111} \times 100\%$$

由于葡萄糖折算成淀粉的系数是 0.9，因此淀粉糖化率又可按下式计算：

$$糖化率（\%）= \frac{糖化液中葡萄糖总量}{原料总糖} \times 100\%$$

2. 酒精发酵率

糖化液加入酒母进行酒精发酵，如果不考虑发酵过程中各个中间反应，则可以用下列总方程式表示：

$$C_6H_{12}O_6 \longrightarrow 2C_2H_5OH + 2CO_2$$
$$180 \qquad 2 \times 46 \qquad 2 \times 44$$

理论上每千克葡萄糖可生产纯酒精 92/180 = 0.5111（kg），但实际上由于非还原性糖的存在，酵母菌体的消耗、中间产物的生成、异型发酵产生甘油、杂菌的污染、酒精的挥发等原因，酒精发酵率一般仅为理论值的 85% ~ 95%。在计算发酵率时，应将酒母中的残糖和酒精含量考虑进去，酒精发酵率应按下式进行计算：

$$发酵率（\%）=\frac{成熟醪酒精总量-酒母酒精总量}{（投料葡萄糖总量+酒母残糖总量）\times 0.5111}\times 100\%$$

3. 醋酸发酵率（酒精转酸率）

酒精溶液加入醋酸菌进行醋酸发酵，如果不考虑醋酸发酵过程中的中间产物，则醋化总反应式为：

$$C_2H_5OH+O_2\longrightarrow CH_3COOH+H_2O$$
$$\quad 46\qquad 32\qquad\quad 60\qquad\quad 18$$

理论上每千克酒精可生产出纯醋酸 $60/46=1.304$（kg），但实际上由于发酵期间酒精及醋酸的挥发、醋酸菌繁殖消耗一部分酒精、醋酸进一步氧化成二氧化碳和水、杂菌污染消耗酒精等原因，醋酸发酵率不可能达到理论值，因此醋酸发酵率应该按下式计算：

$$醋酸发酵率（\%）=\frac{成熟醋醅中醋酸总量-始发酵醋酸总量}{（发酵醪原料酒精总量+醋酸菌中酒精总量）\times 1.304}\times 100\%$$

4. 原料淀粉利用率

在淀粉质原料酿造食醋过程中，各转化率仅能说明各自阶段的转化水平。食醋酿造是一个复杂发酵过程，上一阶段未能转化的底物可以在下一阶段继续转化。糖化未彻底的低聚糖可以在酒精发酵阶段继续受糖化酶作用，转变为葡萄糖。酒精发酵阶段未被转化的葡萄糖也可以在醋酸发酵开始阶段继续受酵母酶系作用转变为酒精，或受其他的乳酸菌、乙酸菌等的作用转变为各种有机酸。要反映出整个食醋酿造的发酵得率，就要核算原料淀粉利用率。尤其是传统固态酿醋法，糖化、酒精发酵和醋酸发酵各个转化阶段不能截然分开，转化率的计算只能计算淀粉利用率总量。

计算淀粉利用率时要注意，食醋中含有少量糖分、酯类和酒精，应该把食醋中全糖总量、酯类和酒精含量算作已经被利用的淀粉来考虑。

如果不考虑发酵过程中各类中间产物，则淀粉转变为醋酸可以用下列方程式表示：

$$(C_6H_{10}O_5)_n+nH_2O=nC_6H_{12}O_6$$
$$C_6H_{12}O_6+2O_2=2CH_3COOH+2CO_2+2H_2O$$

当各类转化率为 100% 时，则 1kg 淀粉理论上可产生醋酸：$(2\times 60)/162=0.7407$（kg），如以全糖计算则为 $(2\times 60)/180=0.6667$（kg），按此，原料淀粉利用率的计算公式：

$$原料淀粉利用率（\%）=\frac{成品醋中醋酸总量+成品醋中酒精总量\times 1.304}{（原料淀粉总量-成品醋中全糖总量\times 0.9）\times 0.7407}\times 100\%$$

或

$$=\frac{成品醋中醋酸总量+成品醋中酒精总量\times 1.034}{（原料全糖总量-成品醋中含糖总量）\times 0.6667}\times 100\%$$

任务一 淀粉高温酶法液化

1. 工艺流程

淀粉高温酶法液化工艺流程如图 1 – 19 所示。

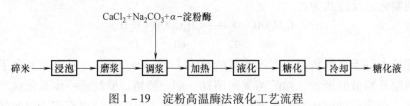

图 1 – 19 淀粉高温酶法液化工艺流程

2. 工艺操作

（1）水磨与调浆 先将碎米用水浸泡，使米粒充分膨胀，然后将米与水按 1∶（1.5～2）均匀送入磨粉机（水磨），磨成 70 目以上细度的粉浆（浓度为 18～20°Bé）。用水泵送到粉浆桶调浆，用碳酸钠调到 pH6.2～6.4（精密试纸或 pH 计测定），再加入氯化钙和细菌 α – 淀粉酶，充分搅拌，使加入的酶快速均匀地分布在浆液中，打开浆桶的出料阀，缓缓放入液化桶内连续液化。

（2）液化与糖化 先在液化锅内加水至与蒸汽管相平，再将水升温至 90℃ 时，开动搅拌器，保持不停运转，然后将粉浆液连续缓缓放入，液化品温掌握在 85～92℃，待粉浆全部进入液化锅后，维持 10～15min，以碘液检查，遇碘液反应呈棕黄色表示液化完全，最后缓缓升温至 100℃，保持 10min，以达到灭菌的目的。液化完毕后，将液化醪用泵送入糖化桶内。冷却至（63±2）℃时，加入麸曲，糖化 3h，然后待糖化醪冷却到 27℃ 后，用泵送入酒精发酵罐内。

任务二 酒精发酵

将糖化醪送入发酵罐后，同时加入 110% 的水稀释糖化醪，然后用食用磷酸调节 pH 为 4.2～4.4，接入培养好的酒母 5%～10%。加入酒母后，盖上发酵罐的罐盖，在密闭条件下进行酒精发酵。酒精发酵品温一般控制在 33℃ 最适宜，不超过 37℃，不低于 30℃（以冷却水控制品温）。发酵周期为 64h 左右，酒精发酵结束，酒醪的酒精体积分数为 8.5% 左右，酸度 0.3～0.4。然后将酒醪送入醋酸发酵池。

任务三 酿醋发酵

1. 进池

将酒醪、麸皮、砻糠与醋酸菌种子用制醅机充分混合后，均匀加入醋酸发酵池内。面层要加大醋酸菌种子的接种量，耙平，盖上塑料布开始醋酸发酵。进池温度控制在 40℃ 以下，以 35～38℃ 为宜。

2. 松醅

面层醋醅的醋酸菌生长繁殖快，升温快，24h 即可升温到 40℃，但中间醅温低，所以要进行一次松醅，将上面和中间的醋醅尽可能加以疏松均匀，使温度一致。

3. 回流

松醅后每逢醅温达到 40℃ 即可回流，使醅温降至 36~38℃。醋酸发酵温度前期要求 42~44℃，后期为 36~38℃。温度即可通过回流又可通过通风孔的封启来控制和调节，回流每天进行 6 次，醋酸发酵期一般为 20~25d，夏季需要30~40d。

4. 加盐

醋酸发酵结束时醋汁酸度已达 6.5~7g/100mL，此时加入 8%~10%（以碎米计）食盐以抑制醋酸菌的活动。一般是将盐撒在醋醅表面，用醋汁回流，使其全部溶解，由于大池不能封池，久放容易生热，因此应立即淋醋。

任务四 食醋半成品处理

1. 淋醋

淋醋在醋酸发酵池内进行。先开醋汁管阀门，再把二醋汁分次浇在面层，从醋汁管收集头醋。下面收集多少，上面放多少，当醋酸含量降到 5g/100mL 时停止淋醋。以上淋出的头醋一般可配制成品。头醋收集完毕，再在上面分三次浇入三醋，下面收集的称二醋。最后上面加水，下面收集的称三醋。二醋和三醋供淋醋循环使用。

2. 灭菌及配制

头醋入澄清池里沉淀，并调整质量标准。除现销产品及高档醋不需加防腐剂外，一般食醋均应加入 0.08% 的苯甲酸钠作为防腐剂。生醋用热交换器灭菌，灭菌温度 80℃ 以上。最后定量装坛封泥，即为成品。

拓展与链接

一、传统制醋工艺

食醋酿造在我国有着悠久的历史，人们在酿醋实践中积累了丰富的经验，形成了各种风格不同的传统酿醋工艺，至今，著名的优质食醋仍采用传统工艺酿造。

（一）山西老陈醋

山西老陈醋是我国北方最著名的食醋，始于 300 多年前的清顺治年间。老陈醋以高粱为主要原料，以大曲为糖化剂、发酵剂，大曲用量达到高粱用量的

62.5%，采用低温酒精发酵，高温醋酸发酵，温度达 43～45℃。发酵成熟后，将部分醋醅经过地火熏蒸变色形成熏醅，将另外部分醋醅淋醋，所得的醋液再用来浸泡熏醅，淋出的生醋在晒醋场陈酿期达一年之久，要经过"夏日晒、冬捞冰"才能得到老陈醋。由于以上工艺特点使得老陈醋色泽黑紫、味清香、质浓厚、酸味醇厚、回味绵长，产品久贮无沉淀、不变质。

1. 工艺流程

山西老陈醋工艺流程见图 1－20。

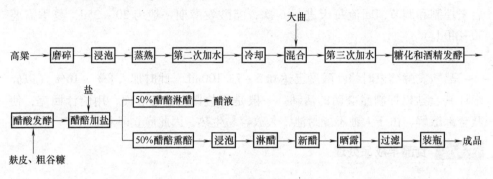

图 1－20 山西老陈醋工艺流程

2. 操作要点

（1）原料配比 见表 1－14。

表 1－14　　　　　　　　　山西老陈醋原料配比表

配料	高粱	大曲	麸皮	谷糠	食盐	香辛料	水			
							蒸前	蒸后	入缸	总量
数量/kg	100	62.5	73	73	5	0.05	50	225	65	340

注：香辛料包括花椒、茴香、桂皮、丁香等。

（2）原料处理

①将高粱磨碎，使大部分成 4～6 瓣，粉末少为最适宜。

②取磨碎的高粱按 100kg 高粱加冷水 50kg 拌匀，润水 12h 以上；若水温 30～40℃，润水时间可减少至 4～6h。

③润水后的物料用常压蒸料，上汽后蒸 1.5～2h，要求熟料无生心、不粘手。

④取出熟料放入冷散池，加入 70～80℃ 热水 225kg，拌匀后焖 20min，待高粱粒吸足水分成软饭状时，从冷散池中掏出，在晾场上短时间内冷却至 25～26℃。

（3）加曲 在冷却的高粱软饭内加入磨细的大曲粉 62.5kg，拌匀，再加水 65kg，充分拌匀，盛装于大缸中。入缸温度冬季控制在 20℃ 左右，夏季控制在 25～26℃。

（4）淀粉糖化及酒精发酵　　原料入缸后逐渐糖化及发酵，至第三天发酵温度达30℃，第四天发酵至最高峰，即主发酵终了。用聚乙烯薄膜封缸口，再盖上草垫，使不漏气，促其继续进行后发酵作用，品温则逐渐下降，发酵时间为16d。取样化验其酒精含量一般达6%～7%，酸度为2.5g/100mL，酒醪色黄、澄清。

（5）醋酸发酵

①向100kg高粱制成的酒醪中加入麸皮73kg、谷糠73kg，制成醋醅，分装入十几个浅缸中。浅缸口径60cm，高50cm，一般只装多半缸醅，不仅便于翻缸操作，而且有利于排除二氧化碳和供氧。

②取经3～4d醋酸发酵的新鲜醋醅作为醋酸菌菌种，将它埋入盛有醋醅的浅缸中心，接种量为10%，缸口盖上草盖，进行醋酸发酵。

③接种后的第二天醅温升至41～42℃，自此日起每天早晚翻醅一次，3～4d发大热，第5天退火，此后品温逐渐降低，至第9天即完成醋酸发酵。其品温变化如表1－15所示。

表1－15　　　　　　　　　　　醋酸发酵期间的醅温变化

醋酸发酵天数	1	2	3	4	5	6	7	8
醅温/℃	入浅缸	41～42	43～45	43～45	40	35	30	25～26

④醋醅成熟后，酸度可达8g/100mL以上，按高粱的5%加食盐，既能调味，又使其温度下降。

（6）淋醋和熏醅

①取醋酸发酵终了的一半醋醅入熏醅缸内，用文火加热，温度为70～80℃，每天翻拌一次，经4d出醅，称熏醅。

②将另一半醋醅中加入上次淋醋后得到的淡醋液，再补足冷水为醋醅质量的2倍，浸泡12h，淋出醋液。

③在醋液中加入香辛料后加热至80℃，热醋液加入熏醅中，浸泡10h后淋醋，淋出的醋称为熏醋（新醋），是老陈醋的半成品，每100kg高粱可出新醋400kg。新醋的总酸为6～7g/100mL，浓度为7°Bé。

④淋过醋的醋醅再用水浸泡，淋出淡醋液，作为下次醋醅浸泡之用。

（7）陈酿　　新醋贮放于室外缸内，除遇刮风及下雨天需盖上缸盖外，一年四季日晒夜露，冬季醋缸内结冰，把冰取出弃去，称为"夏日晒、冬捞冰"。经过一年左右的陈酿后，醋的水分大量散失，水分减半有余，固形物含量提高。每100kg高粱所得熏醋400kg，得老陈醋只有120～140kg。陈酿后的老陈醋色泽明显加深，酸度增高，口尝酸味浓，且酸中有甜。

（二）镇江香醋

镇江香醋从1850年开始生产，至今已有160余年历史。现多以优质糯米为主要原料酿制，其酿造工艺实行固态分层发酵法，经酿酒、制醅及淋醋3个过程，大小40多道工序，历时60d左右。所产香醋具有"色、香、酸、浓"的特点，为江南名醋之一。

1. 工艺流程

镇江香醋制备工艺流程如图1–21所示。

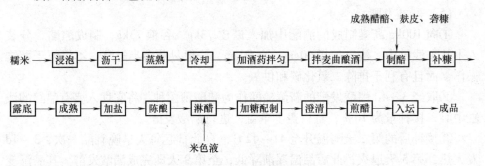

图1–21　镇江香醋制备工艺流程

2. 操作要点

（1）原料配比　糯米500kg，酒药2kg，麦曲30kg，麸皮850kg，砻糠（稻壳）475kg，以上为一班工作的投料量。此外，每吨一级香醋还需耗用辅助材料米色液135kg（折米40kg），食盐20kg，食糖2kg。

（2）原料处理

①选用优质糯米，将米置于浸泡池中加水浸泡，一般冬季浸泡24h，夏季浸泡15h，要求米粒浸透而无白心。

②浸泡后捞出放入米箩内，用清水冲去白浆，适当沥干。

③沥干的米粒放入蒸锅，常压蒸饭至熟透。

④取出用冷水淋饭冷却，一般冬季冷却至30℃，夏季冷却至25℃。

（3）酿酒（酒精发酵）

①在米饭中拌入酒药，拌匀，置于缸中成"V"字形饭窝，然后用草盖将缸口盖好，以减少杂菌污染。通过保温和散热来维持品温在28～30℃，发酵3～4d，使酒药中的根霉和酵母菌对淀粉完成一定程度的糖化和酒精发酵。

②当饭粒离开缸底浮起时，加入麦曲和水，加水量为糯米的1.4倍，拌匀，维持品温在26～28℃，进行后发酵。此期间应注意及时开耙，一般在加水24h后开头耙，以后三天每天开耙1～2次，以降低品温。发酵时间自加入酒药算起，总共为10～13d。每100kg糯米可产330kg酒醅，酒精含量为13%～14%，酸度在0.5g/100mL以下。

（4）制醅（醋酸发酵）　醋酸发酵以前用大缸，现在采用发酵池作为发酵设备。一般缸容量350～400kg，发酵池容量5000～6000kg。把酒醅用泵打入发酵池中约1/2，按工艺要求加上一定量的麸皮和成熟的醋醅，人工搅拌或采用搅拌机搅拌均匀。在配好的醅表层撒一定量的砻糠，不必加盖进行发酵。

发酵的第 2 天将砻糠揭开，将上层已发热的醅料与下层未发热的醅料充分拌和均匀，分数次倒入另一池中，在传统操作中把从一缸倒入另一缸的操作称为"过杓"。倒池后经过一天的发酵，再加入一定量的砻糠，并将醅向下翻拌一层，适当补些温水。这样经过 10～12d，醋醅全部制成，醋酸菌的浓度已能满足发酵需求。原来装酒醪的池（缸）已全部过杓完成，变成空池（缸），因此称为"露底"。

过杓完毕，醋酸发酵达到高潮，为保证供氧充分，需天天过杓露底，进行倒池发酵，这个期间应控制品温不超过 45℃。经过 7d 左右的旺盛发酵，发酵温度逐渐下降，发酵醪酸度达到高峰。若酸度不再上升，应加盐转入陈酿过程。

（5）陈酿 醋醅发酵成熟后，立即加盐、并缸（10 缸并成 7、8 缸）将醋醅压实，缸口用塑料布盖实，若是池则加盖密封陈酿。醋醅陈酿一周后翻拌或倒缸一次，然后再密封进行陈酿，整个陈酿期为 20～30d，陈酿时间越长风味越好。

（6）淋醋 在淋醋池中放入体积 80% 的陈酿醋醅，按比例加入预先加工好的米色，以增加醋的色泽，加入上一批醋醅淋出的二遍醋，浸泡数小时，按三套循环法淋出新醋。

（7）灭菌及配制成品 淋出的头醋按工艺要求加食糖配制，澄清后加热煮沸，趁热装入贮存容器，密封存放。

每 500kg 糯米可产一级香醋 1750kg，平均出醋率 3.5kg 醋/kg 米。

（三）四川老法麸醋

四川多以麸皮酿醋，而以保宁醋最为有名。保宁醋以麸皮为主要原料，加入药曲或辣蓼汁制造酵母，以麸皮进行醋酸发酵，醋醅陈酿达一年之久，酯类增多，所产食醋黑褐色，酸味浓厚，并有特殊的芳香，深受当地消费者的喜爱，在国内也颇有声誉。

1. 工艺流程

四川老法麸醋制备工艺流程如图 1－22 所示。

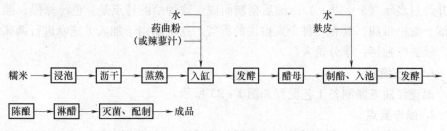

图 1－22 四川老法麸醋制备工艺流程

2. 操作要点

（1）醋母制造　制造醋母须先制备药曲或辣蓼汁。

①制药曲：取陈皮、甘草、花椒、苍术、川芎等药晒干，磨成粉末，与木薯粉混合，加水调湿，压成饼状，每块约重2kg，放置于温暖室内，使其发热，约六七日后热退转凉，置于通风场所，干燥1月，磨成粉末即成药曲粉。

②制辣蓼汁：采取野生辣蓼，晒干，贮于罐或坛中，加水浸泡，放置于露天，1个月后即可使用。

制造醋母的方法：于制醋前一星期，取糯米30kg，加水浸泡适当，再沥干，蒸熟成饭，盛于缸中，加水100kg，加药曲粉0.3kg，加辣蓼汁1~1.5kg，拌合均匀，上加木盖，缸周围用麻布包扎以维持品温，保持醋母培养的正常进行。发酵期间时常加以搅拌，约发酵1星期，泡沫停止，上部澄清，可以制醋。

（2）醋酸发酵　取麸皮650kg，盛于发酵槽中。槽长方形，杉木制，长约2.4m，宽约1.25m，深约70cm，上口稍大，下底较窄，倾斜放置。将麸皮在槽中摊开，加入上述制备的醋母，再加水40kg，充分拌和，使醋醅蓬松地放置于槽内，不加盖使其发酵。每日翻拌1次，第3天先上层发热，再逐渐热至下层，第5天全部发热，第8天温度开始下降，经14d发酵后醋气已生，即可移入坛中贮藏。

（3）醋醅陈酿　醋醅主发酵终了后，即贮入坛中，用木槌压紧，盛满后上撒一层盐，厚约3cm，坛口盖木板，即可放置于露天。陈酿期一般为1年。时间越长，醋的风味越好。

（4）淋醋　淋醋设备也是利用缸，与普通所用的淋醋缸相同，唯假底上铺一层棕榈，使醋汁能滤清，俗称"棕滤法"。将醋醅盛入淋醋缸中，加水或二醋汁浸泡一夜后即可淋醋，第一次淋出的头醋醋味浓厚。淋毕再加水浸泡，淋出二醋，醋味较淡，一般作为下次淋头醋代水用。

（5）灭菌及配制成品　生醋经添加适量酱色后加热煮沸，定量装坛封泥，即为成品。每批650kg麸皮及30kg糯米可出醋1200kg左右。

（四）福建红曲老醋

福建红曲老醋是选用优质糯米、红曲、芝麻为原料，采用分次添加，液体发酵并经过多年（3年以上）陈酿后精制而成。这种醋的特点是：色泽棕黑，酸而不涩、酸中带甜，具有一种令人愉快的香气。这种醋由于加入了芝麻进行调味调香，故香气独特，十分诱人。

1. 工艺流程

福建红曲老醋制备工艺流程如图1-23所示。

2. 操作要点

（1）原料配比　糯米270kg，古田红曲70kg，米香液100kg，炒芝麻40kg，白糖5kg，冷开水1000kg。

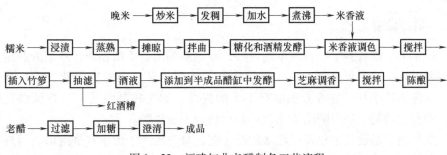

图 1-23　福建红曲老醋制备工艺流程

（2）原料处理

①将糯米浸泡 6～12h，要求米粒浸透、不生酸。

②浸米完成后将米捞起，用清水洗去白浆，适当沥干。

③将沥干的糯米进行蒸料，当面层冒汽后盖上木盖，继续蒸 20～30min，要求成分熟透。

（3）酒精发酵

①趁热将糯米饭取出并置于饭盘上冷却至 35～38℃，拌入米量 25% 的古田红曲，拌匀后入缸。

②分两次加入 30℃ 左右的冷开水，加水量为糯米饭质量的 2 倍，入缸后第一次加水为总加水量的 60%，将饭、水、曲三者充分混合，铺平，盖上缸盖，进行以糖化为主的发酵，控制品温 38℃。

③经过 24h 后，发酵醪变得清甜，此时可以第二次加入冷开水，进入以酒精发酵为主的发酵阶段，品温不高于 38℃，每天搅拌 1 次。

④在酒精发酵的第 5 天加入米香液，每隔 1 天搅拌 1 次，直至红酒糟沉淀。

⑤将竹笋插入酒醪中，抽取澄清的红酒液。酒精发酵 70d 左右，酒精含量在 10% 左右。

（4）醋酸发酵与陈酿　采用分次添加进行液体发酵酿醋，方法是：从发酵贮存 3 年已成熟的老醋缸中抽取 50% 醋液入成品缸，从贮存 2 年的醋缸中抽取 50% 醋液补足 3 年存的醋缸，再从贮存 1 年的醋缸中抽取 50% 醋液补足 2 年存的醋缸，而红酒液注入 1 年存的醋缸中补足体积，如此循环进行醋酸发酵。在 1 年存的醋缸中要加入醋液量 4% 的炒熟芝麻用来调味。在醋酸发酵期间，每周搅拌醋液 1 次，品温最好控制在 25℃ 左右，在醋液表面会有菌膜形成。

（5）配制成品　将第三年已陈酿成熟，酸度在 8g/100mL 以上的老醋抽出，过滤于成品缸中，每 100kg 老醋加入 2% 的白糖（白糖经醋液煮沸溶化），拌匀后，让其自然沉淀。

吸取澄清的老醋包装，即得成品。每 100kg 糯米生产福建红曲老醋 100kg。

二、新法酿醋工艺

近年来，随着科学技术的不断发展，各地制醋工业不断创新，新型的制醋方法相继出现，这些新型制醋方法不仅丰富了酿醋工艺，在酿造周期、原料利用率、设备周转率及产量等方面都有不少的提高，如生料制醋法、液态深层发酵法、固态发酵制醋法、酶法液化通风制醋法、速酿法等。

生料制醋是近几十年发展起来的新工艺，最先投产于山东省济南市，后投产山西省长治市，1972年被北京龙门制醋厂改为前期稀态后期固态的生料制醋工艺。

生料制醋的特点主要是原料不加蒸煮，直接粉碎，浸泡后进行糖化和发酵。生醋制醋与一般固态发酵法相比具有简化工艺、降低劳动强度、节约燃料等优点，目前这一工艺已在不断推广之中。

生料制醋配料的一大特点是麸皮用量很大，一般为主料的 100% ~ 120%，其次是使用了较多的黑曲霉麸曲，占主料的 40% ~ 50%。

生料制醋时由于原料未经蒸煮，杂菌数量相对比较大，而有些地方根本不接入酵母菌和醋酸菌，糖化速度也比较慢，因此在发酵刚刚开始时，不能很快形成有益微生物的优势，有时会影响原料利用率和风味，因此，一定要加强工艺管理，严格操作。

1. 工艺流程

以北京市龙门醋厂生料制醋工艺为例，如图 1-24 所示。

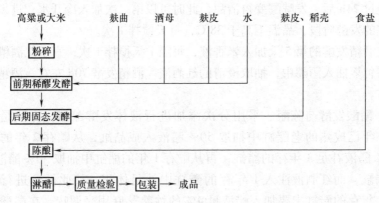

图 1-24 北京龙门醋生产工艺流程

2. 操作要点

（1）原料配比 碎米 50kg，麸曲 25kg（AS3.758），酵母 5kg（AS2.399），麸皮 60kg，稻壳 75kg，水 300 ~ 325kg。

生产用的原料用磨粉机进行粉碎，原料粉碎的越细越好。辅料要粗细搭配，不能过粗也不能过细，要求醋醅既蓬松又能容纳一定水分及空气。

（2）前期稀醪发酵　生料的糖化及酒精发酵采用稀醪大池发酵，按主料50kg，加麸皮10kg，麸曲25kg，酵母5kg的比例混合均匀，曲块打碎，然后加水325kg，放入大池内，由于气候变化，一般24～36h后把发酵醪表层浮起的曲料搅动一次，目的是防止表层发霉，以后打耙2次。

发酵5～7d后泡盖开始下沉，泡沫上升，酒度在4%～5%，酸度1.5～2g/100mL（以醋酸计），黄色，微涩，不黏，此阶段品温为27～33℃。

（3）后期固体发酵　前期主发酵完成后立即按比例加入辅料拌匀，根据不同季节，先焖料24～48h后再搅拌均匀。先用铁锹翻拌，再用翻醅机将料醅拌匀即为醋醅。用塑料布盖严，过1～2d后品温上升至37～39℃，每天翻倒1次，并用竹竿将塑料布撑起给予一定的空气。前4～5d支竿不宜过高，这时如果通风过大，酒精生成量受影响，出品率低。第一周品温控制在40℃左右，使品温稳定上升，当品温达40℃以上时，可将塑料布适当架高，使品温继续上升，但不宜超过46℃，这样一方面可控制杂菌，有利于酶解，另一方面有利于某些乳酸菌的产酸。此高温阶段对提高食醋色、香、味和透明度有利。

醋酸发酵后期品温开始下降到34～37℃，这时竹竿支起薄膜的高度也要低，防止高温跑火。成熟醋醅颜色上下一致，无花色（即生熟不齐的现象），棕褐色，醋汁清亮，有醋香味，不混浊，不黄汤，总酸6%～6.5%。醋酸成熟要及时下盐，加盐量为主料的10%，加盐后再翻1～2次后将醋醅移出生产车间，放入池内或缸内压实、封闭，陈酿1～6个月，隔一阶段要翻醅1次，无存放条件，也可随时淋成品醋。

（4）淋醋　淋醋方法如前，二醋套头醋，三醋套二醋，清水套三醋。头醋一般浸泡12h。

（5）熏醅　将部分成熟醋醅进行熏醅。熏醅可采用以下四种方法生产。

①煤火法：将缸连砌在一起，内留火道，把成熟的醋醅放入缸内用煤火熏醅，每天翻1次，熏醅温度保持在80℃以上，熏醅过干时可适当加些二醋，7d可熏好，颜色乌黑发亮，熏香味浓厚，无焦烟气味。

②水浴法：将大缸置于水浴池内，水温保持在90℃以上，两三天翻1次。熏醅时间10d左右。

③蒸汽浴法：其设施与水浴相似，但必须密封，防止跑汽，工艺条件同上。

④旋转高压罐法：是由吉林酿造厂开始试用，北京也随后引用。其特点是省汽、省时，效果与水浴法相似。

从以上几种熏醅方法看，其风味质量特别是熏香味以煤火法最佳，其次是蒸汽浴法，再次是水浴法和旋转罐法。但水浴法易掌握温度均衡，所以采用者较多，旋转罐法只有少数企业使用。

将未经熏醅所淋出的醋汁浸泡熏醅串香，淋出的醋即为熏醋，出品率一般每千克主料可出总酸含量为4.5g/100mL（以醋酸计）的食醋10kg。

经消毒后灌装即为成品。

三、食醋生产中常见的工艺问题

（一）食醋产品的混浊问题

食醋生产中容易发生食醋混浊的问题已成为酿造行业十分棘手的问题，其原因及解决办法如下：

1. 由原料分解发酵不彻底引起的食醋混浊及其防治

目前我国的酿醋工艺基本上可分为自然发酵传统酿造工艺［如山西老陈醋、四川老法麸醋、镇江香（糟）醋、福建红曲老醋、江浙玫瑰醋等］和新型酿造工艺（如酶法液化通风回流法、生料制醋、淋浇法制醋、液态深层发酵法等）。实践证明，自然发酵传统酿造法生产的食醋往往比目前纯种新工艺发酵的质量好，特点是色、香、味、体俱全，沉淀少，澄清度高，但传统工艺的主要问题是发酵时间长，原料出醋率低，劳动强度高，而采用新工艺酿醋能大大缩短生产周期，提高设备利用率和原料出醋率，但食醋风味上仍有不足之处。特别是有些地区由于设备不足，供不应求等原因，上市销售食醋色泽呈棕黄色，混浊不清，瓶装样品沉淀较多。

那么食醋混浊不清，沉淀较多的原因究竟何在？

可能是某些新工艺生产过程中原料分解发酵不完全所致。如原料中淀粉、蛋白质、纤维素、半纤维素、脂肪、果胶、木质素等如果降解不好，就会影响食醋的澄清度；如固态发酵醋醅中蛋白质含量较高，当麸曲或大曲内蛋白酶活力较低时，那么酿造过程中蛋白质会水解为大量的肽和少量的氨基酸，这样醋醅中就会含有多量的肽和没有被分解的蛋白质类大分子化合物，再加上新工艺后熟期短，有的根本没有后熟工段，残存的大分子化合物得不到分解，虽然经淋醋或过滤处理，生醋仍旧混浊不清，有的当时澄清度尚可，过几天之后，又会产生混浊沉淀。这些混浊现象的产生都与前期发酵不彻底有关。尤其在生料制醋工艺中，当麸曲中蛋白酶活力低时，原料中的淀粉、蛋白质、纤维素、半纤维素、木质素降解不彻底，会残留大量的肽、胨；糖化不完全，也会残留大量的糊精、麦芽糖等大分子化合物。残存的大分子化合物得不到降解，虽然经过淋醋或过滤处理，随着放置时间的延长仍会产生混浊。

防治措施：凡前期发酵不彻底的生醋，可再加入耐酸性的麸曲，继续保持45～50℃，经24～48h再分解，所得食醋较上口、刺激性小、口感柔和、色泽鲜艳澄清，对提高食醋的澄清度有较显著的效果；也可以通过改变工艺参数，降低原料的淀粉含量，添加高活性的糖化酶制剂等方法来控制食醋的质量；也有的企业采用多菌种制备麸曲的办法来提高麸曲中的蛋白酶活力，充分降解原料，同时增加了食醋中的氨基态氮，提高了食醋的质量。

2. 杂菌污染引起的混浊及防治

（1）周围环境引起的杂菌污染及其防治　在食醋生产车间的地面、墙壁、周围空气、设备及工具中含有各种各样微生物，因此制作过程中不可避免会有许多有害的杂菌侵入，特别是一些耐酸性细菌侵入成曲及醋醅中，如果不加以控制，此类耐酸性细菌会大量繁殖，导致醋酸发酵不正常。此类醋醅淋出的食醋每毫升细菌数多得不计其数，食醋澄清度自然就会降低，醋体混浊不清。有的生产厂生醋不加灭菌，直接销售市场，质量更是堪忧。

防治措施：用0.1%新洁尔灭液或漂白粉水溶液喷洒设备、场地等。如发现芽孢杆菌，可以加些广谱抗生素以抑制杂菌繁殖。

（2）制曲过程中杂菌的污染及其防治　在制曲原料中，由于所用麸皮含有许多蛋白质、淀粉等有机物营养成分，而且制曲是在敞口接触空气的情况下进行的，因此容易污染各种杂菌，尤其是当种曲质量欠佳的情况下（含有杂菌数较多），更易发生杂菌增长，引起成曲质量下降，酶活力不高。同时，杂菌的菌体及其代谢产物转移到酒醪、醋醪（醅）中后，不仅会影响酒精生成率及出醋率，而且还会造成食醋混浊，使食醋质量明显下降。

在麸曲制作过程中常见的杂菌有霉菌、酵母菌和细菌，尤以细菌最多。一般正常生产的麸曲含细菌数在 $(2 \sim 3) \times 10^9$ 个/g，而污染严重的麸曲杂菌数可高达 $(1 \sim 2) \times 10^{10}$ 个/g。常见的杂菌中除曲霉菌外，还含有许多对食醋生产有害的杂菌，每克成曲中高达 $10^6 \sim 10^7$ 个之多。表 1-16 为成曲中常见污染杂菌的一些特性。

表 1-16　　　　　　　　　成曲中常见污染杂菌的特性

菌 名	性状与作用
毛霉	菌丝无色，如毛发状，妨碍曲霉菌繁殖
青霉	在较低温度下容易繁殖，菌丝灰绿色，产生霉臭味，影响食醋风味
根霉	菌丝无色，如蜘蛛网状，妨碍曲霉菌繁殖
毕赤酵母菌	不能生成酒精，能产生醛，消耗糖分
醭酵母	液醪形成醭，生成微量酯香，影响酒精发酵
小球菌	好气性，生酸力弱，在制曲的初期繁殖，使曲料 pH 下降
圆酵母	能生成丁酸及其他有机酸
乳酸菌	生酸力强，在制曲前期繁殖旺盛，产生适量的乳酸，能抑制枯草芽孢杆菌的繁殖，如生酸过多，也会影响曲霉的生长
枯草芽孢杆菌	具有芽孢，产生异味，生长多了会造成曲子发黏

防治措施如下：

①首先要提高种曲纯度，尽量少含杂菌，要求菌丝健壮，发芽率高。

②要掌握好接种温度，一般不超过45℃，接种量0.3%，接种要力求均匀。

③原料要蒸熟，达到彻底灭绝目的。迅速冷却，尽量减少空气接触，以免杂菌侵入。

④加强制曲过程的管理工作，保持曲料适当的水分，掌握好温度、湿度、通风条件等，使曲霉菌尽量在适宜环境下生长。

⑤保持曲室、工具、环境的清洁卫生，以防感染杂菌。

⑥通风管道必须定期用蒸汽或甲醛灭菌，并定期拆洗。

（3）生产工艺不当引起的杂菌污染及其防治

①原料中含有许多杂质，一定要加热处理以杀灭附在原料表面的微生物。

②采用生料制醋工艺的工厂，除原材料选用要求较高外，更要注意成曲质量。制醅发酵后，要放入洁净的发酵池及发酵坛中，周围场地、工具要经常灭菌。

③制醋用酒母种子要求细胞数为 10^7 个/mL 左右，酸度保持在 0.3% 左右，出芽率 20% 以上，死亡率 2% 以下，酒精发酵的品温保持在 30～34℃。

④固态醋醅发酵温度要保持在 42℃ 以下，液态深层发酵温度保持在 30～35℃，过高会抑制醋酸菌的正常发酵，使杂菌容易繁殖。

⑤生醋必须经80℃灭菌，并要求趁热装入洁净坛子内并加盖封存，或贮存缸内，尽量少接触空气，以免杂菌侵入，引起再度发酵而使食醋由清变浊。

⑥灭菌后，要视食醋总酸含量及季节而决定是否加防腐剂。如果总酸在 3.5g/100mL 左右，最好加些苯甲酸钠作为防腐剂，含总酸 5g/100mL 以上的食醋一般无需加防腐剂。

3. 铁离子、氧化性蛋白引起的混浊及其防治

贮存在醋坛中的食醋，常常会因气温变化发生混浊，将此混浊醋加温到 65～80℃，食醋由混浊变为澄清，再冷却至 10℃ 左右又重新出现混浊，如食醋中含铁 30mg/kg 以上，混浊情况就更为严重。在上海某食醋厂就曾碰到这种情况：当气候突然转冷，大批堆存的食醋立即变混浊，经仔细分析研究发现是因醋车间使用工具和管道为铁制，导致食醋中铁离子与食醋中的氧化性蛋白结合而引起的混浊现象。

防治措施如下：

（1）将混浊食醋加温至50℃，加入酸性蛋白酶40U/mL（醋），保持50℃作用24h，食醋就会澄清，即使将此醋放入冰箱，也不再有返混现象。

（2）将酿醋车间的铁管换成塑料管及不锈钢管，操作工具也改换成不锈钢并加防腐漆。

（3）选择好食醋的贮存罐也能相应地控制由于铁离子引起的混浊。目前贮存罐的材料以不锈钢、玻璃为好，切忌使用铁罐长时间贮存食醋。

4. 由单宁、铁离子或氧化酶引起的食醋混浊及其防治

食醋中的单宁主要来源于原料；食醋中的铁离子主要来源于铁质管道、工具、酿造用水及原料；氧化酶则来源于微生物。醋中所含的铁离子与单宁结合生成单宁铁，就会导致食醋出现黑色的胶体混浊，使食醋产生变黑现象。如果食醋中单宁含量过多，则变黑速度更快，黑色更深，影响食醋质量。

防治措施如下：

（1）调换铁质管道、泵、操作工具、容器等。

（2）经常化验酿造用水中的铁离子含量，如果水中铁离子含量过高则需采取除铁措施。根据日本酿造业规定，果醋铁含量在 8mg/kg 以下，其他罐装食醋在 8mg/kg 以下，如果发现食醋中铁离子含量较高，最为有效的除铁剂是植酸钙、肌醇三磷酸钙。如：1000kg 含 25～30mg/kg 铁离子的食醋，添加 126g 植酸钙，加温 82.2℃，冷却后放置 14d 能除去 90% 左右的铁离子。用此法除铁对食醋色、香、味无任何不良影响。

（3）一般采取加热使酶失活的办法去除氧化酶引起的食醋变黑。当品温升到 70℃，氧化酶就会失活。

（4）发现食醋已混浊变黑，则可充分通入空气，搅拌后，加入适量硅藻土作助滤剂，经过滤除去沉淀物即可。

5. 再次发酵引起的食醋混浊及其防治

生醋未经加热灭菌直接贮存、销售，很容易引起再次发酵，特别是醋酸含量 3.5% 左右的醋。因为在酿醋厂周围空气中经常有许多野生醋酸菌，如木状醋杆菌和木醋杆菌。木状醋杆菌在显微镜下观察，细胞为圆形，直径 0.5～0.8μm 或杆状 0.5～1.2μm，单独或成双链。在麦芽汁明胶培养基上生长出水滴状菌落，中央部分有淡褐色颗粒。在液体培养液表面能形成皮膜、厚膜油状，呈现纤维素反应，此菌生长最适温为 28℃。而木醋杆菌的细胞为杆状，长 2μm，单独或成链，细胞有黏质，呈纤维素反应，也能形成软骨状厚皮膜，生长适温 28℃。这两种细菌都能在醋里生长，当食醋装入容器时可由空气或容器壁带入这类醋酸菌，它们也是好气性菌，能在醋表层生长繁殖产生厚厚的皮膜，而且越长越厚，然后受自重而下沉，又重新产生皮膜，使食醋酸度显著下降，随后其他细菌也一起生长繁殖，致使食醋混浊变质。

防治措施如下：

（1）生醋经过 80℃ 加温灭菌，趁热装入容器并加封口。

（2）在食醋中添加 0.5%～0.8% 食盐及 0.2%CaO，再经加热灭菌，可抑制杂菌繁殖。

（3）据有人进行小型试验，将食醋流过已接上电流的两块银电极，当醋液中含有 0.5～1mg/L 银离子时，可抑制细菌生长繁殖。

6. 操作不当引起的混浊及其防治

采用液体深层发酵工艺及淋浇工艺生产食醋，分为带渣发酵和去渣发酵两种情形。前者用酒醪直接发酵，后者先将酒醪压滤进行醋酸发酵，当醋醪发酵成熟后进行压滤。压滤的操作方法对澄清度有很大影响，一定要待板框压滤机内滤层形成后才能施加压力。有的工厂一开始就采用加压过滤，这样操作过滤速度快，但食醋澄清度差。对于去渣发酵醋醪过滤，最好加入少量硅藻土作助滤剂，使流出的醋液澄清度更好。

固态发酵醋醅淋醋时，一定要让滤层形成后，流出的醋液为澄清食醋时再作为生醋收集。开始流出的醋液一般较为混浊，应该返回再过滤。但是许多食醋厂由于日产量大，淋醋设备周转困难，因此只讲流速快、产量多，不讲质量，致使食醋出现混浊沉淀，影响食醋质量。

防治措施：加强管理、严格把关，如发现生醋混浊不清，必须重新过滤。

（二）食醋产生苦味的问题

滋味是决定食品品质的一个重要因素。在酿造食醋生产过程中，由于受到环境、季节、原料、工艺操作等因素影响，有时会发生苦味，严重影响酿造食醋品质甚至安全。为防止食醋酿造过程中苦味的发生，必须对苦味产生的原因进行分析并采取针对性的有效措施，加以防治。

1. 食醋苦味形成的原因

酿造食醋生产过程中，苦味物质产生的原因比较复杂。具有苦味的物质可能有 L - 型氨基酸、部分肽类化合物、某些胺类化合物（如 1，5 - 戊二胺）、霉菌的代谢物（如黄曲霉素），还有化学污染等。现对酿造食醋生产过程中可能产生苦味的诸因素进行分析，见表 1 - 17。

表 1 - 17　　　　　　　　　酿造食醋苦味成因工艺分析表

主要工艺流程	本流程被引入苦味的潜在危害	可采取的预防措施
环境（季节）	经验证明，新建厂区或每年夏季（6～9月）食醋易发生苦味	加强季节性监控
原辅料（糯米、麸皮、稻壳、麦曲、水等）	致病毒、杂菌和霉菌污染，农残、化学污染	拒收无合格证明原辅料，加强对原辅料的监督检测
酒母制备 酒精发酵	致病菌、杂菌污染	严格控制发酵温度，抑制杂菌生长
接种醋母固态 分层醋酸发酵	发酵池不卫生，水分、温度、空气等管理不当，杂菌生长、醋醅表面"长白头"	车间、发酵池清洗灭菌，抑制杂菌生长
封醅	不及时封醅抑制醋酸菌活动，或密封不严造成杂菌污染，导致醋醅进一步氧化	GMP 控制
淋醋（加米色）	炒米色炭化严重，导致苦味；淋醋池渗漏造成不洁地下水污染	加强炒米色温度时间控制；淋醋池防漏措施
煎醋（灭菌）	煎醋锅壁长时间不清理，炭化物结垢	及时清理煎醋锅结垢
沉淀贮存（陈酿）	贮存罐（尤其是新树脂类罐）清洗不够干净	彻底清洗，清洁贮存罐

2. 质量控制措施

通过以上各方面初步分析，提出预防酿造食醋生产过程中发生苦味的若干控制措施，以供参考。

（1）加强原辅料把关　原辅料是保证酿造食醋质量安全的首要因素。生产中应拒收无安全合格证明的原辅料，投料前对原辅料进行检测并留样，做好检验记录。

（2）保证生产资源的充分提供　生产环境也是一个重要因素。尤其是新建厂房车间合理选址，确保环境清洁卫生，无污染源，通风透气，水源安全卫生，淋醋车间建造要有防渗漏安全措施，避免不洁地下水污染。

（3）加强生产全过程的监控　对每道工序的操作进行规范，对技术人员和操作人员进行培训，严格执行 GMP 和 SSOP，强化各道工序的检测，除了理化分析外，不能忽视感官检验，应传承传统食醋酿造中"眼看、口尝、鼻子嗅"的经典做法，及时发现生产过程中的潜在质量危害，采取预防措施，应制订并实施 HACCP 计划，以确保酿造食醋的质量安全。

四、果醋生产工艺流程

果醋是用残次水果的下脚料为原料，经磨碎、榨汁、过滤、酒精发酵和醋酸发酵加工成醋。用于制醋的水果有葡萄、橘子、苹果、梨等。

果醋的制作法按原料不同，分为果汁制醋法、果酒制醋法和固态发酵法。

（一）果汁制醋

1. 工艺流程

水果醋的制备工艺流程如图 1-25 所示。

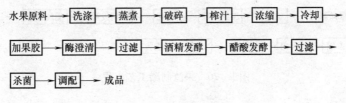

图 1-25　水果醋的制备工艺流程

2. 操作要点

（1）选料　原料要求无腐烂变质，无药物污染。

（2）清洗　将残次水果或下脚料投入池内，用清水冲洗干净，除去腐烂果。

（3）蒸煮　蒸汽加热 95～98℃灭菌、灭酶，加热时间 20min。

（4）榨汁　用压榨机榨汁。

（5）澄清　保持 50℃加入黑曲霉制成的麸曲 2% 左右或加入 0.01% 的果胶酶，时间 2～4h。

（6）酒精发酵 果汁降温至30℃，接种酒母10%进行酒精发酵。要求温度维持在30~40℃，4~6d后，果汁含酒精度为5°~8°，酸度为1~1.5g/100mL。

（7）醋酸发酵 醋酸发酵为静置表面发酵法。将果汁酒精度调整到5°~7°，然后放入醋母5~10℃摇匀，保持30℃进行表面静置发酵。经过2~3d后，液面有薄膜出现，证明醋酸菌膜生成，醋酸发酵开始。在发酵前期每天搅拌1~2次，发酵中期搅拌3~4次，后期搅拌1~2次。发酵中期品温可达34~35℃。发酵后期注意化验，如酸度不再升高，即告发酵结束，发酵周期20~25d，酸度可达5%~5.8%。

果汁醋的醋酸发酵也可采用速酿塔进行酿制，其操作方法与速酿醋相同。

（8）过滤 醋液经压滤机过滤成为清醋。

（9）灭菌 过滤后的清醋经蒸汽间接加热到80℃以上趁热灌装。

果醋成分（g/100mL）：总酸4~5，挥发酸3.7~4.6，不挥发酸0.6~0.7，酒精0.15~0.23，氨基酸0.12~0.3，还原糖0.8~1.2，固形物1.5~1.8。

（二）果酒制醋

果酒醋的醋酸发酵与果汁醋的发酵法相同，以果酒（葡萄酒、苹果酒等）为原料，采用表面静置发酵法或速酿塔进行醋酸发酵。

（三）果渣制醋

果渣醋的制作是采用固态发酵法。它利用残、次、落果及加工的废料——果皮、果屑、果心、果酒生产中的渣、皮、酒脚以及一些不易榨汁的果实等为原料，采用大缸固态发酵工艺进行酿制。

1. 工艺流程

果渣制醋工艺流程如图1-26所示。

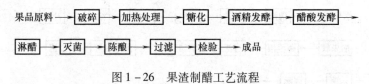

果品原料 → 破碎 → 加热处理 → 糖化 → 酒精发酵 → 醋酸发酵 →

淋醋 → 灭菌 → 陈酿 → 过滤 → 检验 → 成品

图1-26 果渣制醋工艺流程

2. 操作要点

（1）原料配比 果渣1000kg，麸皮150kg，酵母液120kg，醋酸菌种子80kg。

（2）操作方法 将果品原料粉碎为糊状后加热80℃灭菌，时间为30min，然后冷却至45℃加入麸曲进行糖化。当品温降至28~30℃时接入酵母液，酒精发酵6~7d后结束。入池加入麸皮和醋酸菌液进行固体醋酸发酵。

醋酸发酵的初期，由于醋酸菌的活力低，起温较慢，待发酵4d后温度可达40℃，此时应注意翻醅要勤。到第7天品温开始下降，第10天开始抽醅化验。如发现酸度不再上升，立即加盐封严，结束醋酸发酵。存放一段时间后进行淋醋，经配兑、检验、罐装出厂。

五、果醋生产实例一（苹果醋）

1. 配方

苹果	650kg	砂糖	20kg
砻糠	150kg	蜂蜜	5kg
麸皮	25kg	柠檬酸	0.5kg
食盐	4kg		

2. 工艺流程

苹果醋生产工艺流程如图 1 – 27 所示。

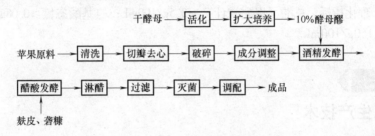

图 1 – 27　苹果醋生产工艺流程

3. 操作要点

（1）原料处理　苹果要求成熟适度、含糖量高、肉质脆硬、无病虫害、无霉烂的果实。

（2）清洗　把病虫害和腐败果剔除，伤果除去变质部分。用流动水清洗去除果实上的泥土、微生物及农药等污染物。

（3）去心　把苹果切成两半，挖去果心。

（4）破碎　用果蔬破碎机破碎，粒度 3 ~ 4mm。

（5）成分调整　首先检查果醪中糖、酸含量。用蜂蜜或白砂糖调整糖度为15% ~ 16%，用柠檬酸调整酸度为 0.4 ~ 0.7%。

（6）酒精发酵　500mL 三角瓶中加入果醪97g，杀菌冷却后加入果醪质量2%的干酵母于温度 32 ~ 34℃、时间 10 ~ 12h 条件下进行活化处理，活化完成后按果醪10%的比例加入到50L的酒母罐中在温度 30 ~ 32℃、10 ~ 12h 条件下进行扩大培养，培养完毕后即为成熟酒母，按发酵醪10%比例加入到发酵罐中进行酒精发酵，温度 32 ~ 35℃、时间 60 ~ 72h，当酒精度达到 7% ~ 8% 后酒精发酵结束。

（7）醋酸发酵　酒精发酵结束后立即进行醋酸发酵，按酒醪的 30% 拌入砻糠，然后焖醅 70 ~ 72h，温度达到 32 ~ 35℃ 时进行第一次倒缸，以后每天倒缸一到两次，控制品温 38 ~ 40℃，经 12 ~ 15d 的发酵，缸内温度降至 32℃ 以下，进行酸度检测，如酸度连续两天不再升高即可淋醋。一般酸度可达到6%～7%。

（8）淋醋 淋醋采用三套循环法，每次按1∶1比例向醋醅加水，浸泡5～6h，直至醋醅残留酸在0.1%以下。淋醋后向果醋加入1%～2%食盐。

（9）杀菌 把生醋加热至75～80℃、保持10min进行杀菌处理。

（10）澄清 杀菌冷却后的果醋储存于沉降罐中，让其自然沉降澄清。然后吸出上层澄清的果醋。注意在澄清过程中防止污染。

（11）调配 调醋酸为3.5%～5%，加入适量香精调味，即为成品。

4. 质量标准

（1）感官指标 色泽：微黄；香气：具有苹果醋特有香气；滋味：酸度柔和，无异味；体态：无悬浮物及杂质。

（2）理化指标 总酸（以醋酸计）≥3.5g/100mL；氨基酸态氮≥0.08g/100mL；还原糖≥1.0g/100mL。

项目三 ▶

豆腐乳生产技术

▌ 学习内容

- 豆腐乳的类型及特点。
- 豆腐坯制备。
- 豆腐乳发酵。
- 豆腐乳生产技术经济指标及质量标准。

▌ 学习目标

1. 知识目标
- 熟悉豆腐乳的生产工艺。
- 掌握豆腐坯的制作技术。
- 掌握豆腐乳的发酵方法。
- 熟悉豆腐乳的发酵原理。
- 熟悉豆腐乳的质量标准。

2. 能力目标
- 能进行豆腐乳的工艺设计和操作。
- 能进行豆腐乳的前期培菌技术。
- 能进行豆腐乳的后期发酵操作。
- 能分析和解决豆腐乳制作中常见的质量问题。

● 具备基本的发酵豆制品相关企业生产管理和质量管理的能力。

■ 项目引导

一、概述

豆腐乳，又名腐乳、酱腐乳，是我国著名的传统酿造调味品之一。它是将大豆制成豆腐后，经前期培菌、搓毛、盐渍发酵后而制成的口味鲜美、风味独特、质地细腻、营养丰富的佐餐食品，在我国已有悠久的酿造历史。

豆腐乳起源于我国，早在公元5世纪，就有"干豆腐加盐成熟后为腐乳"之说。明代李日华的《蓬栊夜话》中就有比较详细的腐乳制作记载。清代李化楠在《醒园录》中，对腌制型和发霉型生产腐乳的方法，记载更加详细："将豆腐切方块，用盐腌三四天，晒两天，置蒸笼内蒸至极热出晒一天，和酱下酒少许，盖密晒之，或加小茴香末，和酒更佳。"这些宝贵的酿制经验相传至今已有千年以上的历史。我国现代腐乳的种类很多，大体分为添加红曲的红豆腐乳，称红方；添加黄酒的豆腐乳，称醉方；添加糟米的糟腐乳，称糟方；添加酒料，成熟后具有臭气、表面色青的臭豆腐乳，称青方；还有适宜冬季生产的小白方及各种花色腐乳等。这些都是依据各地气候、生活习惯及生产配料不同而有所区别，其生产工艺过程大体相同。

腐乳既可作为佐餐小菜，又可作为烹饪的调味料。而且腐乳的营养价值很高，腐乳作为一种大豆的发酵制品，除具有大豆所具有的营养价值外，通过微生物发酵，将大豆的苦腥味、胀气因子和抗营养因子等不足之处全部克服，同时腐乳富含有机酸、醇及酯等风味物质，含有大量水解蛋白质、游离氨基酸、游离脂肪、碳水化合物、硫胺素、核黄素、烟酸、钙及磷等营养成分，这些都是促进人体正常发育或维持人体正常生理机能所必需的，且不含胆固醇。

从表1－18和表1－19可以看出腐乳主要营养成分为蛋白质在微生物酶的作用下产生的多种氨基酸及低分子蛋白质，人体必需的8种氨基酸较为丰富，不含胆固醇，并含有较多的B族维生素，尤其是维生素B_{12}。

表1－18　　　　　　　　　　　　　　腐乳的营养成分

项　目	含量/（g/100g）	项　目	含量/（g/100g）
水分	56.3	钙	231.6
蛋白质	12.6	磷	301.0
脂肪	8.6	铁	7.5
还原糖	7.1	锌	6.9
纤维素	0.1	维生素B_1	0.04
胆固醇	未检出	维生素B_2	0.13
热量/kJ	703.4	维生素B_{12}	1.77

表 1 – 19　　　　　　　　　　腐乳中氨基酸的含量　　　　　　单位：mg/g（蛋白质）

氨基酸	含量	氨基酸	含量
丙氨酸	100	缬氨酸	3
谷氨酸	6	天冬氨酸	51
亮氨酸	88	组氨酸	14
酪氨酸	22	甲硫氨酸	7
精氨酸	21	苏氨酸	20
脯氨酸	24	胱氨酸	4
甘氨酸	44	异亮氨酸	48
赖氨酸	70	苯丙氨酸	46
丝氨酸	23	色氨酸	6

二、豆腐乳的类型及特点

我国幅员辽阔，各地饮食习惯不同，腐乳制作方法也各不相同。从一般根据豆腐坯是否有微生物繁殖而分为腌制型和发霉型两大类。具体分类如表 1 – 20 所示。

表 1 – 20　　　　　　　　　　　豆腐乳的类型

分　类	特　　点	代表产品
腌制型	直接腌制，发酵期长，不够细腻，氨基酸含量低	绍兴棋方腐乳
毛霉型	口感细腻，具有腐乳特殊香气，"体"态好	王致和腐乳
根霉型	37℃高温发酵，克服毛霉低温生产的季节限制	南京腐乳
细菌型	采用低盐高温和小球菌发酵，风味独特	克东腐乳

1. 腌制型

（1）工艺流程

腌制腐乳工艺流程如图 1 – 28 所示。

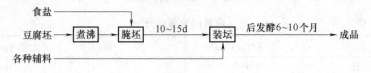

图 1 – 28　腌制腐乳工艺流程

（2）生产特点　豆腐坯不需发霉，直接进入后期发酵。目前，山西太原腐乳，绍兴腐乳都是这样的工艺。发酵作用依赖于添加的辅料，如面糕曲、红曲、米酒或黄酒等。生产所需厂房和设备少，操作简单。其缺点是由于蛋白酶不足，发酵时间长，产品不够细腻柔软，氨基酸含量低（0.4%左右）。同时，辅料的制备也靠自然培养，生产受季节和气候的影响，直接影响产品的产量与质量。

2. 发霉型

发霉型豆腐乳是指在生产过程中，在豆腐坯表面进行人工或天然地传播一些霉菌或细菌进行前期培菌（前期发酵），这样制成的腐乳称为发霉腐乳。

（1）霉菌型腐乳　腐乳前期培菌使用霉菌，称为霉菌型腐乳，根据使用霉菌的不同又分为毛霉腐乳和根霉腐乳两种。其工艺流程如图 1-29 所示。

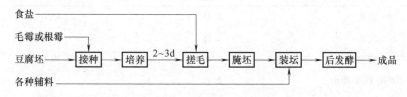

图 1-29　霉菌型腐乳工艺流程

（2）细菌型腐乳　腐乳前期培菌使用细菌，称为细菌型腐乳，根据使用细菌的不同又分为微球菌腐乳和枯草杆菌腐乳。其工艺流程如图 1-30 所示。

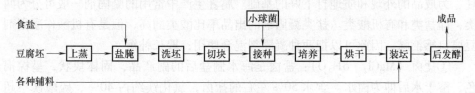

图 1-30　细菌型腐乳工艺流程

一般细菌型腐乳分解彻底，成品质地细腻、口感十分滑润，不足之处是带有一种细菌发酵分解的腥臭味，很多消费者不太习惯。所以国内采用本方法的企业极少，东北克东地区的克东腐乳是这种方法的典型代表。

三、豆腐乳生产的原辅料

酿造豆腐乳的原辅料是指制造豆腐坯和腌坯所需的主料以及配料中所用的辅料。

1. 主料

（1）大豆与脱脂大豆　生产腐乳的主要原料是指蛋白质含量高的原料，一般指大豆和脱脂大豆两种，其中大豆使用最多，生产的腐乳最好。因大豆未经提油处理，所以制成的腐乳柔、糯、细，口感好。目前生产中选料的一个经验是：黄豆、青豆生产的腐乳质量较好，出品率也相对高。而黑豆生产的腐乳质量较差，颜色发黑、发乌且豆腐坯硬，出品率也不高。因此腐乳的质量和出品率与所选择的原料有着极为重要的关系。

脱脂大豆是大豆提取油脂后的产物，因提取油脂的方式不同可分为豆饼与豆粕。

（2）水　制豆腐乳的水可就地取材，但对水的质量有一定的要求：一是要符合饮用水的质量标准；二是要求水的硬度越小越好。因为硬度大的水会使蛋白质沉淀，影响豆腐的得率。表1-21是不同硬度的水质对豆腐质量的影响。

表1-21　　　　　　　　浸泡水质对豆腐质量的影响

水　　质	豆浆中含蛋白质/%	豆浆制豆腐得率/%
软水	3.71	45.0
纯水	3.78	47.5
井水	3.40	30.0
300mg 钙/L 硬水	2.49	26.5
300mg 钙/L 硬水	2.00	21.5

2. 辅料

（1）凝固剂　凝固剂的作用是将豆浆中的大豆蛋白质凝固成型，制作豆腐坯，为成品的外观和质地打下好的基础。腐乳生产中常用的凝固剂一般可分为两类，即盐类和有机酸类。盐类凝固剂的出品率比酸类的高，但是有机酸作凝固剂豆腐口感细腻，因此可以把两种凝固剂混合使用，取长补短。

①盐卤（$MgCl_2 \cdot 6H_2O$）：盐卤是海水制盐后的副产品，固体块状，呈棕褐色，溶于水后即为卤水。含水50%左右的盐卤，氯化镁约占40%、硫酸镁不超过3%、氯化钠不超过2%，有苦味，所以人们也称它为苦卤。原卤浓度为25~28°Bé的水溶液，使用时可稀释成20°Bé。盐卤的用量为大豆的5%~7%。

②石膏（$CaSO_4 \cdot 2H_2O$）：石膏是一种矿产品，呈乳白色，主要成分是硫酸钙，微溶于水，因此与蛋白质反应速度较慢，但做的豆腐保水性好，含水量可达88%~90%，所以用其点的豆腐润滑细嫩，口感很好。石膏大体有生石膏和熟石膏之分，生产豆腐常用生石膏。不足之处是石膏点出的豆腐不具有卤水点豆腐之特有的香气。

③葡萄糖酸内酯：葡萄糖酸内酯是一种新的凝固剂，它的特点是不易沉淀，容易和豆浆混合。在豆浆中会慢慢转变为葡萄糖酸，使蛋白质呈酸凝固。这种转变在温度高、pH高时转变快，如当温度为100℃、pH 6时转变率达80%，而在100℃、pH 7时转变率可达100%。在温度达66℃时，所转变的葡萄糖酸即可使豆浆凝固，而且保水性好，产品质地细嫩而有弹性，产率也高。据试验其用量为0.01mol/L时，豆浆风味较好。

④复合凝固剂：在豆腐生产过程中，经常将不同的凝固剂按一定比例配合使用，以互补不足和发挥各自优点。常用组合有：葡萄糖酸-δ-内酯:硫酸钙以7:3混合；氯化钙:氯化镁:葡萄糖酸-δ-内酯:硫酸钙以3:4:6:7混合等，效果

很好。

⑤其他盐类凝固剂：除盐卤和石膏两种盐类凝固剂之外，醋酸钙、氯化钙、乳酸钙和葡萄糖酸钙等其他的一些无机钙盐和有机钙盐也可以，但应用很少。

（2）消泡剂　豆浆中的蛋白质分子间由于内聚力（或收缩力）作用，形成较高的表面张力，导致产生大量泡沫，这样在煮浆时容易溢锅，点脑时凝固剂不容易和豆浆混合均匀，从而影响豆腐的质量和出品率，所以要加入消泡剂降低豆浆的表面张力，保证煮浆和点脑的顺利进行。常用的消泡剂有油角、米糠油、乳化硅油、甘油脂肪酸酯等。

①油角：油角是榨油的副产品，是豆腐行业传统的消泡剂。使用时，将油角与氢氧化钙按10∶1的比例混合制成膏状物，其用量为大豆质量的1%。氢氧化钙加入豆浆中会使豆浆的pH升高，增加蛋白质的提取，能提高出品率。但由于油角未经精炼处理，有碍豆腐的卫生。

②乳化硅油：该产品价格高，但用量很少，效果很好，允许量为每千克大豆可用乳化硅油0.05g。方法是按规定预先加入豆浆中，使其充分分散。该产品有油剂型和乳剂型两种，乳剂型水溶性好，适合在豆腐生产中应用。

③甘油脂肪酸酯：甘油脂肪酸酯含有不饱和脂肪酸，也是一种表面活性剂，不如乳化硅油效果好。但对改善豆腐品质有利，用量为豆浆的1%。预先加入浆中，搅拌均匀，煮浆时便不会再产生泡沫。

（3）食盐　豆腐乳腌坯时需要适量的食盐。食盐在豆腐乳中有多种作用，如食盐使豆腐坯体析出水分，收缩变硬，不易散乱；还能抑制蛋白酶活性，使蛋白质分解缓慢，利于香气形成；同时使产品具有咸味，与氨基酸结合增加鲜味；还能抑制某些微生物生长，防止豆腐乳变质。对食盐的质量要求是干燥且含杂质少，以免影响产品质量。

（4）调味料　调味料主要作用是改变豆腐乳的风味，增加花色品种。

①黄酒：黄酒的酒精体积分数低，酒性醇和，香气浓，是广大人民喜爱的一种低度酒。豆腐乳生产所用辅料以黄酒为主，并且耗用数量最大，黄酒质量的好坏直接影响腐乳的后熟和成品的质量。腐乳酿造多采用甜味较小的干型黄酒。

②红曲：红曲是红腐乳后期发酵过程中，必须添加的辅料。红曲是以籼米为主要原料，经过红曲霉菌在米上生长繁殖，分泌出红曲霉红素使米变红而成。它是一种安全的生物色素，是一种优良的食品着色剂，在红腐乳除起着色作用，还有明显的防腐作用。它所含有的淀粉水解产物——糊精和糖，蛋白质的水解产物——多肽和氨基酸，对腐乳的香气和滋味有着重大的影响。另外红曲含有较多的糖化型淀粉酶，还具有消食、活血、健脾、健胃等保健功能。

③面曲：面曲又称面黄或面膏，是在腐乳的后期发酵过程中加入的另外一种重要辅料。它是以面粉为原料经过人工接种米曲霉后制曲或采用机械通风制曲制成。由于面曲中米曲霉和其他微生物分泌的各种酶系非常丰富，特别是含有较多

的蛋白酶和淀粉酶，在腐乳后期发酵过程添加面曲不但可提高腐乳的香气和味道，也可促进成熟。其用量随腐乳品种不同而异。

④甜味剂：腐乳生产使用的甜味剂主要是蔗糖、葡萄糖、果糖等，不得使用糖精和糖精钠。蔗糖、葡萄糖和果糖等糖类是天然的甜味剂，既是腐乳生产的甜味剂又是腐乳重要的营养素，供给人体以热量。另外甘草和甜叶菊等天然物质因具有甜味，也可作为腐乳生产的甜味剂。

⑤防腐剂：我国《食品添加剂使用标准》（GB 2760—2011）规定，腐乳中仅能使用脱氢乙酸作为腐乳的防腐剂，其最大使用量 0.30g/kg。

⑥香辛料：腐乳的后期发酵过程中需要添加一些香辛料或药料，常用的有花椒、茴香、桂皮、生姜、辣椒等。使用香辛料主要是利用香辛料中所含的芳香油和刺激性辛辣成分，起着抑制和矫正食物的不良气味，提高食品风味的作用，并能增进食欲，促进消化，有些还具有防腐杀菌和抗氧化的作用。

⑦其他辅料：除上述各种辅料外，还有一些其他辅料，如桂花、玫瑰、火腿、虾仔、香菇等。这些辅料均可用在各种风味及特色的腐乳中，虽用量不多但质量要求却很高。

四、豆腐坯的生产

豆腐坯生产是腐乳生产的头道工序，豆腐坯质量严重影响着腐乳的质量。豆腐坯质量要求很高，如含水量70%左右豆腐才适合做腐乳。另外，豆腐坯要有弹性，不糟不烂，豆腐坯表面有黄色油皮，断面不得有蜂窝，表面不能有麻面等。要达到以上标准，在豆腐坯的加工过程中，必须严格遵守豆腐坯生产的工艺规程。

1. 豆腐坯的制作工艺流程

豆腐坯工艺流程如图1-31所示。

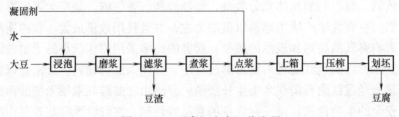

图1-31　豆腐坯生产工艺流程

2. 制作工艺及操作方法

（1）浸泡　浸泡就是要使大豆充分吸收水分，吸水后的大豆蛋白质胶粒周围的水膜层增厚，水合程度提高，豆粒的组织结构也变得疏松使细胞壁膨胀破裂；同时豆粒外壳软化，易于破碎，使大豆细胞中的蛋白质被水溶解出来，形成豆乳。值得注意的是，大豆经过浸泡之后还可以使血红蛋白凝集素钝化降低有害因素的活性，减少其造成的危害。浸泡时应该注意以下几个因素：

①泡豆加水量：泡豆加水量与泡豆的质量十分密切。加水量过少，豆子泡不透，豆粒不能充分吸收水分，影响大豆蛋白质的溶出和提取；加水量过大，会造成大豆中的水溶性物质大量流失。据分析浸泡过大豆的水中含水溶性蛋白质0.3%～0.4%是比较合适的。因此泡豆时的加水量必须要控制严格，一般控制在大豆：水＝1:(3～4)。浸泡后的大豆吸水量为干豆的1.5倍，吸水后体积膨胀为干豆体积的2～2.5倍。

②泡豆的水质：泡豆水质直接影响到腐乳的品质与出品率。如表1-22所示。经研究发现，自来水与软水泡豆，豆腐得率高。而含 Ca^{2+}、Mg^{2+} 多的硬水则影响大豆蛋白质的提取。当水质偏酸性 pH 较低时，豆腐得率降低。从表1-23可看出水质影响蛋白质提取率。泡豆时最好用软水或自来水。

表1-22　　　　　　　　　水质和豆腐得率关系

水　质	豆浆中含蛋白质/%	豆腐得率/%	水　质	豆浆中含蛋白质/%	豆腐得率/%
软水	3.71	45.0	含 Ca^{2+} 300mg/kg 的硬水	2.49	26.5
自来水	3.65	47.5	含 Mg^{2+} 300mg/kg 的硬水	2.00	21.5
井水	2.40	30.0			

表1-23　　　　　　　　　水质对蛋白质提取率的影响

提取条件	原料蛋白质的含量/%	硬水抽提提取率/%	软水抽提提取率/%
70℃热提	38.45	88.53	95.77
常温冷提	39.19	65.72	89.71

③泡豆的时间：大豆浸泡时间由水温决定。水温低浸泡时间必须延长；相反，水温高，浸泡时间可以短些。泡豆时间长短直接影响产品质量和原料利用率。一般冬季水温在0～5℃，时间控制在14～18h为宜；春、秋季水温通常在10～15℃，浸泡时间控制在8～12h为宜；夏季水温通常在18℃左右，浸泡8～10h为宜。另外，浸泡时间还要根据大豆的品种、颗粒大小、新鲜程度及其含水量多少而定。当然，其中浸豆水的温度影响最大。如表1-24所示。

表1-24　　　　　　　　　浸泡大豆水温与时间的关系

项　目	浸泡水温度/℃	浸泡时间/h	项　目	浸泡水温度/℃	浸泡时间/h
间接生产	5～10	18～22	连续生产	20	5.5
				25	4.5
	15～20	10～15		30	3
	25～30	5～8		37	2.5

④泡豆水加纯碱：除了以上影响浸泡效果的因素外，泡豆用水的 pH 也是一个重要的影响因素。当水偏酸性时，大豆蛋白质胶体很难吸水，出品率会很低。相反，微碱性的泡豆水不但能促进蛋白质胶体吸水膨胀，还能将大豆中一部分非水溶性蛋白质转化为水溶性蛋白质，从而提高原料的利用率，所以，尤其在夏季，水温很高，为防止泡豆水变酸，必须经常换水，也可适当加碱。近年来在泡豆水中加纯碱（$Na_2CO_3 \cdot 10H_2O$）为广大相关企业所普遍认可和采用。纯碱加入量应根据大豆的质量与新鲜程度而定，新鲜大豆在泡豆时无需添加纯碱，陈大豆必须添加纯碱提高出品率，提高豆腐坯的质量，一般添加量掌握在 0.2% ~ 0.3%，泡豆水 pH 为 10 ~ 12。浸豆水添加碳酸钠对豆腐坯质量的影响如表 1 - 25 所示，浸泡时间和碳酸钠用量与豆脑得量的关系如表 1 - 26 所示。

表 1 - 25　　　　　　　　浸豆水添加碳酸钠对豆腐坯质量的影响

Na_2CO_3 添加量/%	豆腐坯质量
0	豆腐坯表面正常，质量一般
0.05	
0.1	
0.2	豆腐坯表皮有光泽，黄亮，内部组织细嫩，有弹性
0.3	
0.4	
0.5	豆腐坯表皮光泽正常，内部组织细嫩，有弹性
0.6	豆腐坯表面正常，水分较高，易碎，点脑困难

表 1 - 26　　　　　　　　浸泡时间和碳酸钠用量与豆脑得量的关系

Na_2CO_3 用量/%		0	0.1	0.2	0.3
		豆脑得量/kg			
浸泡时间/h	4	0.325	0.35	0.375	0.375
	8	0.40	0.50	0.50	0.475
	12	0.425	0.55	0.575	0.50
	16	0.41	0.55	0.575	0.60

待大豆浸泡达到要求后，将泡豆桶（缸）内污水放完，再把大豆放入绞龙，输送到磨子上面的集料斗中待磨。

（2）磨浆　磨浆可采用砂轮磨、钢磨等。砂轮磨是平磨。大豆进入后先进入粗碎区，再进入细碎区，磨毕自然流出，所以磨的细度比较均匀。但砂轮磨齿较平而粗糙，通过磨片摩擦，对大豆的撕裂作用较大，因而利于豆浆和豆渣的分离。钢板磨的磨齿坚硬，转速快，单机产量比砂轮磨的高。但钢板磨磨出的豆粉颗粒呈圆颗粒状，容易堵住筛眼，过筛较困难。有的豆粉因磨得过细会穿过筛孔混入豆浆，从而影响豆腐质量。如果进料控制恰当，可获得较好效果。在磨浆过程中，需均匀地向磨内加水，1kg 浸泡的大豆添加 2.8kg 左右的水。

（3）过滤 利用离心机或滤浆机将豆浆与豆渣分离，制得滤浆。

一般采用离心式离心机进行浆渣分离。在离心分离过程中，豆渣共分 4 次洗涤，洗涤的淡浆水作为循环回用（套用），循环回用的目的是降低豆渣中的蛋白质含量，提高豆浆的浓度和原料利用率。具体做法是：从豆糊分离出来的是头浆，第 2 次洗涤分离的称二浆，第 3 次洗涤的称三浆，第 4 次洗涤的称四浆。之后的洗涤水就套用，四浆套三浆、三浆套二浆，二浆与头浆合并为豆浆。头浆分离的豆渣有条件要复磨一次，将包住蛋白质组织的粗粒料种使其中的水溶性物质溶出。在洗涤豆渣时，要控制用水量。用水量过多，则冲淡豆浆浓度，对蛋白质凝固不利，会使蛋白质网状组织的结构分散，压榨时容易随黄浆水流失，制成的坯料松脆。用水量过少，豆渣中蛋白质洗涤不净，增加豆渣中残余蛋白质的量，而且豆浆浓度过大，将会造成点浆困难，给压榨带来不便。

离心机使用的尼龙纱网分两种，一次分离需 80～100 目滤网，因为一次分离后便成为豆浆，经加温点脑后便成为豆腐，用高目数滤网过滤出的豆浆制出的豆腐坯质地细腻，否则豆腐坯会粗糙；二、三次分离采用 60～80 目滤网就可以了。

豆渣在三次稀释洗涤过程中，总加水量可为干质量的 5～6 倍。不能过多过少，水量过少稀释倍数小，渣子洗不净，影响出品率；水量过大，虽然渣子洗得干净，但在煮浆后便会给点脑带来困难。因为豆浆浓度低，蛋白质不能结成很好的网状结构，致使细小的豆腐碎块流失而影响出品率，且豆腐质量也会出问题。我国一些大型企业对豆浆浓度的要求大致分为两种：特大形（太方）腐乳，豆浆浓度控制在 6°Bé；小块形腐乳（霉香），豆浆浓度控制在 8°Bé。一般生浆工艺添加的水须加温至 80～90℃。水温高有利于提取，可降低豆渣中蛋白质，提高出品率。浆渣分离流程如图 1-32 所示。

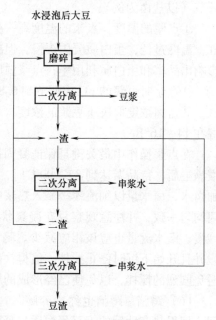

图 1-32 浆渣分离流程

（4）煮浆 煮浆也称冲浆，是将豆浆经 100 目筛孔过筛后加热到 95～100℃，放入缸中。煮浆目的有三个方面：一是使豆浆中的蛋白质发生热变性，为后一步的点脑制豆腐打基础；二是去除大豆中的有害成分；三是杀灭豆浆本身存在的以蛋白酶为主的各种酶系，保护大豆蛋白质。通过煮浆可以消除大豆胰蛋白酶抑制素、血球凝集素、皂素等对人体有害的因素，减少生豆浆的青臭气味，使豆浆特有的香气显示出来。同时还起到了灭菌的作用。

经过对豆浆的加热温度和加热时间进行相关试验，发现加热到70℃时豆乳不凝固；80℃时凝固极嫩，蛋白质变性不充分，凝固不彻底；90℃时加热20min，制得普通弹性的豆腐并略带豆腥味；加热到100℃，5min，所得豆腐弹性最理想，而且豆腥味消失；加热超过100℃时制得的豆腐弹性反倒不够理想。所以煮浆的工艺条件一般为100℃，5min为宜。

煮浆过程中，豆浆表面会产生起泡现象，造成溢锅。生产中要采用消泡剂来灭泡。通常油角的用量为大豆质量的1%，乳化硅油的用量为每千克大豆使用0.05g。有的生产厂家使用甘油脂肪酸酯，用量为豆浆的1%。除此之外还有一些其他消泡剂，如常州生产的液体高效豆制品杀沫剂、北京昌平生产的SYS－83食品干粉消泡剂，用量分别为0.1%～0.3%和0.6%。

（5）点浆　点浆也称点花。点浆不宜太快，也不宜太慢，需掌握如下三个环节（以盐卤为例）：

①点浆的温度：点浆的温度高，凝固过快，脱水强烈，豆腐坯松脆，颜色发红；温度过低，蛋白质凝固缓慢，但凝固不完全，坯子易碎，蛋白质流失过多，影响出品率和蛋白质利用率；点浆温度一般控制在85～90℃比较适合。

②点浆时豆浆的pH应调节到6.8～7.0。

③盐卤浓度取决于豆浆的浓度，一般豆浆浓度在4～5°Bé时，盐卤浓度应掌握在14～16°Bé。

在点浆操作中最关键是保证凝固剂与豆浆的混合接触。操作过程如下：豆浆灌满缸后，待品温达到85～90℃时，先搅拌，使豆浆在缸内上下翻动起来后再加卤水，卤水量以细流缓缓滴入热浆中，一边滴，一边缓缓搅动豆浆。下卤流量要均匀一致，并注意观察豆花凝聚状态。缸内出现脑花50%时，搅拌的速度要减慢，卤水流量也应该相应减少。脑花量达80%时，结束下卤，当脑花游动缓慢并且开始下沉时停止搅拌。值得注意的是，在搅拌过程中，动作一定要缓慢，避免剧烈的搅拌，以免使已经形成的脑破坏掉。

（6）蹲脑　蹲脑也称"养脑"、"养花"，是指豆浆点花结束后静置一段时间，使得热变性后的大豆蛋白质与凝固剂的作用能够继续进行，联结成稳定的空间网络，静置15～20min（视豆浆凝固效果而定）。蹲脑时间短，蛋白质组织结构不牢固，未凝固的蛋白质会随黄浆水流失，豆腐弹性差，出品率低。反之，时间长，温度低，凝固物热结合能力弱，黄浆水不易析出，使压榨成形困难。

（7）压榨　蹲脑结束后立即进行压榨，压榨的目的是为了使豆腐脑内部分散的蛋白质凝胶更好地接近及黏合，使制品内部组织紧密，同时排出豆腐脑内部的水分。

豆腐压榨成型设备目前有两种：一种是间歇式设备；另一种是自动成型设备。间歇式设备压榨成型箱有木制的，也有铝板的，四周围框及底板都设有出水孔，压上盖板加压之后，豆腐中多余的水从出水孔中流出。自动成型设备则是所有工序全部自动化。影响压榨的三个因素是压力、温度和时间。在压榨成型时，豆腐脑温度在65℃以上，加压压力在15~20kPa，时间为15~20min为宜。在压榨时必须严格控制好上述的三个条件。

压榨出的豆腐坯，感官要求为：薄厚均匀、软硬合适，不能过软、不能太薄，不能有大麻面、不能有大蜂窝，要两面有皮、断面光、有弹性能折弯。规格按产品品种要求决定，含水量71%~74%。所有品种的豆腐坯其蛋白质含量是14%以上。

（8）划块 将压榨好的豆腐坯迅速取下，用切块机按品种规格要求切成小块。品种规格各地区不同。例如，上海地区生产的红方、油方、糟方及醉方豆腐乳市销售规格有两种：一种是4.8cm×4.8cm×1.8cm，称为大红方、大油方、大糟方及大醉方；另一种是4.1cm×4.1cm×1.6cm称为小红方、小油方、小糟方及小醉方。又如江苏南京地区生产的有3.5cm×3.5cm×1.5cm和4.5cm×4.5cm×2cm两种规格。划块有热划、冷划两种。压榨出来的整版豆腐坯品温在60~70℃，如果趁热划块，则划时要适当放大，使划成的豆腐坯冷却后的大小符合规格；冷划是待豆腐坯冷却、水分散发、体积已缩小后，再按原定的规格大小划块。

五、豆腐乳发酵

豆腐乳发酵包括前期发酵和后期发酵两个过程。前期发酵就是在豆腐坯上培养毛霉（或根霉）的过程；后期发酵是将长霉的毛坯经盐腌，再与一定的配料一起，装坛进行嫌气发酵至成熟的过程。

1. 腐乳发酵的微生物

在腐乳生产中，人工接入的菌种有毛霉或根霉、米曲霉、红曲霉和酵母菌等，腐乳的前期发酵是在开放式的自然条件下进行的，外界微生物极容易侵入，另外配料过程中同时带入很多微生物，所以腐乳发酵的微生物十分复杂。虽然在腐乳行业称腐乳发酵为纯种发酵，为人工纯粹培养的毛霉等菌种的发酵，实际上，在扩大培养各种菌类的同时，已非常自然地混入许多种非人工培养的菌类。腐乳发酵实际上是多种菌类的混合发酵。从豆腐乳中分离出的微生物有腐乳毛霉、五通桥毛霉、雅致放射毛霉、芽孢杆菌、酵母菌等近20种。

在发酵的豆腐乳中，毛霉占主要地位，因为毛霉生长的菌丝又细又高，能够将豆腐坯完好地包围住，从而保持腐乳成品整齐的外部形态。当前，全国各地生产腐乳应用的菌种多数是毛霉菌，如AS3.2778（雅致放射毛霉）、AS3.25（五通桥毛霉）等。虽然根霉的菌丝不如毛霉柔软细致，但它在夏季能耐高温，可以保证腐乳常年生产，近年来，我国南方许多地方也利用根霉制造腐乳。腐乳生产选择菌种的具体标准如下：

①不产生毒素，菌丝壁柔软细致，棉絮状、色白或淡黄。

②生长繁殖快。

③抗杂菌力强。

④生产的温度范围大，受季节限制小。

⑤能够分泌蛋白酶、脂肪酶、肽酶及有益于腐乳产品质量的酶系。

⑥能使产品质地细腻柔糯，风味独特，质地细腻。

2. 腐乳发酵的机理

（1）腐乳发酵时的生物化学变化　前期发酵主要是毛霉或根霉在豆腐坯上生长繁殖并分泌各种酶的过程。后期发酵主要是酶系与微生物协同参与生化反应的过程。

腐乳发酵前期，一部分菌丝在坯面生长（基内菌丝），起到对豆腐坯的"固定作用"，一部分菌丝（气生菌丝）向豆腐坯外空间生长，对豆腐坯起到包裹作用。前期发酵结束后，在豆腐毛坯表面，形成一层柔韧而细致的皮膜，对豆腐坯的成型起到重要的作用。同时，霉菌生长繁殖过程中分泌出丰富的酶系，如蛋白酶、脂肪酶、肽酶及其他有利于豆腐乳品质的酶系，为后期发酵提供了物质基础，产生各种代谢物，如氨基酸、有机酸等，这对成品形成鲜美的味道和细腻的组织有重要作用。腐乳发酵的生物化学变化主要是蛋白质水解成氨基酸的过程，从前期培菌开始到腌制、后期发酵每一道工序，都发生着变化。其变化如表1－27和表1－28所示。

表1－27　　　　豆腐坯、毛坯、盐坯水溶性蛋白质、氨基酸态氮含量　　　单位:%

名　称	水溶性蛋白质含量	氨基酸态氮含量
豆腐坯	1.67	0
毛坯	19.75	0.45
盐坯	15.42	0.48

表1－28　　　　后期发酵腐乳水溶性蛋白质、氨基酸态氮含量　　　单位:%

发酵时间/周	水溶性蛋白质含量	氨基酸态氮含量	发酵时间/周	水溶性蛋白质含量	氨基酸态氮含量
1	23.21	0.77	5	32.56	2.02
2	24.55	1.04	6	33.59	2.19
3	27.38	1.22	7	35.26	2.38
4	30.49	1.60	8	35.26	2.37

　　从表1-27、表1-28可以看出，豆腐坯由于未经毛霉（或其他霉菌）分泌的蛋白酶水解作用，水溶性蛋白质含量很少，不含氨基酸。经毛霉菌进行前发酵后，在毛霉菌等微生物分泌的蛋白酶作用下，豆腐坯中的蛋白质部分水解而溶出，此时可溶性蛋白质和氨基酸均有所增加。从增加的量来看，水溶蛋白质的增加大大超过氨基酸态氮的增长。腌制后的盐坯，由于食盐含量增加和部分水溶性蛋白质随腌制盐水流失，可溶性蛋白质含量略有下降。在后发酵过程中，水溶性蛋白质和氨基酸态氮含量逐渐增加。由此可见，蛋白质的水解时间较长，从毛霉菌培养的前发酵开始，一直到后发酵结束。

　　并不是蛋白质全部被水解成氨基酸才最好，实际生产过程中，蛋白质也不可能全变成水溶性的蛋白质，若都成为可溶性物质则腐乳就没有固形物支撑而成块状了。经过论证，蛋白质在发酵完成后，只有40%左右的蛋白质能变成水溶性的，其余蛋白质虽然不能保持原始的大分子状态，但还不到能溶于水的小分子蛋白质状态。因为蛋白质大多被水解成小分子，虽然不溶于水但存在的状态改变了，在口感上就感到细腻柔糯。豆腐乳酿造中蛋白质的变化如表1-29所示。

表1-29　　　　　　　　　　　豆腐乳酿造中蛋白质的变化　　　　　　　　　　　单位:%

溶解性	豆腐	腐乳坯	红腐乳	白腐乳
水溶性蛋白	3.607	55.538	54.338	70.054
10%食盐水可溶性蛋白	2.336	58.05	9.241	5.345
70%酒精可溶性蛋白	1.645	4.276	12.606	5.783
0.2%NaOH可溶性蛋白	91.246	29.293	9.242	10.706
不溶性蛋白	1.136	8.086	14.873	8.017

　　豆腐乳发酵中除蛋白质的变化外，在后期发酵中还有各种辅料参与作用，如淀粉的糖化，糖分发酵成乙醇和其他醇类以及形成有机酸；同时辅料中的酒类及添加的各种香辛料等合成复杂的酯类，最后形成豆腐乳所特有的色、香、味、体，豆腐乳酿造过程中成分的变化情况如表1-30所示。

表1-30　　　　　　　　　　　豆腐乳酿造过程中成分的变化

项目	豆腐坯		豆腐毛坯		豆腐乳	
	含水	无水	含水	无水	含水	无水
水分	75.80	—	70.00	—	39.70	—
蛋白质	16.00	66.00	17.90	59.70	15.90	39.40
脂肪	7.20	29.70	9.80	32.80	20.30	50.40
糖分	0.10	0.40	0.50	1.70	—	—
纤维素	—	—	0.40	1.30	1.10	3.70
灰分	0.90	3.90	1.10	4.50	3.00	7.40

（2）腐乳色、香、味、体及营养变化

①香气：香气的主要成分为醇、醛、有机酸、酯类等。是因微生物分泌的各种酶在后发酵中分解原料成分，经一系列复杂的生化过程产生的，其反应式如下：

$$C_6H_{10}O_5 + nH_2O \xrightarrow{\text{淀粉酶}} nC_6H_{12}O_6 \xrightarrow{\text{激酶、异构酶、脱氢酶}}$$

$$CH_3COCOOH \longrightarrow CH_3CHO \xrightarrow{\text{乙醇脱氢酶}} CH_2CH_2OH$$

一部分醇与有机酸结合为酯类。豆腐坯中的类脂物质经脂肪酶分解产生脂肪酸，脂肪酸进一步与乙醇发生酯化反应生成芳香族化合物的酯。

②色泽：腐乳的色泽主要来源于微生物及主辅料。腐乳按颜色分类可以分为红腐乳、白腐乳、青腐乳和酱色腐乳。腐乳的颜色由两方面的因素形成：一是添加的辅料决定了腐乳成品的颜色。如红腐乳，在生产过程中添加的含有红曲红色素的红曲；酱腐乳在生产过程中添加了大量的酱曲或酱类，成品的颜色因酱类的影响，也变成了棕褐色。二是发酵作用使颜色有较大的改变，因为毛霉（或根霉）产生的儿茶酚氧化酶，缓慢氧化了腐乳坯中的黄酮类色素而呈现出来的。当腐乳离开汁液时，会逐渐变黑，这是毛霉（或根霉）中的酪氨酸酶在空气中的氧气作用下，氧化酪氨酸使其聚合成黑色素的结果。为了防止白腐乳变黑，应尽量避免离开汁液而在空气中暴露。有的工厂在后期发酵时用纸盖在腐乳表面，让腐乳汁液封盖腐乳表面，后发酵结束时将纸取出，再添加封面食用油脂，从而减少空气与腐乳的接触机会。青腐乳的颜色为豆青色或灰青色，这是硫的金属化合物形成的，特别是硫化钠就是豆青色的，是由脱硫酶产生的硫化氢作用生成。

③滋味：腐乳的味道也是在发酵后期产生的。味道的形成有两个渠道：一是生产中所添加的辅料而引入的味，如咸味、甜味、辣味、香辛料味等。另一个来自参与发酵的各微生物的协同作用，如腐乳鲜味主要来源于蛋白质的水解产物氨基酸的钠盐，其中谷氨酸钠盐是鲜味的主要成分；另外霉菌、细菌、酵母菌菌体中的核酸经有关核酸酶水解后，生成的 $5'$ - 鸟苷酸及 $5'$ - 肌苷酸也增加了腐乳的鲜味。淀粉经淀粉酶水解生成的葡萄糖、麦芽糖形成腐乳的甜味。发酵过程中生成的乳酸和琥珀酸会增加一些酸味。

④体态：腐乳在发酵过程中，氨基酸的生成率对体态起决定作用。氨基酸生成率高，腐乳蛋白质就分解得多，固形物的分解相应也多，使腐乳不易成型，不能保持一定的体态。要使腐乳的体态达到适度，不软不硬、细腻可口，在前发酵中必须使毛霉生长均匀，不老不嫩，形成完整坚韧的皮膜，并能产生适量的蛋白酶，这样才会使发酵中蛋白质分解恰到好处。

⑤营养：腐乳是经过多种微生物共同作用生产的发酵性豆制品。通过微生物发酵，生成了多种具有香味的有机酸、醇、酯、醛、酮等。腐乳中除了含有大量水解蛋白质、游离氨基酸和游离脂肪外，还含有硫胺素、核黄素、烟酸、钙和磷

等营养成分，而且不含胆固醇。腐乳中蛋白质含量极其丰富。如北京腐乳，100g中蛋白质含量11~12g，可与100g烤鸭媲美；腐乳中含18种氨基酸，100g腐乳中必需氨基酸含量可供成年人一日需要量。

腐乳中的核黄素（维生素B_2）含量为130~360μg/100g，比豆腐高3~7倍，在一般食品中仅次于乳品的核黄素含量。同时腐乳中还含有维生素素B_{12}，仅次于动物肝脏的维生素B_{12}的含量。此外，腐乳中还含有硫胺素（维生素B_1）0.04~0.09mg/100g，烟酸0.50~1.10mg/100g等。腐乳中还含有丰富的矿物质，北京腐乳中含钙108~134mg/100g，铁13~16mg/100g，锌6~8mg/100g，含量均高于一般食品。

3. 腐乳发酵工艺

（1）工艺流程　见图1-33。

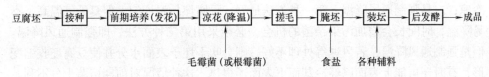

图1-33　前期发酵工艺流程

（2）工艺操作

①前期培养（前发酵）：腐乳的前期培菌过程就是豆腐坯发霉生长菌丝的过程，此过程可通过自然发酵和人工纯粹培养两种方式完成。自然发酵是我国的传统发酵方法，是利用自然界中存在的毛霉进行腐乳生产。目前我国的家庭制作腐乳仍然采用这种方法。本书重点介绍纯粹培养发酵的工艺方法，其中以毛霉发酵为主。

②菌种培养：

a 斜面菌种（一级种子）的制备：培养基：7~8°Bé糖液100mL，蛋白胨1.5g，琼脂1.8~2.0g，调pH为5.6~6.2。装管，每管5~10mL，加棉塞，包扎防水纸，于0.1MPa下灭菌30min。灭菌完毕，趁热摆成斜面，待凝固后，空白培养3d，确认无菌后接种。于20~25℃（毛霉）或28~30℃（根霉）下培养2~3d，待菌丝丰满后，置4℃冰箱保存备用。

b 克氏瓶培养（二级种子）：培养基：麸皮∶水=100∶（120~140），混匀后装瓶，每瓶装湿料40~50g，塞棉塞，包扎防水纸，于0.1MPa下灭菌30min。取出，趁热用手轻轻敲散瓶内培养基结块，降至室温、接种。每支斜面菌种可接6~8瓶。接种可用接种勾挑取菌丝一小团接入；也可以无菌水制成菌悬液，用灭菌吸管进行接种。之后摇匀，平放入温箱中培养2~3d即可。

质量要求：毛霉菌种白色，根霉菌种呈灰褐色；菌丝粗壮、丰满；无倒毛，无杂菌斑者即可使用。

③豆腐坯接种：

a 接种：目前腐乳生产中，按照制备菌种和使用菌种的方法不同分为三种：一是固体培养，固体使用；二是固体培养，液体使用；三是液体培养，液体使用。其中使用最多的是第一种，即培养时为固体三角瓶或克氏瓶培养，使用时将菌块破碎成粉，按适当的比例扩培到载体上，如大米粉或玉米粉，然后将扩培后的菌粉均匀地撒到豆腐坯上，进行前期培菌。第二种方法是将固体培养的菌种粉碎，用无菌水稀释后喷洒在豆腐坯上，这种方法也有厂家在用，但是难度较大，尤其在夏季容易感染杂菌，影响前期培菌的质量。第三种方法是目前国内最先进的方法，但是技术难度更大，培养过程中必须保证在无菌罐中进行，必须使用无菌空气，目前只有少数几家技术实力强的企业使用此法，如北京王致和食品集团有限公司。

在接种前，白坯的品温必须降至35℃。豆腐坯的降温方法有两种：一是自然冷凉；二是强制通风降温。第一种方法最好，豆腐坯品温均匀。但夏天气温高，不易降温，时间长会增加污染杂菌的机会，必须采用第二种方法，即强制通风降温。但是强制通风降温，若风速等处理不好，则会吹干坯子表面水分并使豆腐坯收缩变形，有时还可能上表面已经冷却而下表面还很热，这种情况对前期培菌十分不利。

生产中若使用固体菌粉，必须过筛后均匀地撒在豆腐坯上，要求六面都要沾上菌粉；若为液体种子，则需采用喷雾法接种，喷洒时要掌握适度，以接上菌为准，不可过多，也不可过少。如菌液量过大，会增加豆腐坯表面的含水量，在夏季易增加污染杂菌的机会，影响毛霉的正常生长。所以一定要小心，生产上一旦出现这种情况，豆腐坯只能作为废品处理，不得再用于生产。

b 摆块：将接完种的豆腐坯均匀立着码放在笼屉中的木条分成的空格里。堆叠时，先于底层垫一空格，再堆叠接种好的笼格，可叠放10～12层，于中间和顶层各放一只空格，以利培养中品温的调节，上面盖双层灭菌纱布一块，起保暖防尘及散热作用。

c 培养（又称发花）：摆好块的豆腐坯必须立即送进发酵室进行培养。发酵室要控制好温湿度，温度要控制在20～25℃，最高不能超过28℃，干湿球温度差保持1℃左右。夏季气温高，必须利用通风降温设备进行降温。为了调节各发酵笼屉中豆腐坯的品温，发酵过程中要进行倒笼、错笼。一般在25℃室温下，22h左右时菌丝生长旺盛，产生大量呼吸热，此时进行第一次上下倒笼，以散发热量，调节品温，补给新鲜空气。到28h时进入生长旺盛期，品温增长很快，这时需要第二次倒笼。36h左右，菌丝大部分已近成熟，此时可以将屉错开，摆成品字形，以促使毛坯的水分挥发和降低品温，帮助霉菌完成前期培菌阶段，该操作称作错笼。在正常情况下，一般45h菌丝开始发黄，生长成熟的菌丝如棉絮状，长度为6～10mm，这时的豆腐坯称为毛坯。

在前期培菌阶段，应特别注意：一是使用毛霉菌，品温不要超过30℃；如果使用根霉菌，品温不能超过35℃。因为品温过高，会影响霉菌的生长及蛋白酶的分泌，最终会影响腐乳的质量。二是注意控制好湿度，因为毛霉菌的气生菌丝是十分娇嫩的，只有湿度达到95%以上，毛霉菌丝才正常生长。三是在培菌期间，注意检查菌丝生长情况，如出现起黏现象，必须立即采取通风降温措施。

当菌丝生长成熟、略带黄褐色时，应尽快转入搓毛工序。前期培菌时间的长短由室温及菌丝生长情况决定。室温若在20℃以下，培菌时间需72h；在20℃以上，约48h可完成。但是生产青腐乳（臭豆腐）时，时间要稍短些，而且当菌丝长成白色棉絮状马上搓毛腌制，因为这时的蛋白酶活力还没有达到最高峰，可以保证在盐度偏低的青腐乳的后期发酵过程中，蛋白质分解作用不至于太旺盛，否则，会导致青腐乳碎块。另外青腐乳在后期发酵时产生硫化氢气体，如果毛霉菌过于老熟便会产生黑色斑块，造成青腐乳外观质量下降。

d 搓毛：前期培菌阶段生长好的毛坯要及时进行搓毛，搓毛是将长在豆腐坯表面的菌丝用手搓倒，将块与块之间粘连的菌丝搓断，把豆腐坯一块块分开，促使棉絮状的菌丝将豆腐坯紧紧包住，为豆腐坯穿上"外衣"，这一操作与成品腐乳的外形关系十分密切。

搓完毛的毛坯整齐地码入特制的腌制盒内进行腌制。要求毛坯六个面都长好菌丝并都包住豆腐坯，保证正常的不黏不臭毛坯。

④后期发酵：

a 腌坯：毛坯搓毛后要及时用食盐腌制。食盐腌制的作用有四点：一是盐分的渗透作用使豆腐坯内的水分排出毛坯，使霉菌菌丝及豆腐坯发生收缩，坯子变得硬挺，菌丝在坯子外面形成了一层皮膜，保证后期发酵不会松散。腌制后的盐坯含水量从豆腐白坯的72%左右，下降到56%左右，使其在后期发酵期间也不致过快地糜烂。二是食盐具有防腐能力，防止后发酵期间感染杂菌。三是高浓度的食盐对蛋白酶活力有抑制作用，缓解蛋白酶的作用来控制各种水解作用进行的速度，从而不致在未形成香气之前腐乳发生糜烂。四是食盐为腐乳带来的咸味，能够起到调味的作用。

腌坯分为缸腌和篓腌两种，腌制时首先将缸和篓洗刷干净才可使用。在离缸底18～20cm处铺放圆形木板一块，中心有直径约15cm的孔，把豆腐毛坯放在木板上沿缸壁外周逐渐排至中心，每圈相互排紧。在排列时，未长菌丝的一面应靠边，勿朝下，防止成品变形。在排毛坯的过程中，先在底部木板上撒上薄层食盐，在按分层加盐的办法将盐撒到坯上，并逐层增加，最后在缸面铺上较厚的盐层。食盐的用量是按每万块（4.1cm×4.1cm×1.6cm）春秋季节60kg，冬季57.5kg，夏季62.5～65kg。腌坯3～4d后要压坯，即加入食盐水（或好的毛花卤，即腌坯后的盐水），超过腌坯面，使上层增加咸度。腌坯时间冬季13d，春秋季节11d，夏季为8d。腌坯结束，抽出盐水，放置过夜，使豆腐乳坯干燥收缩。

b 配料与装坛：这是豆腐乳后熟的关键，因配料和坯厚薄的不同，成品的花色品种很多。具体操作是沥出盐水的盐坯在装入坛子之前，先放在汤料盒内，用手转动盐坯，使每块坯子的六面都沾上汤料，再装入坛中。而在瓶子里进行后酵的盐坯，则可以直接装入瓶中，不必六面沾上汤料，但必须保证盐坯基本分开不得粘连，从而保证向瓶内灌汤时六面都能接触汤料。

值得注意的是配好的汤料灌入坛（瓶）中，汤一定要没过坯子表面，若没不过坯子就要生长各种杂菌。如果是坛装，灌完汤后，有时要撒一层封口盐，或加少许防腐剂，瓶装则不必。

⑤包装与贮藏：豆腐乳按品种配料装入坛内后，擦净坛口，加盖，再用水泥或猪血封口：也可用猪血拌和石灰粉末，搅拌成糊状物，刷纸盖一层，十分牢固，最后在上面用竹壳封口包扎。

豆腐乳的后期发酵主要是在贮藏期间进行。由于豆腐坯上生长的微生物与所加入的配料中的微生物，在贮藏期内引起复杂的生化作用，从而促使豆腐乳成熟。豆腐乳的成熟期因品种不一，配料不一而有快慢，在常温情况下，一般 6 个月可以成熟。糟方与油方因糖分高，宜于冬天生产，以防变质。青方与白方因含水量大、氯化物低、酒精度小，所以成熟快，但保质期短，青方一到两个月成熟，小白方 30~45d 成熟，不宜久藏。

⑥成品：豆腐乳贮藏到一定时间，当感官鉴定舌觉细腻而柔糯，理化检验符合标准要求时，即为成熟产品。因各种产品各具特色，各地质量标准要求也不同，各生产单位可按实际情况，制定产品质量标准。

六、豆腐乳质量标准及生产技术指标

1. 腐乳质量标准

腐乳的质量标准和检验方法见 SB/T 10170—2007《腐乳》。下面简要介绍腐乳的感官质量标准和理化标准。感官标准如表 1 – 31 所示。

表 1 – 31 　　　　　　　　　　腐乳的感官标准

项目＼类别	红腐乳	白腐乳	青腐乳	酱腐乳
色泽	表面呈鲜红或枣红色，断面呈杏黄色或酱红色	呈乳黄色或黄褐色，色泽基本一致	呈豆青色，表里色泽基本一致	呈酱褐色或棕褐色，表里色泽基本一致
滋味、气味	滋味鲜美，咸淡适口，具有红腐乳特有之气味，无异味	滋味鲜美，咸淡适口，具有白腐乳特有之气味，无异味	滋味鲜美，咸淡适口，具有青腐乳特有之气味，无异味	滋味鲜美，咸淡适口，具有酱腐乳特有之气味，无异味
组织形态	块形整齐，质地细腻			
杂质	无外来可见杂质			

2. 腐乳的理化指标

理化指标如表 1 – 32 所示。

表 1 – 32 腐乳的理化指标

项　　目		要　　求			
		红腐乳	白腐乳	青腐乳	酱腐乳
水分/%	≤	72.0	75.0	75.0	67.0
氨基酸态氮（以氨计）/（g/100g）	≥	0.42	0.35	0.60	0.50
水溶性蛋白质/（g/100g）	≥	3.20	3.20	4.50	5.00
总酸（以乳酸计）/（g/100g）	≤	1.30	1.30	1.30	2.50
食盐（以氯化钠计）/（g/100g）	≥	6.5			

3. 腐乳的卫生指标

卫生指标如表 1 – 33 所示（符合 GB 2712—2003《发酵性豆制品卫生标准》规定）。

表 1 – 33 腐乳的卫生指标

类别 项目		红腐乳	白腐乳	青腐乳	酱腐乳
砷含量/（mg/kg）	≤	0.5			
铅含量/（mg/kg）	≤	1.0			
食品添加剂		符合 GB 2760—2011 的规定			
黄曲霉毒素 B_1 含量/（μg/kg）	≤	5			
大肠菌群/（个/100g）	≤	30			
致病菌（肠道致病菌及致病性球菌）		不得检出			

4. 腐乳的生产技术指标

腐乳的生产技术指标包括四项内容：出品率、蛋白质提取率、蛋白质凝固率和蛋白质利用率。在腐乳生产中要控制好生产技术指标，从而保证生产的经济性。

（1）出品率　指每 1kg 大豆原料经加工后，制得成品豆腐坯的质量（kg），计算公式如下：

$$出品率（\%）= \frac{成品收得量}{原料投入量} \times 100\%$$

原料大豆的种类、含水量不同，蛋白质含量也不同，因此该公式只能粗略估算大豆原料的利用率，不能科学地反映生产的技术水平和管理水平。

（2）蛋白质提取率　表示大豆中的蛋白质转移到豆浆中的比例，计算公式如下：

$$蛋白质提取率（\%）=\frac{豆浆质量 \times 豆浆蛋白质含量}{大豆原料质量 \times 大豆原料蛋白质含量} \times 100\%$$

生产正常情况下，蛋白质提取率应在 75% ~ 85%，该公式可以表示蛋白质转移到豆浆中的程度。

（3）蛋白质凝固率　豆浆加凝固剂后，凝固形成豆腐坯的蛋白质含量占豆浆蛋白质含量的百分数。也就是豆浆中蛋白质转移到豆腐坯中的比例，计算公式如下：

$$蛋白质凝固率（\%）=\frac{豆腐坯 \times 坯豆腐坯蛋白质含量}{豆浆 \times 浆豆浆中蛋白质含量} \times 100\%$$

在正常生产下，蛋白质凝固率应在 90% ~ 95%。

（4）蛋白质利用率　豆腐坯蛋白质总量占大豆原料蛋白质总量的百分数，即大豆原料所含蛋白质转移到豆腐坯中的比例。蛋白质利用率有两种计算方法。

$$蛋白质凝固率（\%）=\frac{豆腐坯 \times 坯豆腐坯蛋白质含量}{豆浆 \times 浆豆浆中蛋白质含量} \times 100\%$$

$$蛋白质利用率\% = 蛋白质提取率 \times 蛋白质凝固率$$

蛋白质提取率、蛋白质凝固率及蛋白质利用率可以较科学地反映生产技术水平。

5. 常见腐乳质量问题及分析

（1）"黄衣"、"红色斑点"和毛坯产生气泡　豆腐坯在毛霉培养过程中，若被嗜温性芽孢杆菌污染，在培养 6h 后坯身发黏，表面出现"黄汗"，发亮，且有一股刺鼻味，称为"黄衣"。若被沙雷菌属细菌感染，在培养 24h 后出现红色斑点，坯身发黏，有异味，其品温较高。

为防止杂菌污染，采取的措施有：注意培养箱的卫生，必要时可使用消毒剂进行彻底消毒；注意培养箱的温度、湿度和豆腐坯品温的控制；选择优良的毛霉菌种；接种均匀。

菌膜与豆腐坯之间有时会产生气泡，甚至脱壳的现象。其主要原因是：菌种不纯，渣多，品温过高。

（2）"腌煞坯"和白腐乳褐变　"腌煞坯"是因为腌制时用盐过多。由于食盐的高渗透压作用，使得坯内过度脱水，导致蛋白质结构变性和过度收缩变硬，同时抑制了微生物和酶系生化反应，使坯发硬，氨基酸生成率差，影响了腐乳的口感和鲜味。为避免产生"腌煞坯"，咸坯氯化钠的含量应控制在 15% 以下。

白腐乳暴露在空气中色泽会逐渐发黑，其原因是由于毛霉中的儿茶酚氧化酶在氧气的存在下催化酚类物质氧化成醌，再聚合成为黄色素。为防止酶促褐变，在后发酵时应隔绝氧气。

任务一　豆腐坯的制备

1. 工艺流程

豆腐坯生产工艺流程如图 1 - 34 所示。

大豆 → 浸泡 → 磨浆 → 滤浆 → 煮浆 → 点浆 → 压坯 → 划坯成型

图1-34 豆腐坯生产工艺流程

2. 操作要点

采用优质黄豆，筛选除杂，将豆：水=1：3浸泡，时间冬季14~18h，夏季8~12h，浸泡好的大豆约为原料干豆质量的2.2倍。然后进行磨浆，磨豆时加水量一般掌握在1：3（湿料：水）为宜。接着将豆浆与豆渣分离。1kg大豆原料可出4~5°Bé的豆浆11kg。将滤出的豆浆迅速升温至沸，煮沸腾后保持3~5min。如在煮沸时有大量泡沫上涌，可使用0.03g乳化硅油消泡。待品温达到85~90℃时，开始点浆，先搅拌，使豆浆在缸内上下翻动起来后再加卤水，卤水量以细流缓缓滴入热浆中，一边滴，一边缓缓搅动豆浆。缸内出现脑花50%时，搅拌的速度要减慢，卤水流量也应该相应减少。脑花量达80%时，结束下卤，当脑花游动缓慢并且开始下沉时停止搅拌。值得注意的是，在搅拌过程中，动作一定要缓慢，避免剧烈的搅拌，以免使已经形成的脑破坏掉。最后压坯、划块成型即可。

任务二 豆腐乳前期培菌

1. 腐乳发酵剂的制备

先将毛霉菌种活化，备用。

将麸皮：水=1：1将麸皮拌匀后装入三角瓶内，每瓶装量不超过容积的1/3，塞棉塞，121℃高压蒸汽灭菌30min，（同时灭菌好无菌水）冷却至室温，摇散。接入已活化的毛霉菌种，28~30℃培养，待菌丝和孢子生长旺盛，加适量无菌水，充分摇动，制成孢子悬液，备用。

2. 接种

将豆腐坯切成4cm×4cm×4cm大小的方块状，置于浅盘内，每块四周留有空隙，将上述制备好的孢子悬液喷洒于豆腐坯上，于20~24℃培养，相对湿度90%~95%，（培养中期，进行倒屉即上下互换）至豆腐块上长满白色菌丝转化为淡黄色后即凉花，然后将霉坯摊开，使其迅速冷却，其目的是散发发酵过程中的霉味。毛坯要求：菌丝要紧密丰满，菌体要包住坯身，菌丝长度在3cm以上（纱布及无菌水1瓶/组可提前用高压灭菌锅121℃、20min，剩余无菌水可备用，豆腐、浅盘及喷雾器要用热开水蒸灭菌）。

任务三 豆腐乳后期发酵

1. 腌坯

凉花后加盐腌坯，此时应注意分层加盐，逐层增加盐量，夏季用盐量多于冬季，要求加盐约为坯的10%~15%，腌坯3~4d后入缸后发酵。

2. 装瓶

将腌坯散开，倒去盐水，用洁净盐水洗净腌坯，正常腌坯色泽黄亮、坚硬，四角方整，由毛霉形成一层表皮，即可装入瓶中，进行后发酵。装瓶时将腌坯依次排列装入瓶内，用手压平，分层加料。表面加少许植物油，加盖密封，注明日期和品种，转入后发酵。在常温下贮藏 1～6 个月便达到鲜美的品质。

装瓶注意事项：

（1）在装瓶操作时所用瓶子应清洗消毒，装时不可把坯的表皮擦破，更不能擦碎，以保持块形完整。咸坯表面若有杂质和污泥，必须通过盐水洗去。

（2）卤汤应有适当酒精度，以提高腐乳的质量和延长保藏期。50 度白酒使用前用自来水调为 19～20 度备用。酒精度过高，会抑制后发酵，延长成熟期。酒精度过低，会导致腐乳变酸、生霉、易碎，影响质量。

（3）由于腐乳后发酵是厌氧性发酵，所以腐乳装坛时容器应洗净沥干，卤汤应超过坯 1cm 以上，低于瓶口 1cm，排去空气后封口，以利于后发酵。在后发酵过程中，避免强光直接射入瓶身。强光使白腐乳色泽呈现淡灰色，使红腐乳表面呈红黄色，失去光泽。

配方 1：如需加红曲的则先配制红曲卤水，按红曲∶面曲∶黄酒 = 3∶1.2∶12.5 混合均匀，浸泡 2～3d，研磨成浆，并加入适量砂糖水，或其他香辣料便制成了红曲卤水，再将腌坯每块搓开，放入红卤水中浸泡，等全面染色后，装入缸或玻璃瓶内，剩余红曲卤倒入缸（瓶）内，再加适量黄酒，封面放薄层食盐，并加适量 50 度白酒，加盖密封，在常温下存放 1～6 个月便可食用。

配方 2：红曲 1～2%；少许桂皮、八角、花椒、辣椒粉等；白酒 20%～30%，纱布滤去卤渣，植物油封面。

拓展与链接

一、黄豆酱的生产

黄豆酱是以大豆（或豆片）、面粉、食盐、水为原料，利用米曲霉为主的微生物作用而制得的发酵型糊状调味品。发酵分高盐发酵和低盐发酵两种，目前大多数工厂普遍采用低盐发酵法。黄豆酱的生产主要分两个流程，先制曲，后制酱。

（一）制曲

1. 工艺流程

制曲工艺流程如图 1-35 所示。

2. 操作要点

（1）原料配比　大豆 100kg，标准粉 40～60kg，种曲量为 0.15%～0.3%。

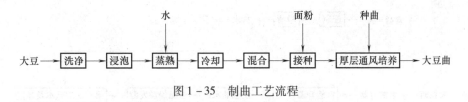

图1-35　制曲工艺流程

（2）原料处理　主要包括：

①大豆洗净：大豆中混有泥土、砂砾和其他夹杂物，因此必须去除。方法是：将大豆置于清水中，利用人工或机器不断搅拌，使豆荚、浮豆及其他轻的夹杂物浮在水面，沙砾等重物沉积于底部，泥土等把水变成混浊，弃去上浮和沉底的物质，并连续冲洗数次，大豆便洗涤干净。

②大豆浸泡：将洗净的大豆放在缸或桶内，加水浸泡，也可直接放在加压蒸锅内浸泡。最初豆皮伸长起皱，经过一定时间，水分吸入内部，豆肉也逐渐膨胀。浸泡水温与浸泡时间关系很大，一般都用冷水浸泡。浸泡时间又随气候而不同，大约夏季4~5h，春秋季8~10h，冬季15~16h。浸泡程度以豆粒表面无皱纹，豆内无白心，并能于指间容易压成两瓣为宜。大豆经浸泡沥干后，一般质量增至2.1~2.15倍，容量增至2.2~2.25倍。

③蒸熟：目的是使大豆组织充分软烂，其中所含蛋白质变性，易于水解，同时部分碳化水合物水解为糖和糊精，以利于曲霉利用。大豆蒸熟的方法，因设备不同分常压和加压两种。将浸泡的大豆放入蒸桶或蒸锅内，通入蒸汽，待蒸汽全部从面层冒出后加盖。若以常压蒸豆，则加盖后维持2h左右，焖2h出锅；若以加压蒸豆，待蒸汽由大豆面层冒出后，密闭盖子，通蒸汽至压力达到49kPa，再放出冷空气，继续通蒸汽至压力达到98~147kPa，维持30~60min即可。

④面粉处理：面粉可采用炒焙的方法或干蒸，也可加少量水后蒸熟，但经过蒸后水分增加，不利于制曲，故现在有些厂已直接利用面粉而不予以处理。

（3）制曲　现在采用厚层通风制曲，即将出锅的大豆输送至曲池（或曲箱）内，初步摊平。并按比例加入面粉，用耙翻一下，通风冷却至40℃，然后接入种曲0.3%，翻匀，保持品温32℃左右，堆积升温，待品温升至36~37℃，再通风降温至32℃，促使菌丝迅速生长。虽经通风上下温差仍较高时，可使用翻曲机进行翻曲，一般翻1~2次，翻曲后的品温维持33~35℃为宜，直至成曲呈现茂盛的黄绿色孢子。

（二）制酱

豆酱发酵方法与酱油生产一样，有晒酱、保温速酿、固态无盐发酵及固态低盐发酵等方法，由于固态低盐发酵具有操作简便、成品质量高、劳动强度低、生产效率高等优点，得到广泛应用。下面以固态低盐发酵法为例，介绍制酱工艺。

1. 工艺流程

制酱工艺流程如图1-36所示。

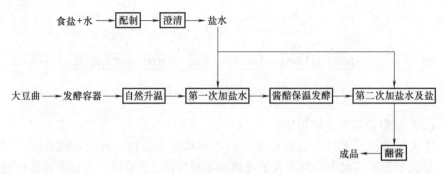

图 1 - 36　制酱工艺流程

2. 操作要点

（1）配合比例　大豆曲 100kg，14~15°Bé 盐水 90kg，发酵酱醅成熟后，再加入 24°Bé 盐水 40kg 及细盐 10kg。

（2）食盐水的配制　需配制 14~15°Bé 及 24°Bé 盐水两种，并澄清取其清液。具体配制方法同酱油生产。

（3）制酱操作　先将大豆曲倒入发酵容器内，表面耙平，稍予压实，很快会自然升温至 40℃ 左右，再将准备好的 14~15°Bé 热盐水（加热至 60~65℃）加至面层，让它逐渐全部渗入曲内。最后面层用细盐一层加封面，并将盖盖好。大豆曲加入热盐水后，醅温即能达到 45℃ 左右，以后维持此温度 10d，酱醅成熟。发酵完毕，补加 24°Bé 盐水及所需细盐（包括封面盐），以压缩空气或翻酱机充分搅拌，务必使所加细盐全部溶化，同时混合均匀，在室温下后发酵 4~5d 即得成品。

二、豆豉的生产

豆豉是始创于我国的一种传统发酵食品，我国浙江、福建、四川、湖南、湖北、江苏、江西及北方地区广泛食用。日本及东南亚国家食用豆豉更为广泛。中国豆豉是用大豆或黑豆接种曲菌进行发酵而制成，自古以来就广泛用于烹调菜肴。以黑豆作为原料的豆豉称为荫豉。

豆豉生产从利用的微生物类群来分，有霉菌型与细菌型；豆豉菌种有根霉、毛霉、曲霉或者是细菌，根据发酵菌种的不同而称为霉菌型豆豉（也称毛霉型豆豉、根霉型豆豉、曲霉型豆豉）和细菌型豆豉。从体态及商品名称分，有豆豉、干豆豉与水豆豉。无论哪一种均是利用霉菌或细菌分泌的多种酶系，把大豆蛋白质分解到一定程度，加入食盐、酒、香辛料等辅料抑制酶活力，延缓发酵过程，并形成具有独特风味的发酵食品。现以阳江豆豉为例，介绍其生产工艺。

1. 工艺流程

阳江豆豉工艺流程如图 1 - 37 所示。

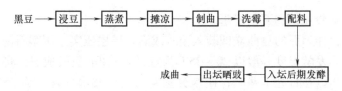

图 1 - 37　阳江豆豉生产工艺流程

2. 操作要点

（1）原料处理

①浸泡：选用阳江的黑豆，除去虫蛀豆、伤痕豆和杂类豆后，加水浸没豆子进行浸泡，水温 40℃ 以下，浸泡时间随季节而异。一般冬季 6h 左右，夏季 2h 左右，中间换 1 次水，以浸至 80% 豆粒表面膨胀无皱纹，水分含量在 45% ~ 50% 为宜。

②蒸煮：在常压下蒸煮 2h 左右或者在 0.18MPa 压力下高压蒸煮 8min 即可。蒸好的熟豆以有豆香味，用手指捻压豆粒能成薄片且易粉碎，蛋白质适度变性，水分含量在 45% 左右为宜。然后摊开放凉，待熟料温度降至 35℃ 时制曲。

（2）曲霉制曲　传统豆豉制曲都是人工控制天然微生物制曲，即在常温下自然接种，利用适宜的温度、湿度等条件，促使有益微生物生长，繁殖并分泌出酶系。曲菌采用天然的豆豉曲，适宜生产温度为 28 ~ 35℃。

将冷却至 35℃ 的豆坯装入竹匾内，四周厚（约 3cm），中间薄（约 1.5 ~ 2cm），曲料入室品温控制在 25 ~ 29℃。培养 10h 左右，霉菌孢子开始发芽，品温慢慢上升。培养 17 ~ 18h 时，豆粒表面呈显出白色斑和短短的菌丝。培养 25 ~ 28h 时，品温达到 31℃ 左右，曲料稍有结块。约经 44h 左右培养，品温达 37 ~ 38℃，曲料长满菌丝而结块，进行第一次翻曲和倒匾，使品温接近。翻曲时用手将曲料轻轻搓散。翻曲后，品温显著下降至 32℃ 左右。再过 47 ~ 48h，品温又回升到 37℃，通风降温，使品温下降至 33℃ 左右。保持这个品温至 67 ~ 68h，曲料又结块，并且出现嫩黄绿色孢子时，进行第二次翻曲，以后保持品温在 28 ~ 30℃，培养至 5 ~ 6d 出曲。正常成曲，有皱纹，孢子呈暗的黄绿色，水分含量在 21% 左右。

（3）制醅发酵

①水洗：将豆曲倒入盛有温水的桶中，洗去表面的孢子和菌丝。然后捞出用水冲洗至豆曲表面无孢子和菌丝，只留下豆瓣内的菌丝体，且脱皮甚少（10min）。

②堆积吸水：水洗后，豆曲沥干、堆积，并向豆曲间断洒水，调整豆曲水分含量在 45% 左右（测水分）。

③升温加盐：豆曲调整好水分后，加塑料薄膜保温，经过 6 ~ 7h 堆积，品温上升至 55℃，可见豆曲重新出现菌丝，具有特殊的清香气味，迅速拌入约 17%

食盐，少量硫酸亚铁和五倍子水。

④发酵：拌匀后的豆曲立即装入至八成满，层层压实，用塑料薄膜封口，在阳光下暴晒。发酵温度一般以 20~35℃为宜，30~40d 豆豉成熟。将发酵成熟豆豉从坛中取出，在日光下暴晒，使水分蒸发，至豆豉水分含量为 35%，及为成品豆豉（测水分）。成品豆豉存放于干燥阴凉处。

三、酱腌菜的制备

酱腌菜又名酱菜，是以新鲜蔬菜为原料，经过食盐腌渍成咸坯后，再经过酱渍而成的蔬菜制品。酱菜种类繁多，品种极为丰富。仅以"酱"为材料制作的酱菜，就包括：酱曲渍菜、麦酱渍菜、甜酱渍菜、黄酱渍菜、黄酱及甜酱混合渍菜、甜酱及酱油混合渍菜、黄酱及酱油混合渍菜和酱汁渍菜等八大类。供酱腌菜的蔬菜一般有根菜、茎菜、叶菜、花菜、果菜、果仁以及海产植物等。

按照口味不同，我国的酱腌菜一般分为南北两大类。北方酱菜一般以咸味为主，以北京、天津为代表；南方酱菜以甜味为主，以江浙、广东为代表。

蔬菜腌制是一种古老的蔬菜加工方法，在我国有非常悠久的历史。古代腌制蔬菜是保藏蔬菜的一种方法，现在则成为清淡素食的一个特色菜。

（一）酱腌菜的营养

酱腌菜的基本原材料是新鲜蔬菜，富含蛋白质、脂肪、糖、无机盐、维生素等物质，经过腌制后，蔬菜本身的营养物质会有所改变，会失掉一些水溶性维生素等，但可以获得一些矿物质和酱料等调味料中的营养成分。就新鲜白菜腌制前后营养成分对比见表 1-34。

酱腌菜中因为有乳酸菌的作用，产生乳酸。乳酸能促进人体对钙的吸收，并刺激胃液的分泌，有助消化，是肠道的卫士。酱腌菜是碱性食品，可以调节人体内的酸碱平衡，对人体的身体健康有很大作用。

表 1-34 　　　　　　　　新鲜白菜及腌制后营养成分对比 　　　　　　单位：g/100g

组分	水分	蛋白质	脂肪	碳水化合物	灰分	钙	磷	铁	胡萝卜素	硫胺素	尼克酸	抗坏血酸	核黄素
鲜白菜	95.6	1.1	0.2	2.1	0.6	0.061	0.037	0.0005	1×10^{-4}	2×10^{-4}	3×10^{-4}	0.02	4×10^{-4}
酱白菜	75.1	5.5	0.3	5.9	12.2	0.097	0.128	0.0061	—	3×10^{-4}	11×10^{-4}	—	6×10^{-4}

（二）酱腌菜的生产技术

1. 主要原材料

酱腌菜的主要生产原料有三大类：蔬菜、酱料和辅料。其中酱料主要有：甜面酱、黄酱、麦酱和酱油等；辅料主要是食盐、糖、醋、香辛料和其他食品添加剂。蔬菜是酱腌菜的主要原料，一般分类见表 1 – 35。

表 1 – 35　　　　　　　　　　　酱腌菜的蔬菜分类

分类名称	主要类别	特　点
根菜	萝卜、胡萝卜、大头菜等	硕大的直根为食用部分
白菜类	大白菜、甘蓝等	以叶菜为食用部分
绿叶菜类	菠菜、莴苣、香菜等	
葱蒜类	大蒜、洋葱、韭菜等	含有挥发性芳香油及辛辣味，有抗菌功效
瓜果类	番茄、茄子、黄瓜、木瓜等	可以进行腌制和干制
豆类	菜豆、扁豆、豌豆等	适宜做罐头、腌制及干制
薯芋类	马铃薯、甘薯、姜等	属于地下根和地下茎
水生蔬菜	莲藕等	生长在浅水中的蔬菜
食用菌	蘑菇、香菇、木耳等	
多年生蔬菜类	竹笋、黄花菜	

2. 制作酱腌菜的原理和设备

蔬菜类腌制菜主要分为弱发酵和发酵型腌制菜。前者主要包括盐腌制的咸菜和酱渍的酱菜，主要利用高盐的渗透压，导致微生物失水而丧失活性；后者则主要包括半干状态的榨菜、萝卜、酸菜等。腌渍过程中，在低盐环境下经过比较旺盛的乳酸发酵、酒精发酵。发酵产物多为乳酸、乙醇、二氧化碳等，可以使 pH 降低，从而抑制有害微生物的生长，达到防腐的目的。

制酱腌菜的主要设备包括水池、罐、坛、筛选机、切片切条机、压榨脱水、烘干、真空浓缩、灭菌机等。

3. 制作酱腌菜的工艺

下面列举几个典型的酱腌菜制作技术。

（1）五香萝卜干

①工艺流程：如图 1 – 38 所示。

原料预处理 —→ 盐腌 —→ 暴晒 —→ 配料入坛 —→ 产品

图 1 – 38　五香萝卜干制作工艺流程

②工艺说明：

原料预处理：选用新鲜、组织紧密、丰满多汁的萝卜，清洗后切条备用。萝卜条长短按产品具体要求而定。

盐腌：将萝卜条装入缸内，均匀撒进相当于萝卜条质量 5% – 10% 的盐进行盐渍。盐腌期间，每天翻拌和揉搓 1~2 次。

暴晒：盐腌制3～5d后，取出萝卜条在凉席上晾晒，至去除约75%的水分为宜。

配料入坛：按照一定的比例在半干萝卜条中加入五香粉、糖、醋等添加剂，揉搓均匀后入坛、压实、密封，约一周后即可得到成品。

（2）咸酸菜

①工艺流程：如图1-39所示。

晒菜 → 整理 → 盐腌 → 揉压 → 加盐 → 发酵 → 成品

图1-39 咸酸菜制作工艺流程

②工艺说明：

原料：选择新鲜的芥菜、乌尾菜等。

晒菜：新鲜割下的菜在田里晾晒5～6h，至水分减少30%～50%。

盐腌：修整原料，逐层装入木桶，并撒入占菜量9%～10%的食盐（每上层比下层多1%～2%），装菜时高度高于桶6～8层。

揉压：揉压数天后，压实。

加盐：待揉好的菜放置1d后，再补加相当于桶内菜质量1%的食盐。

发酵：在加盐后的菜桶上盖上麻布和清洁薄纱。封桶口，放置空气流通的地方发酵至成熟。

四、日本纳豆的制备

纳豆（Natto）是日本一种传统食品，它是以煮熟的大豆接种纳豆菌（Bac natto），经短期发酵而成。纳豆作为传统食品在日本已有2000年历史，并以其独特的风味和有效的功能深受日本人民的青睐。纳豆源于中国，类似于发酵豆、怪味豆。古书记载有："纳豆自中国秦汉以来开始制作。"纳豆初始于中国的豆豉。唐朝时期，我国豆豉制作技术由鉴真高僧传到了日本，日本称之为纳豆，以后又传至朝鲜、菲律宾、印度尼西亚等地，如今已发展成为该地名特产品，如日本的滨豆豉和拉丝豆豉、印尼的天培（系根霉菌发酵）。日本学者对纳豆做了大量的研究，证明了纳豆具有预防脑血栓、助消化、延衰老和预防心脑血管及癌症等疾病的功效。黏性物中的纳豆激酶具有强力溶血栓作用。目前，对纳豆激酶地研究已进入到分子水平。

1. 工艺流程

纳豆制作工艺流程如图1-40所示。

2. 工艺说明

（1）培养基制备 大豆充分洗净后，加入3倍量的水浸泡12h后，倒掉水放进高压锅内蒸。到大豆用手捏碎的程度，大约45min。如没有高压锅煮也行，

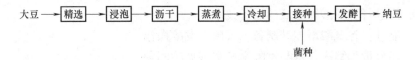

图 1-40　纳豆制作工艺流程

但煮时水一次不要放得太多。为了保持大豆的原汁原味，最好是蒸。

（2）接种纳豆菌　纳豆菌在适宜的温度下，30min 就能增殖 2 倍左右。按照 0.05% 的接种量先将纳豆菌用热水溶解后，均匀地加入到热大豆中，迅速搅拌均匀，分装在容器里，上面苦上纱布使其充分接触空气。因纳豆菌是嗜氧菌，接触空气是很重要的。但发酵好以后，要盖好盖，用胶带封住口。

（3）恒温发酵　在 42℃ 下发酵 14~15h，大豆表面产生了白膜，有黏丝出现后，大豆就变成了纳豆。盖严盖，放入冰箱冷藏室低温保存。

（4）后熟　发酵完成后的纳豆放在冰箱内低温熟成数小时后，做好的纳豆无论是外观还是口感都会更好。因此建议纳豆做好后，先放入冰箱内低温熟成数小时以后再食用。

项目四 ▶

味精生产技术

▌▌▌学习内容

- 谷氨酸及味精的性质及特点。
- 谷氨酸发酵液制备。
- 淀粉预处理及谷氨酸培养基制备、灭菌及发酵。
- 谷氨酸种子制备。
- 谷氨酸发酵生产技术经济指标及质量标准。

▌▌▌学习目标

1. 知识目标
- 熟悉谷氨酸发酵生产工艺。
- 掌握谷氨酸种子液的制作技术。
- 掌握谷氨酸的发酵技术。
- 熟悉谷氨酸发酵常见问题的处理技术。
- 熟悉谷氨酸种子液及发酵液的质量标准。

2. 能力目标
- 能进行谷氨酸发酵的工艺设计和操作。

- 能进行谷氨酸种子液的制备技术。
- 能进行谷氨酸培养基制备、灭菌、发酵操作。
- 能分析和解决谷氨酸发酵生产中常见的问题。
- 初步具备谷氨酸发酵车间企业生产管理和质量管理的能力。

子项目一 ▶

谷氨酸液体发酵生产

项目引导

一、谷氨酸生产历史及谷氨酸的应用

氨基酸的制造是从 1820 年水解蛋白质开始的，1850 年在实验室内用化学法也合成了氨基酸。1866 年德国的 H. Ritthausen 博士利用硫酸水解小麦面筋，分离到一种酸性氨基酸，依据原料的取材，将此氨基酸命名为谷氨酸。1872 年 Hlasiwitz and Habermaan 用酪蛋白也制取了谷氨酸。1908 年，日本味之素公司的创始人池田菊苗博士从海带浸泡液中提取出一种白色针状结晶物，发现该物质具有强烈鲜味，化学分析表明鲜味来源于谷氨酸单钠，池田菊苗将其命名为"味之素"，以此为契机开始了工业上生产谷氨酸的研究。1910 年日本味之素公司以植物蛋白（小麦面筋、豆粕）为原料用盐酸水解生产谷氨酸，这是世界上最早成功地进行氨基酸工业生产的方法。

第二次世界大战后不久，美国农业部研究所的 L. B. Lockwood 在葡萄糖培养基中好气性培养荧光杆菌时，发现培养基能够积累 α-酮戊二酸，并发表用酶法或化学法将 α-酮戊二酸转化为 L-谷氨酸的研究报告。1948 年起，日本的研究人员对 α-酮戊二酸发酵积极开展研究，获得了对糖的转化率达到 50% ~60% 的 α-酮戊二酸产生菌。1956 年，日本协和发酵公司开始选育由碳水化合物转化为 L-谷氨酸的菌株，木下视郎博士等人分离选育出谷氨酸棒状杆菌，经过生理学试验，发现该菌株为生物素缺陷型菌株，通过对生物素用量的研究以及发酵罐扩大试验，1957 年日本协和发酵公司正式工业化发酵生产味精。随后，日本味之素、三乐、旭化成工业公司等也进行了味精的发酵法生产。自从发酵法生产谷氨酸成功之后，许多国家纷纷开展谷氨酸发酵的研究与生产，产量增长迅速，至今全球谷氨酸产量已超过 200 万 t。

目前，谷氨酸主要用于生产味精，味精（MonoSodium L-glutamate，MSG）是 L-谷氨酸单钠一水化合物（$C_5H_8NO_4Na \cdot H_2O$），学名 α-氨基戊二酸单钠一水化合物，具有鲜味，广泛应用为烹饪调味剂及食品工业原料。此外，由于谷氨酸具有改进和维持脑机能、降低血液中氨中毒、防治脑震荡或脑神经损伤等作用，在医药工业中也得到广泛应用。

二、谷氨酸发酵原理

现已证实，在芽孢杆菌属、小球菌属、短杆菌属、棒状杆菌属、节杆菌属和小杆菌属的六个属中有许多菌株能产生谷氨酸，其中后四个属的微生物是研究和应用得较多的谷氨酸产生菌。谷氨酸产生菌在形态及生理方面具有许多共同特征，主要有：①革兰染色阳性，无芽孢，无鞭毛，不能运动；②都是需氧型微生物；③都是生物素缺陷型；④脲酶强阳性；⑤发酵中菌体发生明显的形态变化，同时发生细胞膜渗透性变化；⑥CO_2固定反应酶系活力强；⑦异柠檬酸裂解酶活力欠缺或微弱，乙醛酸循环弱；⑧α-酮戊二酸的氧化能力微弱；⑨柠檬酸合成酶、乌头酸酶、异柠檬酸脱氢酶以及谷氨酸脱氢酶活力强。

谷氨酸合成的主要途径是α-酮戊二酸的还原氨基化，是通过谷氨酸脱氢酶完成的。α-酮戊二酸是谷氨酸合成的直接前体，它来源于三羧酸循环，是三羧酸循环的一个中间代谢产物。由葡萄糖生物合成谷氨酸的代谢途径如图1-41所

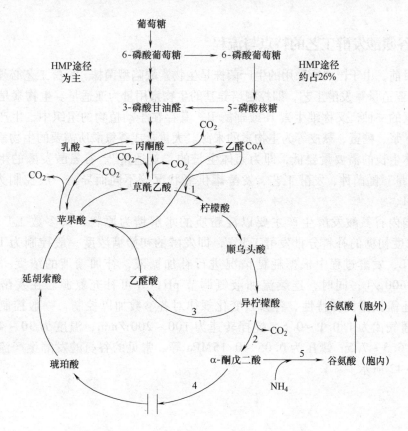

图1-41　由葡萄糖生物合成谷氨酸的代谢途径

示，至少有 16 步酶促反应。由于三羧酸循环中的缺陷（丧失 α - 酮戊二酸脱氢酶氧化能力或氧化能力微弱），为了获得能量和产生生物合成反应所需的中间产物，在谷氨酸发酵的菌体生长期，需要异柠檬酸裂解酶反应，走乙醛酸循环途径；在菌体生长期之后，进入谷氨酸生成期，为了大量生成、积累谷氨酸，需要封闭乙醛酸循环。这些表明，菌体生长期和谷氨酸合成期的发酵条件是不一样的，在发酵过程中需分阶段进行分别控制。

采用优良的菌株和控制合适的发酵条件是谷氨酸发酵的基本要素。如果所采用的生产菌株是生物素缺陷型菌株，必须控制培养基中的生物素亚适量。在限量生物素的发酵条件下，菌体首先进行生长繁殖，随着菌体生长和生物素被利用，生物素逐渐由"丰富向贫乏"过渡，当生物素处于贫乏状态，菌体将由"生长型"细胞向"产酸型"细胞转变，即细胞出现伸长、膨胀等异常形态，经过再度分裂增殖后，形成有利于谷氨酸向外渗透的磷脂合成不足的细胞膜。通过对发酵条件（如溶氧、温度、pH 等）进行适当的调控，可使菌体大量合成谷氨酸，并及时地将谷氨酸排出体外，从而使谷氨酸在细胞外大量积累。

三、谷氨酸发酵工艺的特点与流程

目前，由于国内所采用的生产菌株是生物素缺陷型菌株，发酵工艺必须采用"生物亚适量"发酵工艺，即控制培养基的生物素用量为亚适量。生物素是 B 族维生素的一种，又称维生素 H 或辅酶 R，其存在于动植物的组织中，生产中常以玉米浆、糖蜜、麸皮等为生物素的来源。大量合成谷氨酸所需要的生物素浓度比菌体生长的需要量要低，即为菌体生长的"亚适量"。谷氨酸发酵的生物素"亚适量"随菌种、发酵工艺、发酵罐供氧状况等不同而异，一般控制为 5 ~ 10μg/L。

国内谷氨酸发酵生产主要以淀粉质的水解糖为原料，大多数工厂采用"中浓度初糖的补料分批发酵工艺"，即发酵的初始糖浓度一般控制为 120 ~ 160g/L，发酵过程中根据耗糖情况进行补加糖液，补加糖液的浓度一般为 300 ~ 600g/L；同时，连续流加液氨调节 pH，并可补充氮源。在发酵过程中，还需根据菌种特性、各参数变化规律对各参数加以控制，一般控制范围是：通气比为 1∶0.1 ~ 0.5，搅拌转速为 100 ~ 200r/min，温度为 30 ~ 40℃，pH 为 6.5 ~ 7.5，罐压为 0.05 ~ 0.15MPa 等。常见的谷氨酸发酵生产流程如图 1 - 42 所示。

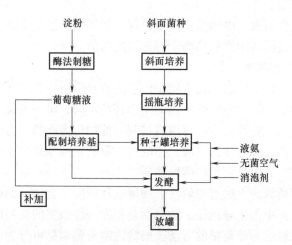

图 1-42　常见的谷氨酸发酵生产流程

四、淀粉酶法制取葡萄糖

（一）淀粉的组成及特性

淀粉中的化学元素有碳、氢、氧，是一种碳水化合物，各元素的质量比分别为：碳 44.4%，氢 6.2%，氧 49.4%。淀粉的分子单位是葡萄糖，由许多葡萄糖脱水缩聚而成，其分子式可用 $(C_6H_{10}O_5)_n$ 来表示。淀粉为白色无定形的结晶粉末，存在于各种植物组织中，植物来源不同，淀粉的结构、所含的葡萄糖数目差异较大。

淀粉一般有直链淀粉和支链淀粉两部分。直链淀粉由不分支的葡萄糖链构成，葡萄糖分子间以 $\alpha-1,4$ 糖苷键聚合而成，聚合度（指组成淀粉分子链的葡萄糖单位数目）一般为 100~6000。支链淀粉的直链由葡萄糖分子以 $\alpha-1,4$ 糖苷键相连结，而支链与直链葡萄糖分子以 $\alpha-1,6$ 糖苷键相连结，它的分子呈树枝状，形成分枝结构。支链淀粉分子较大，聚合度在 1000~3000000，一般在 6000 以上。普通谷类和薯类淀粉含直链淀粉 17%~27%，其余为支链淀粉；而黏高粱和糯米等则不含直链淀粉，全部为支链淀粉。

淀粉不溶于冷水，也不溶于酒精、醚等有机溶剂中，在热水中能吸收水分而膨胀，致使淀粉颗粒破裂，淀粉分子溶解于水中形成带有黏性的淀粉糊，这个过程称为糊化。糊化过程一般经历三个阶段：①可逆性地吸收水分，淀粉颗粒稍微膨胀，此时将淀粉冷却、干燥，淀粉颗粒可恢复原状；②当温度升至 65℃ 左右，淀粉颗粒不可逆性地吸收大量水分，体积膨胀数十倍至百倍，并扩散到水中，黏度增加很大；③当温度继续升高，大部分的可溶性淀粉浸出，形成半透明的均质胶体，即糊化液。

淀粉与碘作用，反应强烈，生成鲜明蓝色的"淀粉—碘"复合物。若进行加热，呈现的蓝色消失，冷却后又重复出现。如果加热温度太高，冷却后蓝色有可能不重现，这是因为碘经加热而全部逸出的缘故。

（二）淀粉酶解工艺原理

可以构成微生物细胞和代谢产物中碳素的营养物质称为碳源。淀粉及其水解物是发酵常用的碳源，但各种微生物的生理特性不同，每一种微生物所能利用的碳源种类不尽相同。有些微生物可以直接利用淀粉作为碳源，有些微生物可以利用淀粉制取的糊精、多糖作为碳源，而淀粉制取的葡萄糖几乎能被所有微生物利用，是发酵工业生产中最常用的碳源物质。

淀粉制取葡萄糖的方法有酸解法、酶解法和酸酶结合法，而酶解法制取葡萄糖工艺在工业生产中占主导地位。酶解法是用专一性很强的淀粉酶和糖化酶作为催化剂将淀粉水解成为葡萄糖的方法。酶解法制备葡萄糖可分为两步：第一步是液化过程，即利用 α - 淀粉酶将淀粉液化，转化为糊精及低聚糖。第二步是糖化过程，即利用糖化酶将糊精或低聚糖进一步水解为葡萄糖。淀粉的液化和糖化都在酶的作用下进行的，故酶解法又称为双酶法。

淀粉的液化是在 α - 淀粉酶的作用下完成的，但淀粉颗粒的结晶性结构对酶作用的抵抗力非常强，α - 淀粉酶不能直接作用于淀粉，在作用之前，需要加热淀粉乳，使淀粉颗粒吸水膨胀、糊化，破坏其结晶性的结构。α - 淀粉酶是内切型淀粉酶，可从淀粉分子的内部任意切开 α - 1，4 糖苷键，使直链淀粉迅速水解生成麦芽糖、麦芽三糖和较大分子的寡糖，然后缓慢地将麦芽三糖、寡糖水解为麦芽糖和葡萄糖。当 α - 淀粉酶作用于支链淀粉时，不能水解 α - 1，6 糖苷键，但能越过 α - 1，6 糖苷键继续水解 α - 1，4 糖苷键。

在淀粉液化过程中，α - 1，4 糖苷键被无序地切断，淀粉颗粒结构被破坏，逐渐生成糊精、低聚糖、麦芽糖和葡萄糖等物质。随着 α - 淀粉酶作用的进行，生产物质的分子质量逐渐变小，在 α - 淀粉酶作用完全时，淀粉失去黏性，同时无碘的呈色反应。其反应式如下：

$$(C_6H_{10}O_5)_n \rightarrow (C_6H_{10}O_5)_x \rightarrow C_{12}H_{22}O_{11} \rightarrow C_6H_{12}O_6$$
　　　淀粉　　　　糊精　　麦芽糖　　葡萄糖

糊精是若干种分子大于低聚糖的含有不同数量的脱水葡萄糖单位的碳水化合物的总称。糊精具有还原性、旋光性，溶于水，不溶于乙醇。若将糊精滴入无水乙醇中，有白色沉淀析出。淀粉液化程度不同，所生成糊精分子大小不同，遇碘呈色也不同，随着水解进行所生成的糊精分别为蓝色糊精、紫色糊精、红褐色糊精、红色糊精、浅红色糊精、无色糊精等。在工业生产中，根据糊精的这些性质，用无水乙醇或碘溶液检验淀粉液化过程的水解情况。

糖化过程是在淀粉葡萄糖苷酶（俗称糖化酶）的作用下完成的。糖化酶是一种外切型淀粉酶，能从淀粉分子非还原端依次水解 α - 1，4 糖苷键和 α - 1，6 糖苷键，不过 α - 1，6 糖苷键的水解速度仅为 α - 1，4 糖苷键的水解速度的

1/10。在糖化酶的作用下，可将液化产物进一步水解为葡萄糖。

在糖化过程中，随着酶解时间延长，葡萄糖量逐渐增多，最终趋于稳定。工业上常用 DE 值（也称葡萄糖值）表示淀粉糖的糖组成。糖化液中的还原糖含量（以葡萄糖计算）占干物质的百分率称为 DE 值，可用下式计算：

$$DE 值 = \frac{还原糖含量（\%）}{干物质含量（\%）} \times 100\%$$

淀粉水解产生葡萄糖的总化学反应式可用下式表示：

$$(C_6H_{10}O_5)_n + nH_2O \rightarrow nC_6H_{12}O_6$$
$$162 \qquad 18 \qquad 180$$

从化学反应式可知，淀粉水解过程中，水参与了反应，发生了化学增重。从反应式可以计算淀粉水解产生葡萄糖的理论转化率为：

$$\frac{180}{162} \times 100\% = 111\%$$

（三）酶法制取葡萄糖工艺

1. 液化工艺

采用 α – 淀粉酶对淀粉乳进行液化的方法有很多：按 α – 淀粉酶制剂的耐温性不同，可分为中温酶法、高温酶法、中温酶与高温酶混合法，按加酶方式不同，可分为一次加酶法、二次加酶法、三次加酶法等；按操作不同，可分为间歇式、半连续式和连续式；按设备不同，可分为管式、罐式和喷射式等。目前，工业中最常见的液化工艺主要有一次或二次加酶的连续喷射式高温酶法。

例如，一次加酶连续喷射式高温酶法的工艺流程如图 1–43 所示，控制的工艺条件包括：淀粉乳浓度为 300 ~ 360g/L，高温淀粉酶用量为 5 ~ 10U/g（淀粉），pH 为 6.0 ~ 6.2，喷射温度为 110 ~ 115℃，高温维持时间为 5min，闪蒸后温度为 95℃，液化维持时间为 60 ~ 120min。

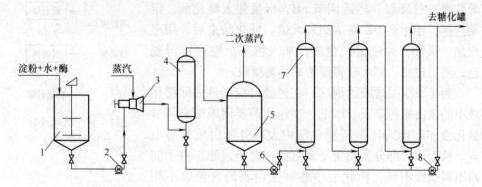

图 1–43 一次加酶喷射式工艺流程

1—调浆罐 2—泵 3—喷射器 4—高温维持罐 5—闪蒸罐 6—泵 7—立式层流罐 8—泵

将淀粉和水投入调浆罐，经搅拌调成淀粉乳，调节 pH 后加入 α - 淀粉酶，然后泵送至喷射液化器与蒸汽充分混合，使物料瞬时升温达到糊化目的，喷射后的物料经高温维持，然后进入闪蒸罐，由于压力降低，物料经闪蒸后温度降低至液化温度，最后泵送至维持罐保温一定时间，即可达到液化目的。

喷射液化器有高压蒸汽喷射液化器和低压蒸汽喷射液化器两种类型，可根据蒸汽压力情况进行选择。高压蒸汽喷射液化器的推动力为高压蒸汽，采用"以汽带料"方式进行喷射；低压蒸汽喷射液化器的推动力为料液，采用以料带汽的方式进行喷射。

液化作用时间通过维持管或维持罐来保证，取决于料液的流量以及维持设备的容积，由下式进行计算：

$$t = \frac{60\varphi V_w}{q_v}$$

式中　q_v——料液体积流量，m^3/h；

　　　V_w——维持容积，m^3；

　　　φ——充满系数，一般取 0.85 ~ 0.90。

2. 糖化及后续处理工艺

糖化及后处理工艺流程如图 1 - 44 所示，控制的工艺条件包括：糖化温度为 55 ~ 60℃，糖化 pH 为 4.4 ~ 4.6，糖化酶用量为 80 ~ 100U/g（淀粉），糖化终点为达到最大 DE 值，灭酶的条件为85℃、20min，活性炭用量为 0.5 ~ 1.5g/L，脱色时间为≥30min，脱色与过滤 pH 视物料性质而定。

当液化液灭酶后，在输送至糖化罐的过程中通过换热器迅速降温，或进入糖化罐后通过盘管、列管、夹套等装置进行降温，然后调节 pH，定量加入糖化酶，定期搅拌，糖化至 DE 值达到最大值。糖化结束后，用蒸汽加热灭酶，泵送至脱色罐，加入粉末活性炭进行脱色，然后过滤，即可获得澄清的葡萄糖液。

为了减少发酵液的泡沫，在过滤时应尽量去除糖化液中的蛋白质等杂质。因此，在过滤前要用碱液来调节糖化液 pH，使 pH 接近糖化液中大部分蛋白质的等电点，从而使大部分蛋白质凝聚沉淀，便于过滤。由于淀粉原料来源不同，糖化液中各种蛋白质的含量也不相同，故最佳 pH 往往需要通过实验来确定。可分别取各种 pH 下的脱色液进行过滤，然后检测滤液的透光率，透光率最高即表示脱色的 pH 为最佳 pH。根据生产经验，以大米为原料时，其脱色和过滤的 pH 一般为 5.4 ~ 5.8；以玉米淀粉为原料时，其脱色和过滤的 pH 一般为 4.8 ~ 5.0。

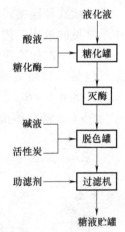

图 1 - 44　糖化及后处理工艺流程

任务一　淀粉酶法生产葡萄糖的控制

1. 调浆与配料

按玉米淀粉：水 = 1∶2.75 的比例，将玉米淀粉与水投入调浆罐，经搅拌，使之成为波美度为 18°Bé 左右的淀粉乳，调节 pH 至 6.0 ~ 6.2，然后加入耐高温 α - 淀粉酶（20000U/mL），加酶量为 10U/g 淀粉。

2. 喷射与闪蒸

将淀粉乳泵送至喷射器，调节阀门开度控制料液流量与蒸汽流量，利用喷射器将料液加热至 110 ~ 115℃，然后进入高温维持罐，经过高温维持 5min，淀粉颗粒充分润胀，达到糊化目的，再进入闪蒸罐进行闪蒸降温，使糊化液的温度迅速降至 95℃ 左右。

3. 液化

将闪蒸后的料液泵送入液化层流罐，在层流罐中保温液化 90 ~ 120min，料液 DE 值可达 15% 左右。生产过程中，应保持料液流量相对稳定，以确保液化时间相对稳定。同时，需定期取样进行碘显色检验，发现异常时，应及时调整料液流量。

4. 降温

液化结束后，料液进入换热器，利用冷却水作为降温介质，使料液温度降至 60℃ 左右，然后进入糖化罐。

5. 糖化

液化液进入糖化罐后，启动搅拌，调节温度至 55 ~ 60℃，加酸调节 pH 至 4.4 ~ 4.6，然后加入糖化酶（100000U/mL），加酶量按 100U/g 干淀粉计算。在糖化过程中，需维持糖化温度，并需连续搅拌或间歇搅拌，确保糖化酶充分发挥作用。定期取样检测 DE 值，当 DE 值达到 98% 以上，且已达到最大值时，可结束糖化。

6. 灭酶、脱色与过滤

糖化结束后，利用蒸汽加热糖化液至 85 ~ 90℃，保温 20min，达到灭酶目的。将灭酶后的糖化液泵送至换热器，降温至 65 ~ 70℃，进入脱色罐，然后用稀碱液调节 pH 至 4.8 ~ 5.0，以便接近大部分蛋白质等电点。为了减轻后工序脱色压力，可投入粉末活性炭 0.5 ~ 1.5g/L（具体用量根据实际情况而定），搅拌脱色 30min 以上，即可达到脱色目的。过滤前，先将助滤剂和适量水混合，泵送至板框压滤机进行预涂。然后，将糖化液泵送至压滤机进行过滤，收集澄清滤液至贮罐。在过滤前期，由于混浊滤液较为混浊，需收集返回过滤。过滤结束后，用 70℃ 以上的热水洗涤压滤机，回收洗涤水为工艺用水。

任务二　谷氨酸生产菌的扩大培养

国内的谷氨酸发酵种子扩大培养普遍采用二级种子培养流程，即：斜面菌种

→摇瓶培养→种子罐培养→发酵罐发酵。

1. 斜面培养

斜面培养基必须有利于菌种生长，以多含有机氮而不含或少含糖为原则。斜面菌种要求绝对纯，不得混有任何杂菌和噬菌体，培养条件应有利于菌种繁殖。

（1）斜面培养基的制备 斜面培养基的组成为：葡萄糖 0.1%，蛋白胨 1.0%，牛肉膏 1.0%，氯化钠 0.5%，琼脂 2.0% ~2.5%。按配方配制培养基，调节 pH7.0，加热熔融，分装到试管中，分装量为试管高度的 1/4，塞上棉塞，用牛皮纸进行防潮包扎，置于 121℃蒸汽灭菌 20min，然后趁热摆放斜面，待冷却凝固后，放入培养箱，于 32℃培养 1~3d，进行无菌检查，合格后将其保存于 4℃下备用。

（2）接种与培养 在无菌操作条件下，用接种环挑取少量菌体，从斜面底部自下而上进行"之"字形划线，塞上棉塞并放入培养箱，于 30~32℃培养 20~24h，仔细观察菌苔生长情况、菌苔的颜色和边缘等特征，确认正常后，防水密封并置于 4℃冰箱中保存备用。

2. 摇瓶培养

摇瓶种子培养的目的在于大量繁殖活力强的菌体，培养基组成应以少含糖分，多含有机氮为主，培养条件从有利于菌体生长考虑。

（1）摇瓶培养基的制备 摇瓶培养基的组成：葡萄糖 25g/L，尿素 5g/L，$MgSO_4 \cdot 7H_2O$ 0.5g/L，磷酸二氢钾 1.2g/L，玉米浆 25~35g/L（根据玉米浆质量指标增减用量），硫酸亚铁、硫酸锰各 2mg/kg。按配方配制培养基，调节 pH7.0，每个 1000mL 三角瓶分装培养基 200mL，用纱布包扎瓶口，并用牛皮纸进行防潮包扎，置于 121℃蒸汽灭菌 20min，冷却后备用。

（2）接种与培养 在无菌操作条件下，用接种环挑取 1 环菌体接入三角瓶培养基，用纱布包扎瓶口，置于冲程 8.0cm 左右、频率 100 次/min 左右的往复式摇床上恒温 32℃振荡培养 8~10h。培养时间长短视培养基营养成分与摇床培养条件而定，为了防止摇瓶种子衰老，通常在培养液 pH 下降到 6.8~7.0 时下摇床，此时残糖在 10g/L 左右。

下摇床后，取样检测 OD、pH、残糖以及菌体形态等，确认正常、无污染后，在无菌条件下进行"并瓶"操作，即将 10~12 瓶种子液并入到 1 个灭菌的 3000mL 种子瓶中，存入 4℃冰箱备用。

成熟的摇瓶种子质量要求如下：

种龄：9~10h；

pH：6.8~7.0；

光密度：净增 OD_{650} 值 0.5 以上；

残糖：10g/L 左右；

无菌检查：无杂菌；

噬菌体检查：无噬菌体；

镜检：菌体生长均匀、粗壮，排列整齐，革兰阳性反应。

通常还要将每批培养好的一级种子液取样倒双层平板进行染菌检查，以便在生产上跟踪分析，为下一批摇瓶种子培养的预防染菌工作提供参考。

3. 种子罐培养

（1）种子培养基的配制　以 $20m^3$ 种子罐为例，其培养基配方为：葡萄糖 600kg，糖蜜 180kg，玉米浆 300kg，纯生物素 250mg，KH_2PO_4 24kg，$MgSO_4 \cdot 7H_2O$ 12kg，消泡剂 2.0kg，配料定容 $14m^3$。

先将 $2m^3$ 浓度为 300g/L 的葡萄糖液投入配料罐，然后称取其他物料投入配料罐，加水定容至 $14m^3$，启动搅拌，使各种物料充分溶解，最后泵送至种子罐。经实罐灭菌、降温后，用液氨调节 pH 至 7.0，用无菌空气保压，备用。

（2）培养过程的控制　接入摇瓶种子，开启种子罐的搅拌以及通入无菌空气，进行种子罐培养，培养条件控制如下：

①接种：接入 24 瓶摇瓶种子（200mL 种子液/1000 瓶三角瓶）。

②培养温度：大型种子罐的降温装置一般为罐内的盘管或列管，通过调节冷却水的流量进行控制温度，培养过程中温度控制为 32～33℃。

③培养 pH：谷氨酸生产菌的生长 pH 范围为 6.8～8.0，在培养过程中，可通过流加液氨来控制 pH7.0～7.2，同时供给菌体生长所需的氮源。

④搅拌转速：种子罐的搅拌转速一般为 150～200r/min，视种子罐容积和搅拌叶径而定，通常容积大的种子罐设计搅拌速度会小一些。

⑤通气比：在培养过程中，通过搅拌与通气提供种子生长所需的溶解氧，而通气量控制与种子罐容积、搅拌器叶径、搅拌转速等条件相关，即取决于种子罐的氧气传递效率。根据现用种子罐的溶氧效率，通气比一般控制在 0.15～0.45vvm（每立方米体积每分钟通入的空气体积）范围内，且随着时间推移，菌体浓度逐渐增大，通气比应逐步增大。图 1-45 是通气比控制的一个实例。

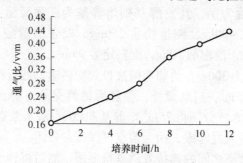

图 1-45　培养过程中通气比控制曲线

⑥培养时间：培养时间长短视生产所采用的培养工艺、种子罐的溶氧效率、培养基营养成分及浓度而定。由于采用流加液氨作为氮源的工艺，且生物素用量

和残留的葡萄糖浓度都足够，在溶解氧能够满足菌体生长需求的条件下，可适当延长培养时间，在培养基残糖降低至 10～15g/L 时才结束培养，以争取获得更大菌体浓度。图 1-46 所示为培养过程中菌体 OD_{650} 值（光密度）变化曲线的实例。

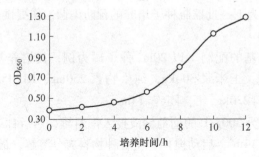

图 1-46　培养过程中菌体 OD_{650} 值变化曲线

培养结束后，取样检测 OD、pH、残糖以及菌体形态等，确认正常、无污染后，即可接入发酵罐。

成熟的种子罐种子质量要求如下：

种龄：视培养工艺而定；

OD 值：视培养工艺而定，一般净增 $OD_{650} \geqslant 0.5$；

pH：7.0～7.2；

残糖：10～15g/L；

无菌检查：无杂菌；

噬菌体检查：无噬菌体；

镜检：菌体生长均匀、粗壮，排列整齐，革兰阳性反应。

思政话题

任务三　谷氨酸发酵过程的控制

1. 发酵前的准备工作

以 200m³ 种子罐为例，其发酵基础培养基为：葡萄糖 19200kg，糖蜜 120kg，玉米浆 400kg，纯生物素 150mg，85% 的磷酸 120kg，KCl 200kg，$MgSO_4 \cdot 7H_2O$ 140kg，消泡剂 10kg，配料定容 95m³。

先将 64m³ 浓度为 300g/L 的葡萄糖液投入配料罐，然后称取其他物料投入配料罐，加水定容至 75m³，启动搅拌，使各种物料充分溶解，并调节 pH 至 7.0。另外，准备 20m³ 清水。分别将 75m³ 培养基和 20m³ 清水泵送至连续灭菌系统进行灭菌，经降温，进入发酵罐，用无菌空气保压，备用。

对种子罐与发酵罐之间的连接管道进行灭菌，然后将种子罐内的种子液接入发酵罐。

2. 溶解氧的控制

在谷氨酸发酵的操作条件下，发酵液中氧的饱和溶解度通常在 0.32～

0.40mmol O_2/L，这样的溶解度一般只是菌体20s左右的需氧量。因此，发酵过程必须不断通入无菌空气和搅拌，才能满足生产菌在不同发酵阶段对氧的需求。

生产实践中，溶解氧控制一般通过调节通气量、调节搅拌转速及调节罐压来完成。发酵及其配套设备一旦经过设计、加工、安装后，在实际运行中，许多影响供氧效果的因素基本固定不变，调节通气量就成为溶解氧控制的主要手段。一般情况下，谷氨酸发酵罐转速为120r/min左右，发酵过程中的罐压维持在0.05～0.15MPa（表压），其罐压受排气量影响。如图1-47所示，通过调节发酵罐的进气阀门以及排气阀门的开度可完成调节通气量的操作，从而满足微生物在不同发酵阶段的需氧量。

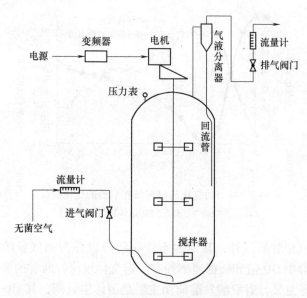

图1-47　调节通气量和调节搅拌转速的示意图

生产实践中，通气量的描述有两种：一种是直接以空气流量大小来表示，其单位为 m^3/h 或 m^3/min；另一种是用通气强度（又称通气比）大小来表示，即每立方米发酵液中每分钟通入的空气体积，单位是vvm。测量通气量的空气流量计通常有转子流量计、电磁流量计等，转子流量计简便价廉，得到广泛的应用，但一般按20℃、103.32kPa状态下的空气来刻度，实际使用中应加以校正；电磁流量计是属于质量流量型的流量计，测量较为准确。

通过生产实践，可摸索出谷氨酸发酵过程中溶解氧的变化规律，以指导通气量的控制。图1-48所示为某罐发酵生产过程中相对溶解氧与通气比的变化曲线。发酵前期，随着菌体生长，溶解氧逐步降低，需逐步提高通气量，以满足菌体生长的需氧量。在菌体对数生长的后期，菌体数已趋于最高值，部分细胞开始由生长型向生产型转化，此时需氧量达到最大值，溶解氧电极的显示值趋于零，因而需将通气量调节至整个过程的最高值。在细胞转化期，菌体活力旺盛，呼吸强度很大，且持续几个小时，这个阶段的通气量需维持在最高值。发酵中期，细胞已完全转化，转化较早的细胞逐渐出现活力衰减，需氧量因此逐渐减小，溶解氧电极的显示值逐渐上升，通气量也应逐渐减小。发酵后期，活力衰减的细胞越来越多，需氧量继续减小，通气量仍需逐步减小，此时期既要满足谷氨酸合成的需氧量，又要避免因溶氧过高而加速菌体衰老。因此，整个过程的通气量控制采用了多级控制模式，逐步增大通气量、维持较高通气量、逐步减小通气量等调节是具有可循的规律，但是，各批次的调节点、调节度等方面不一定相同，需根据溶解氧测量值的变化而灵活控制，才能获得良好的发酵指标。

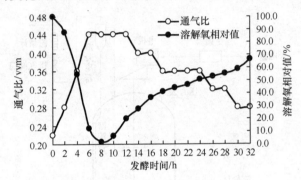

图 1-48　通气比与溶解氧相对值的变化曲线

（注：图中通气比以发酵初始体积为计算基准）

除了溶解氧相对值以外，其他因素变化还可以作为通气量的控制依据。例如，谷氨酸发酵中 OD 值和耗糖速率均有一定变化规律，两者的变化规律对通气量控制都有指导意义。谷氨酸发酵前期主要是菌体生长期，其 OD 值呈逐渐增大的趋势，由于需氧量与菌体数有正相关的关系，此阶段的通气量可根据 OD 净增值进行控制。随着 OD 净增值逐步增大，通气量也应逐步增大，当细胞开始转化（通过显微镜观察）时，OD 值虽然未达到最大值，但菌体数已基本达到最大值，此时可将通气量控制为最大值，以满足菌体对溶解氧的需求。在细胞转化期，OD 值仍继续增大，主要原因在于细胞体积伸长和膨胀，较难再以此时的 OD 值变化去指导通气量的控制；但是，菌体耗氧速率与耗糖速率也具有正相关的关系，根据耗糖速率可以确定通气量维持在最大值的时间。菌体细胞完全转化后，OD 值和耗糖速率逐渐下降，但影响 OD 值下降的因素比较复杂，有补加糖液导致菌体浓度稀释的原因，也有菌体活力衰减的原因，且在初始阶段的 OD 值下降幅度不明显，较难以 OD 值下降幅度作为调节通气量的依据，而是根据耗糖速率的下降情况来逐步降低通气量。

3. 温度的控制

如图 1-49 所示，发酵工业上一般采用循环冷却水进行发酵温度调节，即冷水由冷水池泵送至发酵罐的热交换设备与发酵液进行热交换，然后回收到热水池，再泵送至冷却塔，经冷却后收集到冷水池，如此循环使用，由于蒸发作用，冷却水循环过程中会减少，需定期向该冷却系统进行定量补充水。

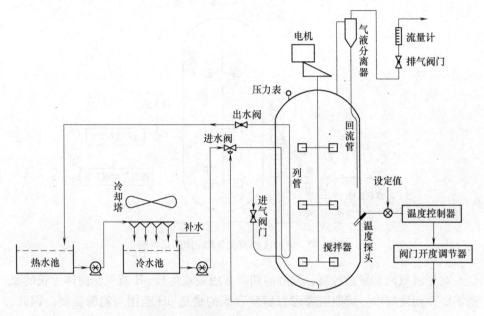

图1-49　发酵罐采用循环冷却水降温示意图

在谷氨酸发酵前期的菌体生长阶段，应控制温度于最适生长温度范围（32～33℃）。在发酵中、后期，为了促进生产型细胞合成谷氨酸，应将发酵温度控制在最适生成温度范围（36～37℃）。在菌体生长阶段与生产型细胞合成谷氨酸阶段之间，存在一个过渡时期，即菌体细胞转化期，为了促进生长型细胞的转化，以及促进已转化细胞生成谷氨酸，应将温度控制在最适生长温度与最适生成温度之间（33～36℃），并且宜逐级提高温度。在发酵最后几个小时内，由于菌体活力衰减不同步，仍有一部分菌体活力较强，为了让其在发酵结束前充分发挥作用，可适当将发酵温度提高至37℃以上，甚至可考虑在发酵前1h内，关闭冷却水，让发酵温度自然上升至40℃以上。因此，谷氨酸发酵温度控制是采用了一个多级温度控制模式。

4. pH 的控制

在生产实践中，谷氨酸发酵 pH 的控制通常采用流加液氨的方式进行控制，一方面可调节发酵 pH 于适宜范围，另一方面可补充发酵所需氮源。如图1-50所示，一般情况下，液氨进入发酵罐的管道与通气管道连接，液氨与无菌空气混合后进入发酵罐。通过调节液氨管道上的阀门，可控制液氨流量，从而可控制发酵 pH。

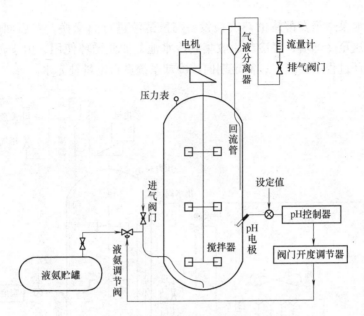

图 1-50　流加液氨控制发酵 pH 的示意图

对于液氨流加量的控制，发酵前期需考虑最适生长 pH 范围与菌体生长的氮源需要，而发酵中、后期需考虑谷氨酸合成的最适 pH 范围与氮源需要。因此，整个发酵过程中 pH 应控制在稍微偏碱性的状态，即控制 pH7.0～7.2。由于谷氨酸合成阶段的氮源需求量远大于菌体生长阶段，发酵中期控制的 pH 应高于发酵前期，且在时间推移过程中，液氨流加量应逐渐增大，pH 呈逐渐升高趋势；但是，随着发酵进入后期，菌体活力逐渐衰减，对氮源的需求量逐渐减少，此阶段的液氨流加量应逐渐减小，pH 呈逐渐降低趋势。在实际生产中，后续的谷氨酸提取多采用等电点法，为了节省提取工序的用酸量，放罐时发酵液宜稍微偏酸性，因此，临近发酵结束时可控制为 pH 7.0～6.6。

5. 泡沫的消除

在发酵过程中，是否需要添加消泡剂取决于形成的泡沫量，可从发酵罐顶部视镜进行观察，当涌起的泡沫高度到达视镜位置时，需添加适量消泡剂进行消除泡沫，每次添加量以能够消除泡沫为宜，尽量少加。

作为发酵过程中添加的消泡剂，通常与水按 1:（2～3）比例混合，经灭菌后，贮存于带搅拌的贮罐内，用无菌空气保压备用。使用消泡剂时，先对贮罐与发酵罐之间的管道进行灭菌，并开启贮罐搅拌，使消泡剂与水混合均匀，然后将消泡剂压入发酵罐顶部的一个小型计量罐内，小型计量罐起着掌握添加量的作用，再由小型计量罐将适量的消泡剂放进发酵罐进行消泡，消泡剂添加系统如图 1-51 所示。如果在消泡剂贮罐与发酵罐之间的管道上安装电磁流量计，可以不需要计量罐；若进一步安装自控装置，便可实现自动添加。

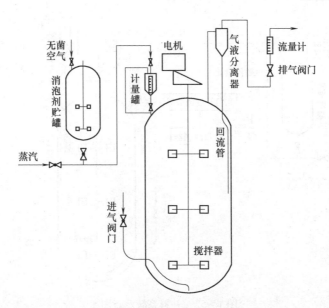

图 1-51　消泡剂添加系统示意图

6. 补料的控制

补料操作的起始时间、应维持的残糖浓度、结束时间与最后的补加量是补料过程必须考虑的因素，它们与发酵具体表现、补料方式及补料系统配置有关。补料的起始时间一般掌握在残糖浓度为 20~30g/L 时，但是，如果耗糖速度偏大，而补料速度偏慢，可将补料起始时间适当提前。补料过程中，残糖浓度一般维持在 10~20g/L，如果耗糖速度偏大，而补料速度偏慢，可将残糖浓度维持在较高水平。补料结束时间与最后的补加量需根据残糖浓度、耗糖速度及发酵结束时间而定，补料结束时，要保证有足够糖分维持至发酵结束，又要使发酵结束时的残糖浓度尽可能低，不致造成浪费。正常情况下，放罐时的残糖浓度宜控制在 4g/L 以下。

补料方式有间歇补料操作和连续补料操作两种形式。如果采用间歇补料方式，每次补加适量糖液后，残糖浓度都会升高，间隔一定时间后，由于菌体不断耗糖，残糖浓度再次下降到适宜水平，于是又要进行补加糖液，如此类推，直至发酵结束。如果采用连续补料方式，整个过程中糖液以适当流量连续进入发酵罐，需根据发酵具体表现及时调节流量，以维持残糖浓度在适宜范围内，并需掌握好补料的结束时间以及结束时的残糖浓度。

补料前，先将糖液贮罐与发酵罐之间的相关管道进行灭菌，然后通过无菌空气将糖液压入发酵罐，根据管道上的流量计显示值调节补料阀开度，以控制糖液流量。结束补加操作时，关闭糖液贮罐的底阀，用蒸汽将管道中残留糖液压入发酵罐，最后关闭发酵罐的补料阀。补料系统如图 1-52 所示。

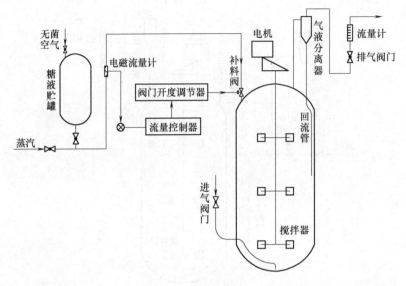

图1-52 补料系统示意图

子项目二

味精的制备

项目引导

味精学名一水谷氨酸钠。分子式为 $C_5H_8O_4NNa \cdot H_2O$，相对分子质量为187.13；外观为结晶性粉末，熔点为225℃，易溶于水。

味精是由精制谷氨酸加碱中和、脱色精制、结晶、分离、干燥后制得。本项目主要介绍子项目一液态深层发酵法制得的谷氨酸发酵液如何制备味精的生产工艺技术。

一、谷氨酸发酵液的预处理

经过液态深层发酵制得的发酵液除了有谷氨酸（含量一般为11%～15%）外，尚含有5%～10%的湿菌体、残糖、色素、胶体等杂质，需要经过除菌、过滤等预处理将发酵液进行适当的处理，才能进入下一道工序谷氨酸的提取。

一般来说，谷氨酸发酵液有以下几个特点：

（1）谷氨酸发酵液产物浓度较低。目前谷氨酸发酵有很多方法，最终谷氨酸的浓度也不尽相同，但基本都在11%～15%。

（2）谷氨酸发酵液的组分比较复杂。不管是以糖蜜还是玉米淀粉为生产原材料，经过发酵后的发酵液的组分都比较复杂，除了谷氨酸外，尚有未分解的糖、蛋白质、色素及气体氨基酸等。所以，谷氨酸提取难度较大，在谷氨酸的等电点提取过程中，容易受到发酵液质量的影响而出现轻麸酸。

（3）发酵液稳定性较差，结束发酵的谷氨酸发酵液容易受到杂菌的影响而出现"缩酸"、"菌体自溶"等现象，给后续工序和率值带来负面影响。

发酵液预处理一般包括发酵液的升温、调 pH、除菌等。

1. 发酵液升温

一般而言，在谷氨酸发酵结束后如果不能立即进行等电浓缩提取时，就要立即进行升温处理，升温的目的主要是使菌体钝化凝聚，抑制菌体的活力，并便于后续工序的过滤分离。

2. 发酵液调整 pH

谷氨酸发酵结束后的 pH 一般为 6.4～7.5，如果要进行菌体分离过滤，则可以将 pH 调整至 5.5～6.0，因为对于谷氨酸而言，其中蛋白质的等电点就在 5.0 左右，所以，在保证谷氨酸不结晶的前提下，尽可能地降低发酵液的 pH，可以有利于降低游离蛋白质的溶解度，而提高过滤和分离的速度。

3. 除菌

工业上常见的除菌体方法有絮凝、离心分离、传统过滤、膜分离等方法。

（1）絮凝法　絮凝是指在某些高分子絮凝剂存在条件下，有效地改变细胞、菌体和蛋白质等胶体粒子的分散状态，使它们聚集起来，从而增大体积，形成粗大的絮凝体，以方便发酵液的分离。

使用絮凝技术处理谷氨酸发酵液的优点在于不仅可以提高固液分离速度，还可以有效的去除杂蛋白和固体的杂质，提高滤液的质量。

影响絮凝效果的主要因素有发酵液 pH、搅拌速度和时间、温度、絮凝剂相对分子质量大小。

目前最常用的絮凝剂是人工合成的高分子聚合物，例如有机合成的聚丙烯酰胺衍生物。但主要缺点是该类絮凝剂难以降解，有一定的毒性。经过絮凝的菌体一般都会用作饲料，所以有可能会导致饲料的不安全，在北方城市曾有过类似做法导致动物中毒的报道。

（2）离心分离法　离心分离是指利用惯性离心力和物质的沉降系数或浮力密度不同而进行的一种分离。由于离心机等设备可产生相当高的角速度，使离心力远大于重力，于是溶液中的悬浮物便易于沉淀析出；又由于相对密度不同的物质所受到的离心力不同，从而沉降速度不同，能使相对密度不同的物质达到分离。这种方法比较适合于固体颗粒很小或液体黏度很大的发酵液，离心分离不仅适用于固液两相的分离，还适合于液液一相的分离提纯，常见的离心分离可以分为离心沉降、离心过滤和高速离心三种形式。

离心沉降是指利用固液两相的相对密度差，在离心机无孔转鼓或管子中对悬浮液进行分离的操作。它主要依靠的是高速旋转锁产生的离心作用，改善重力加速度，用离心加速度替代重力加速度。离心沉降的分离效果可以用离心分离因素

Fr 来进行评价。

$$Fr = \frac{\omega^2 r}{g}$$

式中　　w——旋转角速度，r/s；

　　　　r——离心机的半径，m。

分离因素越大，越有利于离心沉降。一般规定 $Fr < 6000\text{r/min}$ 的为低速离心机，Fr 在 $6000 \sim 25000\text{r/min}$ 的为高速离心机，$Fr > 25000\text{r/min}$ 的为超速离心机。

目前，常见的离心沉降设备主要有实验室用的瓶式离心机和工业用的管式、碟片式、卧螺式等无孔转鼓离心机两大类。

离心过滤则是指利用离心转鼓高速旋转连续产生的离心力代替压力差作为过滤推动力的一种过滤分离方法。离心过滤过程一般可以分为滤饼形成、滤饼压缩和滤饼压干三个阶段。

（3）传统过滤法　　传统过滤是指利用多孔性介质对悬浮发酵液中的固体粒子进行截留，进而使固液分离的方式。在生物行业最常见的过滤方法主要有加压式过滤和真空吸附式抽滤。

（4）膜分离法　　膜分离是 20 世纪 60 年代后迅速崛起的一门分离新技术。它是利用具有一定选择性透过特性的过滤介质进行物质的透过或者截留，从而达到分离目的的一种方法。膜分离技术兼有分离、浓缩、纯化和精制的功能，又有高效、节能、环保、分子级过滤及过滤过程简单、易于控制等特征。

在谷氨酸除菌体工艺中，常用的分离膜是无机陶瓷膜，膜支撑层为 SiO_2，膜层为 $Al_2O_3 - TiO_2$ 等复合物。参考谷氨酸发酵液的组分特性，谷氨酸膜过滤除菌的膜孔径一般选择为 0.1mm，换算成膜截留分子质量即为 $150\text{ku} \sim 200\text{ku}$。

膜的分离除菌通量及效果影响因素主要有：发酵料液的组分、pH、产物浓度、运行时温度、操作压力、膜的材质等。

运行一段时间后，膜的表面会受膜两侧的浓差极化影响而流速降低；并且随着浓缩倍数的增加，料液温度的逐步升高，膜本身可能会出现结垢，从而导致膜受到污染，通量严重下降（图 1 – 53 是某企业超滤膜过滤膜通量与浓缩倍数关系图）。一般认为当膜通量下降到初始的 35% 以下时，可以考虑结束膜生产，而进入膜的再生清洗（谷氨酸发酵液超滤膜过滤工艺流程见图 1 – 54）。每次清洗后都要进行膜的水通量测试，如果测试合格，则可以进入下一个生产周期，如果不合格，则要视不合格的具体原因选择一个部分清洗（如碱洗、氧化洗、酸洗）或者一个完整清洗程序。

二、谷氨酸的提取

谷氨酸的提取工艺主要有等电点、离子交换、电渗析法等，目前国内外谷氨酸的主流提取工艺基本上都是采用等电点方法。等电点法是指利用两性电解质在

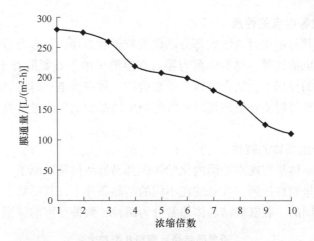

图1-53　谷氨酸膜过滤膜通量与浓缩倍数的关系

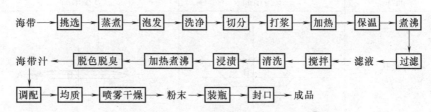

图1-54　谷氨酸发酵液超滤膜过滤工艺流程

中性时溶解度最低的原理而达到分离的目的。本文主要介绍谷氨酸的等电点提取方法。

（一）等电点法提取谷氨酸的理论

1. 谷氨酸的解离性质

谷氨酸的分子中，含有两个酸性的羧基和一个碱性氨基团，属于两性电解质，在不同 pH 溶液中能以以下四种不同粒子状态存在，如图1-55 所示：

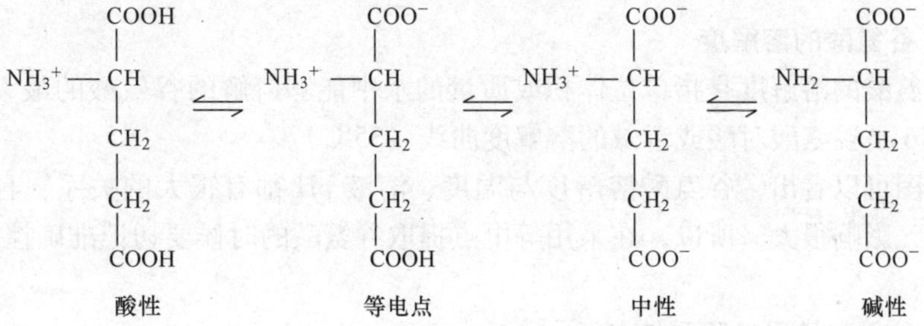

图1-55　不同 pH 下谷氨酸的电离情况

2. 谷氨酸等电点的性质

谷氨酸在其等电点时，绝大部分以偶极粒子状态存在，含有等量的阴离子和阳离子，正负电荷相等，总静电荷为零。在溶液中由于谷氨酸分子之间相碰撞，并在静电引力的作用下，结合成较大的聚合体，故在等电点时谷氨酸的溶解度最小，利用此原理可以使谷氨酸得以从发酵液中结晶析出。经过计算，谷氨酸等电点为 3.22。

3. 谷氨酸结晶体的特性

谷氨酸结晶体是有规则晶形的化学体，其晶形结构是以原子、分子或离子在晶格结合点上呈对称排列，谷氨酸在不同的结晶条件下，其形状、大小、相对密度等是不尽相同的。谷氨酸结晶体通常分为两种，两种晶型的区别见表 1 – 36。

表 1 – 36　　　　　　　　　谷氨酸结晶 α 型和 β 型对比

结晶性	α 型结晶	β 型结晶
晶体形状	（六面棱柱形晶体示意图，标注 C、B、A 轴）	（薄片状晶体示意图，标注 C、B、A 轴）
显微镜下的晶体形状	多面棱柱形的六面晶体，呈颗粒状分散，横断面为三或四边形，边长与厚度相近	针状或薄片状、粉状凝聚体，其长和宽比厚度大很多
晶体级分离特点	晶体光泽、颗粒较大、纯度高、沉降容易、不容易破碎，容易分离	薄片状、雪花状、相对密度小，浮于液面上或母液中，含水量大，难分离
母液中晶体流失率	母液晶体流失少	母液晶体流失大
谷氨酸结晶提取收率	收率高	收率低

4. 谷氨酸的溶解度

谷氨酸的溶解度是指单位体积或质量的水中能够溶解的谷氨酸的最大质量。图 1 – 56 是谷氨酸对酸或者碱的溶解度曲线（35℃）。

从图可以看出，谷氨酸溶解度与温度、溶液 pH 都有很大的关系，且随 pH 的变化，影响很大，所以，在采用等电点提取谷氨酸的时候要切记准确控制好终点 pH。

5. 谷氨酸结晶过程和控制

在等电点操作中，随着加酸和温度的不断降低，逐渐接近谷氨酸的等电点，溶液中的谷氨酸处于过饱和状态，过量的溶质便会析出。一般来说是控制在介稳区时使溶液产生微细的晶核，再进行养晶、育晶。以已经产生的晶核为中心，陆续在晶核表面吸附周围的溶质分子，使晶粒不断长大。而连续等电点则是使谷氨酸悬浮液始终维持在谷氨酸的等电点 3.22 附近，从而越过蛋白质等的等电点，减少出现 β - GA 的几率。

谷氨酸在其过饱和溶液中可以形成两种晶型，所以谷氨酸的水溶液系统是一个两组分三相系统，根据相律定律可知其自由度为 1，如果压力稳定，则两种晶相与水溶液达到平衡的温度一定，即为相转变温度。就谷氨酸水溶液两组分（无其他杂质）而言，相转变温度是决定析出 a 或 β 晶体的决定因素，当温度低于相转变温度时，a 相稳定，β

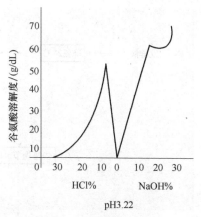

图 1 – 56　谷氨酸对酸和碱
的溶解度关系（35℃）
（注：1dL = 0.1L）

相不稳定，过饱和溶液将主要析出 a 晶体。当温度低于某个限度，过饱和溶液只析出 a 晶体而不析出 B 晶体。在低于相转变温度的范围内，β 晶相有向 a 晶相转变的趋势，即在温度低于相转变温度的情况下，饱和溶液中两种晶型均存在，但由于 β 晶相不稳定容易溶解，而 a 晶相就不断长大。

据有关资料，谷氨酸水溶液的相转变温度为 45℃，且从谷氨酸溶解度曲线可以看出，在 40～45℃时明显有拐点，且因为实际的谷氨酸溶液存在大量的杂质，所以一般生产系统温度控制低于 45℃。

结晶过程的控制实际上是控制晶核的形成和晶体的成长，晶核的形成和数量是晶体长大的前提，也最终会影响产品的质量。

从晶核的生存理论可以知道，晶体生产形态与晶体的表面能有很大关系，晶体生长的最终形态是使晶体的表面积最小，故在同一温度下，微小晶体的溶解度大于颗粒较大的晶体，在此情况下，微小晶体溶解，大晶体继续长大。

在流加过程中可以通过适当停止流加，来使结晶不好的小晶体得到溶解，也使系统中的晶核数量得到控制，产品的粒度分布得到控制，从而改善了结晶状况。

（二）谷氨酸结晶工艺

1. 谷氨酸结晶工艺流程

目前谷氨酸结晶的工艺方法一般有两种，一种是分批低温不浓缩等电点（见图 1 – 57），一种是带菌体或除菌体浓缩连续等电点（分别见图 1 – 58 和图1 – 59）。

思政话题

分批低温不浓缩等电点工艺流程需要注意以下几点：

（1）在 pH5.0 左右要小心调节加酸速度。

（2）在 pH4.0～5.0 调速和降温速度要慢，防止出现轻麸酸。

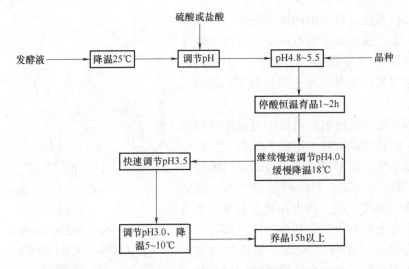

图 1 - 57　分批低温不浓缩等电点谷氨酸提取工艺流程

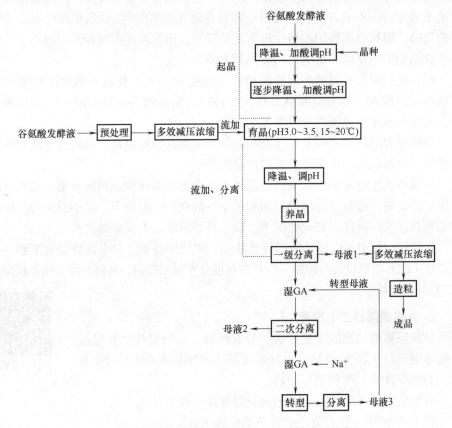

图 1 - 58　带菌体浓缩连续等电点谷氨酸提取工艺流程

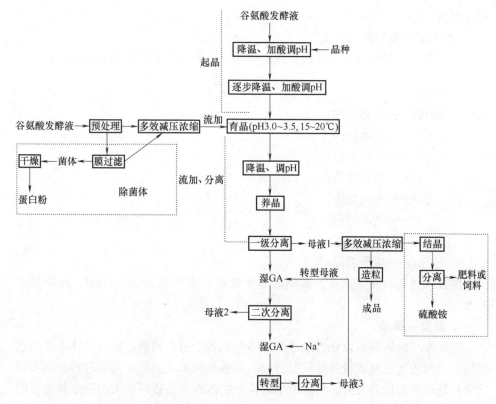

图 1 - 59　除菌体浓缩连续等电点谷氨酸提取工艺流程

（3）晶种量一般按照 0.05% ~ 0.1% ，经验调整。

（4）当 pH 低于 4.0 时可以加快调酸速度和降温速度。

（5）达到终点 3.0 时，开大降温，降温至 5 ~ 10℃ ，搅拌 15h 以上。

（6）结晶过程中要定期做镜检，保证结晶为 α 型。

（7）准确判断投晶种点，方法主要有：经验、目测、上清液 GA% 含量、镜检等。

浓缩连续等电点工艺流程需注意以下几点：

（1）图 1 - 58 工艺是带菌体浓缩连续等电点结晶方法，菌体可以单独提取，也可以不提取而直接造粒做成有机肥料；该工艺目前是国内的主流工艺，其中复合肥生产污染大、能耗高，销售不稳定。等电点流加如图所示一般采用 2 ~ 3 级流加，即温度和 pH 分 2 ~ 3 级降到 10℃ 以下、pH 达到 3.0 。

（2）图 1 - 59 所示工艺是除菌体浓缩连续等电点结晶方法，与图 1 - 59 所示方法不同的是谷氨酸菌体先经过超滤膜过滤先提取出来，单独做饲料蛋白粉；除菌体后的发酵液可以在更高的浓缩倍数下达到等电点，提取收率和产品的质量也可以得到提高。母液 1 则单独结晶制备硫酸铵肥料，分离的母液做液体蛋白饲料或肥料。

（三）谷氨酸结晶的影响因素

如果表面结晶速率与溶质的扩散速率相等，晶体长大的速率公式如下：

$$\frac{dw}{d\beta} = \frac{S}{F\beta} = \frac{KT\Delta C}{r\alpha}$$

式中　$dw/d\beta$——结晶速率；

　　　S——晶面法向生长度；

　　　F——晶体表面积；

　　　K——溶液常数；

　　　r——溶液黏度；

　　　β——结晶时间；

　　　T——绝对温度；

　　　α——境界膜厚度。

由公式可知：在生产中，影响晶体生长的因素大致为温度、pH、杂质三个方面。

1. 温度的影响

温度本身的影响可以认为是改变晶体生长各个过程的激活能。晶体生长的过程极少是纯表面反应或者是纯扩散过程。一般在较低的温度下结晶过程是由表面反应控制；当温度升高时，生长速率加快，扩散作用就逐渐成为控制结晶过程的主要因素。在较高的温度下生长的晶体由于结晶质点排斥外来的杂质的能力增强，一般长出的晶体质量比在比较低的温度下生长的晶体好些。

2. pH 的影响

pH 对结晶的影响主要体现在：pH 影响溶液溶解度，使溶液中离子平衡发生改变；pH 改变杂质的活性，即改变杂质的络合或者水合状态，使杂质敏化或钝化；pH 改变晶面的吸附能力；pH 通过改变晶体各晶面的相对生长速度引起生长习惯性的变化，即发生相变。

3. 杂质的影响

杂质进入晶体，有时晶体表面也可以键合杂质，特别是杂质质点与目的产物在晶格上相近时。杂质比较容易进入晶体。相似性越大，杂质进入晶体就越容易，但是，超过某一限度常常会引起"晶体构造的不稳定"。

三、谷氨酸的转型、中和和精制

谷氨酸等电点结晶、育晶结束后的晶体悬浮液，要及时进行离心分离，一般在该段采用的离心机是卧螺式或者碟片式离心机，分离因素一般在 3500～6000r/min 就可以得到比较好的分离。分离后的指标一般为：上清液流失小晶体含量≤0.1%，粗谷氨酸含水≤15%。

等电点结晶得到的是 α 型晶体，晶体内部、晶体与晶体之间尚有很多的母液、杂质存留，所以需要将分离后的谷氨酸晶体在一定条件下进行转化成 β 型，通过转型，将这部分母液和杂质释放出来，再通过二次分离，从而大大提高了谷氨酸的纯度。

（一）α 型谷氨酸的转型

1. 工艺流程

α 型谷氨酸的转型工艺流程如图 1 – 60 所示。

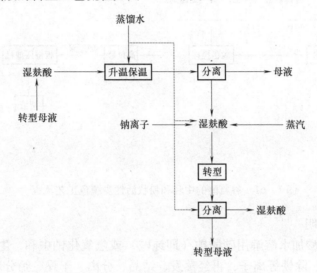

图 1 – 60　α 型谷氨酸的转型工艺流程

2. 工艺说明

（1）经过育晶、分离的湿谷氨酸因为晶体细小、温度也比较低，晶体间夹杂较多的杂质和色素等，如果不经过水洗、分离而直接进行转型将会使转型的质量变差，所以最好先经过一次水洗和分离。

（2）水洗其实是指用转型母液稀释湿麸酸，然后升温、保温一段时间，在搅拌和温度作用下，尽量打散麸酸，释放其中的杂质等，待分离时从母液中流走；要注意控制转型母液和湿麸酸的比例，要尽量稳定。

（3）水洗分离后的麸酸要用蒸馏水进行稀释其浓度，以提高水洗的效果，浓度一般控制在 45% ~ 60%。

（4）水洗的升温方式要尽量短、快速；可以采取连续喷射或者蒸汽直通；洗水搅拌速度要比较快，一般保持在 80r/min 以上。

（5）转型的必要条件是升温和添加钠离子，温度一般控制在 75 ~ 95℃，钠离子添加的体积百分比一般为 0.15% ~ 1.5%，搅拌时间 0.5 ~ 5h，钠离子添加一般采用烧碱或者味精的末次母液。

（6）转型罐可以采用锚式搅拌器，转型一般可以采取连续转型，逐级降温。

（7）完全转型后降温并育晶一段时间后可以用卧螺式离心机或者带式过滤机进行固液分离；要控制好转型母液的 GA% 。

（8）分离时要注意用蒸馏水进行洗涤，以进一步除去色素。

（二）谷氨酸的中和和粉状活性炭脱色

1. 工艺流程

谷氨酸的中和和粉状活性炭脱色工艺流程见图 1 - 61。

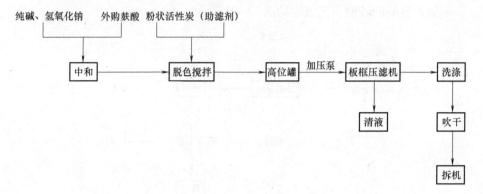

图 1 - 61　谷氨酸的中和和粉状活性炭脱色工艺流程

2. 工艺说明

（1）谷氨酸加水溶解用碳酸钠（即纯碱）或氢氧化钠中和，生成谷氨酸一钠盐，经脱色、除铁等离子，再经蒸发、结晶、分离、干燥、筛分等单元操作，得到高纯度的晶体或粉体味精。

（2）中和采用纯碱或者氢氧化钠，如果用纯碱或固体片碱要先进行预先溶解，碱浓度视具体情况而定。纯碱和氢氧化钠的区别见表 1 - 37。

表 1 - 37　　　　　　　　　纯碱和氢氧化钠的区别

	纯　　度	中和过程
纯碱	高	难、容易起泡
烧碱	低	容易
片碱	高→低	容易

（3）中和过滤

①中和 pH 原则上控制试纸 pH6.4 ~ 6.7（pH 计 6.5 ~ 7.4），最好用 pH 进行在线监控，每班校正；中和温度控制 60℃，中和过程 pH 控制略偏酸，中和完成后搅拌均匀，再调节准确。pH 的控制原则是在确保粗谷氨酸完全溶解彻底的前提下尽量控制低些，以利于脱色。

②中和之前要先在中和罐底放少许纯净水（可以用相应料液的洗炭渣水）。

③中和调好 pH 后添加活性炭，一般是先将干或湿粉末活性炭调成炭水，调

节后的料液波美度范围 21～25°Bé，条件许可尽量采用湿活性炭。干炭和湿炭的区别见表 1–38。

表 1–38　　　　　　　　　　干炭和湿炭的区别

	水分/%	脱色能力 （相同工艺条件）	对顽固色素 脱色能力	建议使用方法
干炭	≤10	100	好	第二次精制
湿炭	30～40	92～96	差	第一次粗制

④助滤剂的添加与否及添加量都要视物料质量而定，建议添加，添加量一般为 0.5～0.15kg/m³，以利于过滤和后续工序的上柱，提高结晶收率、结晶速率等。

⑤中和一般都要设置一个高位自流罐，高位罐的主要作用是为料液的缓冲和重力加压，建议所有进入板框压滤机的料液全部经过高位罐，前期在滤饼没有形成前尽量用自流或低速进料，前期过滤液回流至脱色罐二次过滤，清液进入下道工序；当滤饼形成后逐渐开启并加大进料速度。过滤过程中要注意板框的过滤情况，尽量减少漏机、板框爆机等现象。

⑥过滤完后进行滤饼洗涤，洗涤方式有两种：在线清洗、脱机清洗，它们的区别见表 1–39。

表 1–39　　　　　　　　　　在线清洗和脱机清洗的区别

方　　法	用　水　量	清洗效果	操　　作
在线	多	差	方便
脱机	少	好	复杂

⑦吹干、卸渣：洗涤完后要用空气将残留水液吹干净，以回收料液和吹干物料，便于卸渣。要对过滤炭渣进行残留谷氨酸钠含量的检测（原则上滤渣中残留的谷氨酸≤0.05%），以随时调整洗水量，确保洗涤完全。

（4）过滤设备　味精精制脱色过滤的设备一般有板框压滤（见图 1–62）或者真空转鼓（见图 1–63）两种：

板框压滤机要注意：滤布的选择、准备和清洗；过滤装机的要求；滤饼的形成形状；助滤剂的添加形式；过滤过程对泄漏等的检查等。

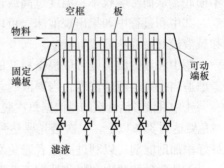

图 1–62　板框压滤机

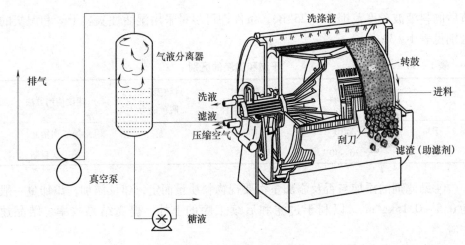

图 1-63 真空转鼓过滤机

真空转鼓过滤机主要要注意：①先预涂助滤剂和活性炭；连续生产；②一个周期实现了吸附、洗涤、脱干、卸渣步骤；③助滤剂等单耗大；料液过滤透光低。

两者的区别见表1-40。

表1-40　　　　　　　　　板框压滤机和真空转鼓过滤机的区别

	投资	操作方便性	过滤介质单耗	过滤液质量	维修方便程度
板框压滤机	少	复杂	小	好	方便
真空转鼓	大	方便	高	稍差	复杂

（5）工艺注意事项

①中和的 pH 和温度要严格控制，pH 过高或过低会导致出现二钠盐和溶解不彻底，从而影响收率；温度过高或过低会影响过滤效果和过滤速度。

②中和过程中如果出现泡沫，可以适当用蒸汽喷淋或者食物油进行消泡，中和碱液最好做成花洒成雾状。

③中和液的波美度可以根据料液的具体情况而定，一般来说脱色效果好可以考虑适当提高料液的浓度，当料液脱色效果差时要适当降低料液的浓度。

④中和液各活性炭的量依据每次脱色后的透光而定，一般来说中和原液第一次脱色要达到85%以上，二次透光要达到98%以上；一般新炭的用量为 2~5kg/m³。最好添加助滤剂，以利过滤或者避免炭柱塞住。

⑤外购麸酸的中和脱色处理工艺要看转型和未转型，添加活性炭量要调整。

⑥一次母液的过滤脱色工艺基本上等同于原液，只是炭柱可以视脱色情况而决定；一般二次脱色透光达到95%以上可以不上炭柱；母液在结晶分离后 pH 会上升，此时过滤前要将 pH 进行调节，可以用麸酸或者食用磷酸调节，要求达到

pH7.0以下。

⑦少次母液的过滤工艺雷同，透光要求85%以上；可以不上炭柱。母液的pH要同一次母液进行调节后再过滤。

⑧脱色过程中要注意经常检测有无漏机，方法有目测、试纸过滤等。过滤机要设多条槽用于接漏。

⑨中和脱色时间一般为0.5~2h，可以适当延长搅拌时间有利于脱色。

⑩中和料液的管理（见表1-41）。

表1-41   中和料液的分类管理

料液	中和原液	一次母液	少次母液	原液洗渣水	一次洗渣水	少次洗渣水
处理方法	2次板框压滤（粉末新旧活性炭）+离交炭柱	1~2次板框压滤（粉末新旧活性炭）+（炭柱）	1~2次板框压滤（粉末新旧活性炭）+（炭柱）	用自来水或蒸馏水清洗	用自来水或蒸馏水清洗	用自来水或蒸馏水清洗
去向	煮晶底料+前期添加	煮晶添加	煮晶添加	用于调原液滤渣炭水	用于调一次滤渣炭水	用于调少次洗渣炭水
备注	第2次过滤用新炭，第1次过滤用原液旧炭或新炭	第1次过滤用原液旧炭，第2次过滤用新炭，是否上炭柱视过滤后料液透光情况定	第1次过滤用1次母液旧炭，第2次过滤用新炭，少许母液一般不用上炭柱			

（三）中和脱色液炭柱或离子交换树脂脱色

1. 工艺流程

经过中和脱色的中和液还需要进一步进行脱色和除杂，一般工厂采用的是颗粒活性炭柱或者离子交换树脂，具体工艺流程见图1-64。

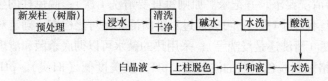

图1-64 中和液炭柱（树脂）脱色除杂精制工艺流程

2. 工艺说明

（1）新柱的预处理

①浸柱：装入新的K15炭，首先用水浸透，然后用水顺洗至清，再让水浸1h，再顺洗，然后反洗，将K15炭反松即可。

②碱液解析杂质的色素：用4°Bé碱液9000L，浸柱4～5h，用水洗至pH8以下（以1m³柱计）。

③盐酸处理：用2°Bé盐酸，约3000L处理，然后用水洗至pH中性（以1m³柱计）。

（2）上柱脱色　流速一般控制：具体应根据上柱前脱色的透光度及上柱流出液之透光度，一般流速为1.2m柱：600～1000L/h；2m柱：1800～3000L/h（新柱前两天流速为3000～4500L/h，后期流速为1800～3000L/h）。

（3）柱的再生　炭柱的再生流程见图1-65。

图1-65　炭柱再生工艺流程

（4）中和液的要求

对目前大多数味精企业来说，中和液经过脱色除杂后的指标要求一般见表1-42。

表1-42　　　　　　　　　　中和液脱色除杂后参考理化指标

物料名称	波美度/°Bé	pH	透光度/%
白晶液	≥21.5	试纸6.4～6.7（pH计值7.1～7.8）	≥98
少次母液	≥21	试纸值6.4～7.0（pH计值7.1～8.3）	≥80
一次母液	≥21	pH试纸值6.4～7.0（pH计值7.1～8.3）	≥85

3. 工艺注意事项

（1）防止染菌　料液染菌会导致成品有异味，必须定时清理所有的容器（设定各容器清洗要求，并记录。原则每日要清洗1次）；脱色柱的生产时间不能过长（原则上不超过1周）；可以通过对染菌情况做对比检查，确定对容器（系统的）清理力度（清洗还是浸洗等）；采用热的碱水可以彻底杀菌和清理容器。

（2）严格控制脱色料液的波美度、pH　波美度低（旧炭）、pH过高会出现色素的析出；检查料液是否有其他的杂质（如板框泄漏的粉末活性炭）；调整通过树脂的料液的速度；上结晶浓缩前料液pH的复查。

（3）脱色柱进料方式　进料采用高位槽，利用自流形式；进料安装一过滤网装置，用以截留粉状活性炭；进料高位槽安装空气管，上罐前通空气搅拌（或者采用机械搅拌的方式）。

（4）压柱　再生前要用水压柱，压柱水浓度较高部分最好放回上炭柱前的料液容器中，重新上柱处理，低浓度（18°Bé以下的用于稀释高浓度的母液，如放罐母液）。

（5）树脂柱的再生　热碱水温度过高会导致树脂易破裂，过低则再生不彻底，浓度情况相同。热碱水浸泡的时间不能节省，以将色素彻底浸脱。

四、味精的结晶

经过精制脱色除杂处理的中和液还需要进行结晶提纯，味精的结晶方法主要是采用单效浓缩蒸发结晶。

1. 工艺流程

味精结晶工艺流程见图1－66。

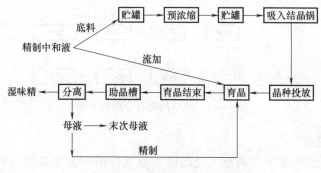

图1－66　味精的结晶工艺流程

2. 工艺说明

（1）预浓缩　一般的工艺是先将精制中和液通过三效减压蒸发浓缩器进行预浓缩，结晶点一般为28～30°Bé。浓度太低浪费蒸汽，浓度太高，容易出现结晶而堵塞管道设备。

（2）起晶　将预浓缩的料液用泵或直接吸入结晶锅，进一步浓缩至起晶点，然后投入预先准备好的晶种，晶种类型和数量要视具体的品种要求、结晶锅设备的结构、料液质量、结晶周期等而定。

（3）养晶　投入晶种后，要养晶1～2h，适当添加热水或者升高温度，将投种后产生的微小晶体溶解，以保持完整的晶种。

（4）育晶　养晶完成后，继续通蒸汽，然后视情况连续或者间隙添加料液，可以是白晶原液或者母液，流加速度应始终维持结晶锅的蒸发和结晶平衡。育晶时间长短和品种、质量等都有一定的关系。一般情况下颗粒越大的品种育晶时间越长，反之越短。目前国内大多分批结晶生产的味精育晶时间一般控制在8～15h。浓缩过程中，结晶锅内的真空度必须高于0.08MPa，温度在68～72℃。

（5）放料　育晶完成后，要立即卸真空并放料。

五、味精的分离和干燥

从结晶锅放料出来的味精悬浮液，还需要进行离心分离和干燥。

1. 工艺流程

主流的工艺流程见图1-67。

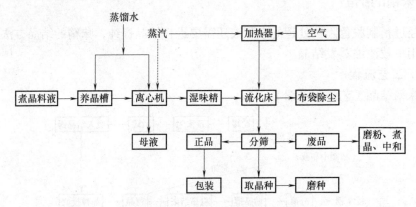

图1-67 味精的离心分离和干燥

2. 工艺说明

（1）结晶结束的悬浮液放入助晶槽（该缓冲槽的温度必须与放罐的温度保持一致，避免温度过低而析出晶体，影响晶体的质量），然后添加蒸馏水进行整晶、养晶，添加水量（安装流量表）根据品种而定，如果是大颗粒晶体味精，一般是结晶悬浮液表面液面澄清，没有混浊态微小晶体。

（2）整晶结束后，立即开始分离，原则上应在尽量短的时间内完成分离。

（3）分离时要注意检查分离母液的泄漏问题。

（4）分离结束要进行洗涤，介质可以采用蒸馏水或者蒸汽喷洗，以置换出附在味精表面的残留母液。

（5）分离后的母液送至相应的母液罐，调整pH后进行活性炭脱色、炭柱处理。

（6）分离后的湿晶体进入气流干燥器，热空气温度一般调节不得高于125℃（不同产品温度控制不同）。

（7）气流干燥器的排气经过布袋除尘，每班要检测布袋和清理回收粉尘味精。

（8）分筛后的味精分为正品和废品，正品送相应包装机。废品则送结晶、磨粉或者中和重新溶解。

（9）分筛后取种（晶种最好单独制备），晶种运往磨种房进行磨种。

任务一 谷氨酸发酵液的超滤膜过滤除菌

1. 谷氨酸发酵液超滤膜过滤工艺流程

谷氨酸发酵液超滤膜过滤工艺流程见图 1 - 68。

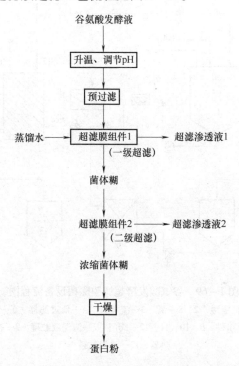

图 1 - 68 谷氨酸发酵液超滤膜除菌浓缩工艺流程图

2. 操作注意事项

谷氨酸发酵超滤膜除菌设备流程图见图 1 - 69。

（1）预处理 谷氨酸发酵液放罐后，要及时进行加热和调节 pH 处理，一般是通过薄板式换热器用蒸汽进行升温预热至 60 ~ 70℃，以杀灭菌体，使菌体受热凝聚，有利于超滤过滤；同时，加入浓硫酸或盐酸调节谷氨酸发酵液的 pH，使放罐时的 pH 从 6.7 ~ 7.4 调节到 5.8 ~ 6.2，使蛋白质达到等电点，保持最终发酵液中的蛋白质分子溶解度最低，从而有利于超滤膜的过滤，如图 1 - 70 为某味精企业超滤膜过滤谷氨酸发酵液 pH 对膜通量的影响。经过升温和调整 pH 后的谷氨酸发酵液还必须通过精过滤器过滤发酵液中的固体杂质，从而确保无铁锈等固体杂质进入超滤膜组件以防对膜造成损坏。

（2）一次超滤 如图 1 - 70 所示，当经过升温、调节 pH 的谷氨酸发酵液用泵泵入恒定进料罐，到达预设液位后启动循环泵进行恒压膜过滤，过滤压力一般控制 0.2 ~ 0.3MPa，过滤后清液进入清液罐，未过滤的菌体等大分子物质则回到恒定进料罐，同时，在过滤过程中，不断有新鲜的发酵液进入恒定进料罐，维持恒定的液位。当恒定罐菌体糊浓缩倍数达到设定值时，便可停止一次超滤，进入二次超滤程序。一般一次超滤的浓缩倍数设定为 8~12。

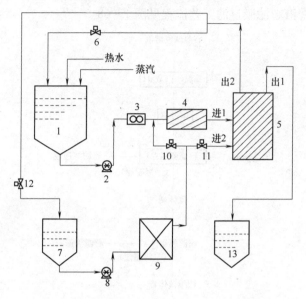

图 1-69　谷氨酸发酵超滤膜除菌设备流程图
1—恒定罐　2, 8—泵　3—流量计　4—预过滤器　5—超
滤膜组件　6, 10, 11, 12—阀门　7—清洗液贮罐　9—换
热器　13—清液贮罐

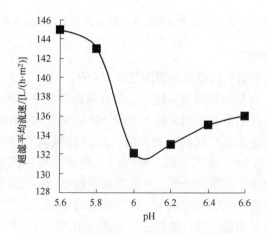

图 1-70　发酵液 pH 与超滤流速的关系

（3）二次超滤　一次超滤结束后，菌体糊尚有少部分残留谷氨酸，需要进一步进行洗涤回收。一般采用的是将热水放入恒定进料罐进行洗涤，洗涤量为菌体糊的 1.5~2.0 倍，要求洗涤后的菌体糊谷氨酸残留量≤0.5%。

（4）二级超滤 经过二次超滤后的菌体糊尚含有90%左右的水分，一方面菌体糊浓度低，后工序干燥处理困难；另一方面菌体糊中尚有部分残留谷氨酸；需要通过二级超滤浓缩脱水并回收谷氨酸。一般方法是将一级超滤的菌体糊再次经过一组面积更小的超滤组件进行二级超滤，二级超滤的浓缩倍数一般是1.4 ~ 1.6，菌体糊水分可以降到80%以下。

（5）超滤再生 由于浓差极化等原因，超滤浓缩一段时间后会由于污染而出现流速大幅下降，一般当流速下降到最初流速的40%以下时，就可以考虑结束超滤。结束超滤后要及时进行超滤再生清洗，谷氨酸超滤膜再生清洗流程一般设计见图1–71。

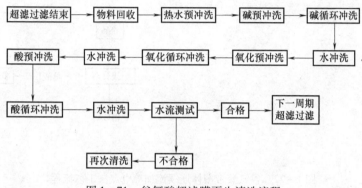

图1–71 谷氨酸超滤膜再生清洗流程

任务二 谷氨酸的带菌体连续流加等电点法

1. 谷氨酸的带菌体连续流加等电点法工艺流程

谷氨酸的带菌体连续流加等电点法工艺流程见图1–72。

2. 工艺说明

（1）底料准备 先要准备谷氨酸连续流加的底料，底料一般是用未浓缩前的谷氨酸一步达到低温等电点结晶后的悬浮液，或者是直接用育晶后谷氨酸悬浮液适当加水而成。

（2）连续流加 谷氨酸发酵液放罐后要立即进行减压蒸发浓缩，浓缩后谷氨酸浓度一般控制在25% ~35%，流加速度视料液质量、谷氨酸结晶好坏不断调整，一般控制流速为100 ~500kg 纯谷氨酸/（t 底料谷氨酸·h）然后将浓缩液降温至35℃左右进行连续流加，流加条件控制25 ~40℃，pH3.0 ~3.5，流加完后的谷氨酸悬浮液再调整 pH 至终点3.2，温度10℃以下，并育晶15h 以上。

（3）连续分离 育晶完成后的谷氨酸悬浮液通过离心机进行固液分离，一般采用真空转鼓过滤机或者卧螺式离心机，分离后得到的粗谷氨酸水分要求≤80%。

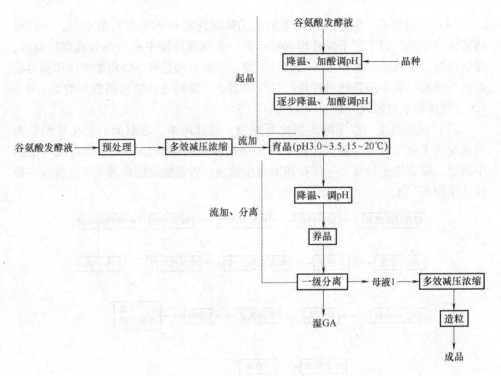

图 1 – 72　谷氨酸带菌体连续流加等电点法工艺流程

（4）结晶过程中要经常观察谷氨酸的结晶情况，以及时调整流速或工艺条件，确保结晶顺利，不出现 β 晶型。

任务三　α – 谷氨酸的转型和中和脱色过滤

1. α – 谷氨酸转型和中和脱色过滤工艺流程
工艺流程见图 1 – 73。

2. 工艺说明

（1）洗水　经过等电点结晶分离后的湿谷氨酸要用转型母液调节浓度，浓度控制一般为 45%（质量分数），并升温至 60 ~ 70℃，搅拌速度 65 ~ 80r/min，搅拌时间 1 ~ 2h。通过洗水将 α – 谷氨酸晶体内部和晶体间夹杂的母液杂质释放出来，溶解于母液中。

（2）第一次分离　洗水后的谷氨酸悬浮液经过离心机或过滤机进行过滤，得到纯度更高的 α – 谷氨酸晶体和少量的 β – 谷氨酸晶体。

（3）转型　将洗水分离的谷氨酸晶体用蒸馏水进行溶解，调节悬浮液浓度至 40% ~ 55%，然后加入氢氧化钠或者精制末次母液，钠离子浓度控制 0.15% 左右，并升温至 75 ~ 90℃，搅拌时间一般大于 1h。要等镜检确定完全转为 β – 谷氨酸晶体方能停止搅拌。

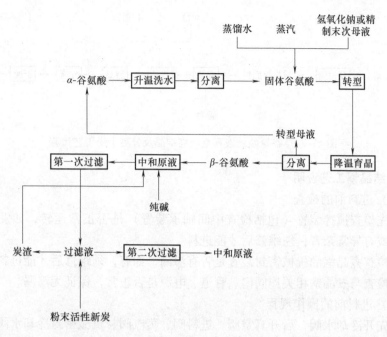

图1-73 α-谷氨酸转型及中和脱色过滤工艺流程

（4）降温育晶 转型完成的β-谷氨酸悬浮液溶解于液体中的谷氨酸浓度太高，需要进行降温育晶，以进一步降低液相中的谷氨酸浓度，从而提高转型收率。

（5）第二次分离 育晶完成后的谷氨酸悬浮液需要进行固液分离，一般采用的是卧螺式离心机或者水平带式过滤机。分离后的湿谷氨酸含量大于75%。

（6）中和 经过第二次分离后的湿谷氨酸要用纯碱液进行中和，中和过程保持温度60~65℃，pH6.4~6.9，在确保溶解完全的前提下，pH越低越有利于色素的析出，从而提高中和液的透光和脱色效果。

（7）脱色过滤 中和完全的中和液色泽较深，需要脱色除杂，一般采用添加粉末活性炭予以脱色，为了降低活性炭的消耗，一般采用二次脱色工艺，一次脱色往往是用旧活性炭渣，第二次用全新炭。活性炭的添加方法一般是先将活性炭用低浓度洗涤水溶解，然后按照一定量泵入中和脱色罐，或者直接将粉末活性炭添加入中和脱色罐，搅拌1~3h后进行过滤。脱色过滤所用设备一般是用板框压滤机或者真空转鼓过滤机。

经过转型、脱色过滤后的中和原液要求透光达到95%以上。

任务四 谷氨酸钠的真空浓缩结晶控制

1. 味精的真空浓缩结晶及分离干燥工艺流程

工艺流程见图1-74。

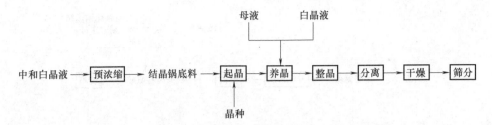

图 1-74　谷氨酸钠液真空浓缩结晶及分离干燥工艺流程

2. 结晶锅工艺说明

（1）进料前的检查

①先检查搅拌装置（包括检查中间轴承装置）是否正常运转，如发现运转不稳定或有异常杂音，须维修后才能进料。

②检查煮晶锅的机械密封装置是否有渗漏，如有，须维修后才能进料。

③检查与煮晶锅相关连阀门、管道、电源是否正常，保证无渗漏。

（2）进料前的操作规程

①先开冷却水阀，后开真空阀、进料阀、蒸汽阀、机械密封冷却水阀，按先后顺序缓慢操作，将底料按量吸入结晶锅内。

②煮晶锅加热室的蒸汽压力不得超过 0.1MPa，锅内真空度要求达到 -0.06MPa以上，物料温度不得超过76℃。

（3）投料及操作

①按生产工艺进行投料。

②启动搅拌，从视镜观察锅内液体，出现少许微晶，即可投种。

（4）在浓缩结晶过程中可能出现的问题及解决方法

①突然停电时，拉开电源，关闭蒸汽、真空、进料和冷却水等有关阀门，保持锅内真空度。

②恢复用电时，必须待真空度升高，派人拉松搅拌 1~2 圈，打开锅底阀门，打松锅内结晶，由操作人员通知才能开始搅拌。

（5）保养

①每月检查中间轴承、底轴承装置一次，及时更换易损件。

②每班检查机械密封、传动系统（包括电机、皮带、轴承室等），发现异常情况立即停机报修。

拓展与链接

一、影响味精生产成本的因素

味精行业是一个高能耗高污染的企业，要提高企业竞争力，必须狠抓内部管理，降低生产成本。味精行业的生产成本控制内容主要包括：原材料、能耗、制造费用（低值易耗品）、人工费用。

1. 原辅材料影响因素

（1）味精生产原辅材料消耗　味精生产原材料的消耗主要要考虑：单位质量味精消耗淀粉数，这就要求务必要提高味精生产的几大率值，包括淀粉糖转化率、谷氨酸产酸率、谷氨酸对糖转化率、谷氨酸提取精制总收率；单位质量味精消耗其他原料如活性炭、助滤剂、纯碱、盐酸、烧碱等。

（2）降低原辅材料消耗的措施　降低味精生产原辅材料消耗的措施主要有：率值提升、加强生产过程的计量、确保生产工艺和质量稳定、减少产品或半成品的返工、减少生产过程物料的损失、积极寻找物美价廉的适合的原辅材料替代品等。

2. 能耗的影响因素

味精生产是一个高能耗、高污染的行业，能源消耗非常高，行业味精能源消耗（水、电、汽）大约占了生产成本的20%～35%。所以，抓好能源，对味精生产成本的降低非常重要。主要措施有：尽可能提高设备的单产，如发酵罐每批的单罐产量；节能设备的及时投入和更换，如发酵罐搅拌、结晶锅搅拌等安装变频器等；能源的循环利用，如淀粉水解液化液降温和糖化液灭酶升温的热量互换，发酵培养基生料升温灭菌和熟料降温间的热量互换等；加强计量器的管理，确保关键重点工序要独立安装电表或蒸汽流量表等以便及时监控等。

3. 低值易耗品的影响

味精企业低值易耗品主要包括：劳保用品、维修零配件等。诸如工具、杂物、试剂、玻璃仪器、电器、劳保用品、水管零件、螺丝、三角带、轴承、建筑材料、油类、漆油、设备维修零件、水泵零件、阀门、钢材、汽车零件等。

降低措施主要有：定人定量领取、部门细化考核、监督、节约意识提高等。

4. 人工成本的影响

人工成本一般占味精企业生产成本的10%左右，降低措施主要有尽可能提高生产自动化、优化工艺、提高工作技能熟练程度等。

5. 味精生产成本降低的管理方法

味精企业降低生产成本的主要方法：

（1）将生产成本化整为零，每日盘点、及时分析，一月一大盘。

①生产成本日报表可以及时暴露问题，及时查找原因和采取对策；

②盘点主要是计算每日及累计率值、成本、库存、在产等。可以查找漏洞，总结和计划；盘点要多方人员参与、确保准确度；

③定期召开成本分析会、能源分析会。

（2）将生产成本量化，细化，提出要求，监督执行。要配备必要的计量器具，确保计量准确性，从而提高生产成本量化的精确度。

（3）加强成本考核和奖惩：生产成本作为生产及相关人员、部门的一个重要考核手段。可以将成本及能耗作为工人及管理者的当月一部分工资构成。

（4）提高员工意识，全民参与：通过培训、会议、宣传、奖惩等多种形式强化员工的成本意识，做到全民参与。

（5）综合核算，计算综合成本：仔细、准确核算综合成本，来优化和控制工艺。如：产品质量与售价，品种的合理安排等。

（6）加强卫生清洁工作，减少物料染菌和监控过程损失：整个味精工厂要注意对染菌的防控，中和、脱色、炭柱、结晶等都要充分考虑，对容器进行定期的化学清洗；对于生产过程要尽量减少在产数，要检测过程料液的染菌指数；计算各工序的生产投入和产出的物料平衡，尽量减少管道等过程损失。

二、如何抓好味精的质量

味精企业产品质量的主要控制措施有：建立健全质量管理体系；制定质量成本责任制；设定本企业的质量成本科目；对同行业进行比对，关注质量成本变化；成本核算和考核制度；质量成本分析报告；定期对质量成本管理工作进行评价。

具体到细节指标，比如：

（1）糖化车间质量管理——淀粉液化、糖化质量；糖液透光、糖化周期、糖液 OD、糖液过滤质量等。

（2）发酵车间质量管理——发酵液的质量（率值、周期、原辅料、空气、放罐及时性等）。

（3）提取车间质量管理——谷氨酸的晶体、收率、分离效果等。

（4）其他（设备、维修、工作质量等）。

三、味精生产的清洁生产

1. 清洁生产审核的定义

清洁生产，是指不断采取改进设计、使用清洁的能源和原料、采用先进的工艺技术与设备、改善管理、综合利用等措施，从源头削减污染，提高资源利用率，减少或者避免生产、服务和产品使用过程中污染物的产生和排放，以减轻或者消除对人类健康和环境的危害。工业企业按照清洁生产运作图见图 1－75。

清洁生产的本质是"节能减排"，对于味精这样一个高能耗高污染企业，实施清洁生产工作势在必行。

2. 味精企业清洁生产实施措施

（1）节能　味精企业节能措施主要包括：成立节能办公室；生产规模最大化；及时更换和使用高效低能设备；尽量简化工艺流程；生产要均衡；尽可能实

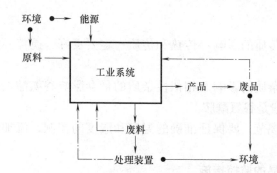

图 1-75　理想的工业系统运作示意图

施能源的循环利用；实施合同能源管理方法等。

　　具体主要车间来说，主要控制措施如：糖化车间，主要可以从淀粉调浆尽量用工艺循环冷凝水，尽量提高粉浆浓度、调浆水温，灭酶升温和糖化液降温热量互换等；发酵车间，如搅拌安装变频器，连续灭菌设备生料和熟料热量互换等；提取车间，如分离母液与发酵液预热热量交换，等电点池搅拌安装变频；精制车间，如结晶锅料液预浓缩，尽量提高中和料液浓度，活性炭二次脱色过滤等。

　　（2）减排　味精企业减排具体措施主要包括：绘制全厂排放分布图；制定全厂所有排放点的排放标准和考核标准（排放量和排放浓度），并与个人和部门收入挂钩；制定排污应急及演练方案；各生产车间排放物尽量循环利用，减少排放，如提取车间浓缩蒸发器的工艺冷凝水可以用于发酵培养基或糖化淀粉调浆之用；确保工艺稳定，不要出现生产工艺事故等。

四、影响谷氨酸结晶生长的具体因素及控制措施

1. 谷氨酸结晶生长的具体影响因素

　　（1）发酵液的纯度　发酵液的纯度对于谷氨酸的结晶至关重要，所以，要想有良好的结晶和收率，发酵液的质量必须严格把关，控制参数包括发酵液的比纯度、周期、残糖、其他氨基酸比例、发酵液的浓度、浓缩液的浓度、浓缩液的混浊度、菌体的含量、发酵液的黏度、发酵情况等。

　　（2）流加速度　不管是间隙还是浓缩连续流加，流加速度对谷氨酸结晶的影响都是很重要的，要根据具体的情况调整。

　　（3）底料的情况　如果是连续等电点工艺，底料的质量对于结晶状况的影响很关键，要严密监视底料的情况，及时调整更换。

　　（4）起晶的状况和投种点的判断　目前，谷氨酸发酵工艺普遍都是采用大晶种量、高生物素、大风量工艺，发酵液产酸高，黏度大，直接起晶往往有难度，一般采用大晶种量或者稀释调酸法，投种点的判断。

　　（5）加酸和降温的速度　加酸和降温不宜过快，最好分为分级并按照一定

梯度调整为佳。

（6）传热和传质的影响　传热和传质一定要良好，搅拌一定要保证径向和纵向的混合均匀。

（7）相似性杂质的影响　相似性杂质的量会影响谷氨酸的晶格，从而引起晶型的转变，一般是谷氨酰胺。

（8）操作的规范　要保证准确的温度和酸度的控制，流加的温度和酸度控制等。

2. 谷氨酸结晶的监控措施

（1）观察谷氨酸结晶的沉淀速度；

（2）观察单位体积的沉淀量所需的沉淀时间；

（3）显微镜观察结晶体的颗粒状况；

（4）沉淀上清液 GA 的含量；

（5）沉淀界面清晰；

（6）用手捻结晶体，凭经验感觉；

（7）沉淀后用玻璃棒进行插试，感觉沉淀结实度。

模块二
反应类调味品生产技术

背景知识

随着食品工业的快速发展,人们已经从仅仅满足吃的要求上逐渐向食品的方便、好吃、保健和卫生转变。要想满足不同消费者对食品的不同嗜好性,生产厂家单从原材料选取和加工技术上下功夫,往往不足,实际上很多产品都要添加调味料,以增加食品的风味和营养价值,而添加的调味料正逐渐从单一的化学调味料转向天然的调味料。天然调味料是由天然的原材料经过浸提、酶解等工艺加工而成,除了具有自然界存在的复杂鲜味成分外,尚有重要的香气成分等呈味物质,可以很好地赋予消费者以美味且营养的食物。

我国一直以来有用动物骨肉或者植物蛋白进行水解,做高汤使用或者直接做汤食用。日本则利用大海资源丰富的特点,使用海鱼、海带等各种动植物为原料,在一定的条件下水解,形成了日本独特的传统饮食文化。在欧洲也有很多传统的汤类是用牛骨或者牛肉煮制而成的。上述的各式汤料即是原始的天然调味料,它内含丰富的糖、有机酸、胍类物质、氨基酸和无机盐等风味物质,能直接给予食品良好的风味,且经烹调加热会产生美拉德反应及其他各种化学反应,生成的肉香风味更佳。除了用肉作为原材料进行水解浸提获得上述这些天然调味料之外,日本还普遍使用天然动植物为原料,水解原料中的蛋白质,形成含有多种氨基酸的水解液,作为氨基酸类调味料使用。这种增味剂由动植物,经过热水提取及部分酶解处理制取。原料取自畜肉、海鲜水产、蔬果、酵母等。有赋予加工食品独特的天然风味、鲜味和厚重味,强化食品原有风味及矫正异味等作用。

利用生物降解技术(包括酶工程),对天然食品原料如畜禽肉、鱼类、贝类、豆粕、食用菌类加以水解抽提,制备成丰富的含多种氨基酸、呈味核苷酸及小分子蛋白质的提取物,既保持了鱼、肉、贝类的原香,又具有氨基酸的鲜美及口感醇厚等特点。利用生物降解的调味品,具有如下特点:产品天然、健康,符合自然、绿色的需求;对原料要求低,可以用低成本原料生产出品质高档的产品；原料利用率高，用生物降解技术可以取代传统的制备方法，可以提高原料利用率2~5倍；风味大大提高，经过生物降解的调味料易于被很多不使用酱油和味精的国家和地区接受；除了有良好的呈味功能外还具有营养丰富、易于被人体所吸收的特点。

项目五 ▶

水解型调味品生产技术

▐ 学习内容

- 学习酸法水解制备动植物蛋白的工艺。
- 学习酶法水解制备动植物蛋白工艺。
- 学习水解反应型调味品的特性。

▐ 学习目标

1. 知识目标
- 熟悉酸法水解制备动植物蛋白生产工艺。
- 掌握酶法水解制备动植物蛋白生产工艺。
- 掌握酸法和酶法水解工艺的区别和适合产品。
- 了解水解类调味品的特点。

2. 能力目标
- 能进行动植物蛋白水解的工艺设计和操作。
- 能分析和解决水解反应生产中常见的问题。
- 初步具备反应类调味品企业生产管理和质量管理的能力。

▐ 项目引导

一、水解型调味料的特性

水解型调味料是指各种富含蛋白质的动植物原材料经过生物降解或化学降解，再经过中和、过滤、精制、浓缩等工序而成的具有各种氨基酸鲜味成分的水解液或粉末。水解型调味料一般分为植物水解蛋白（HVP）和动物水解蛋白（HAP）两类，动植物水解蛋白含有人体需要的各种氨基酸，营养价值高，水溶性好，可以发挥动植物原料中的固有风味，这是由于其中含有大量游离氨基酸对感官的过度刺激的结果。所以，在使用水解动植物蛋白质时要控制用量，过多反而会使调味料丧失原有自然的口感。

水解动植物蛋白的原料种类比较多，不同原料制备的水解物具有不同的风味，原料中的脂肪和多糖等则越少越好，尤其是植物蛋白，一般都是采用脱脂后的产物（如大豆粕、玉米粕、棉籽粕和花生粕等）。生产动植物水解蛋白的原料可以分为植物性和动物性两类。动物性原料有三种：畜肉类，以常用的牛、羊、猪等家畜和鸡、鸭等家禽的肉类及血液、骨头下脚料等为主；禽蛋类，主要是指蛋品；水产类，通常为鱼、虾、贝类及各种海产品。植物性原料则是以粮油作物为主，一般是粮食和油脂作物的种子及其加工制品，如大豆、玉米、棉籽和花生等。

动植物水解蛋白物产品有液态、糊状、粉状三种形式。糊状产品在保存时容易固化，使用前应加温软化，使其成为液态再使用。粉状产品有吸湿性，要注意运输和保存条件，相比液态产品而言，糊状产品褐变少。

HVP 和 HAP 主要成分是氨基酸，但目前市场上 HVP 远比 HAP 使用量要大。这除了是 HVP 生产原料的来源和储存、成本等方面更有优势，还有个重要原因是 HAP 的产品异杂味比较重。如果将两种水解物一起使用，则会有较强的香味互补效果。此外，动植物水解物的氨基酸在加热的条件下可以和不同的糖发生美拉德反应，不仅生产不同香味的香气成分，还能产生美化食品的色泽。

二、水解型调味料的生产工艺控制

在制备动植物水解蛋白之前，动植物原料必须经过预处理，预处理方法随原料种类、水解方法、所需产品风味、生产设备条件的不同而有较大的差异。目前使用较多的水解方法主要有加酸（盐酸或醋酸），加碱（纯碱或烧碱），加蛋白酶类等对动植物蛋白源进行加热水解，使蛋白质的肽键断裂而得到小分子肽和游离氨基酸。

HAP 和 HVP 只是原料的不同，生产工艺基本上都是采用酸或者酶水解工艺。如果用酸水解，则还要用碱来进行最后的中和，然后再经过脱臭、脱色等精制处理方法，得到精制的水解液产品。水解液再经过浓缩或干燥就成了膏状物和粉末产品。两者相比之下 HVP 在原料上更广泛和便宜。

1. 基本方法

首先将蛋白质含量较高的动植物原材料经过清洗、粉碎等预处理后，再进行酸或者酶水解。在水解过程中，酸、碱或酶的浓度、水解温度、pH、温度和水解时间对水解程度都有影响。

（1）催化剂的影响　在对蛋白质原料进行水解时，一般来说，水解程度会随着催化剂浓度的增加而增加；当达到一定浓度时，再提高其浓度，对水解程度的增加效果会变得不明显，所以，要试验催化剂最佳的浓度和使用量。

（2）水解条件的影响　水解条件主要是指水解温度和溶液的 pH 及水解时间对水解程度的影响，一般来说，反应速率随着温度和 pH 的增加而加快，但当达到最佳温度和 pH 后，反应速率会不增反减。同样的，在一定范围内，水解程度是随着水解时间的延长而递增，但要考虑能耗和长时间加热对原料营养物质的破坏。

2. 主要生产设备

用于动植物蛋白水解的生产设备主要有：水解反应锅（带压力）、沉淀池、离心分离机、板框压滤机、绞碎机、脱臭罐、胶体磨、真空浓缩器、喷雾干燥设备和包装设备等。

任务一 酸法水解豆粕制备植物蛋白液

酸法水解工艺中常用的催化剂是盐酸，它可以破坏蛋白质的肽键，使蛋白质逐一分解为一系列的中间产物如蛋白胨、小肽，直至最终产物 α – 氨基酸。这些氨基酸构成了 HVP 主要的呈味物质，如谷氨酸、天门冬氨酸具有良好的鲜味，甘氨酸、冰氨酸、苏氨酸则具有甜味。除了蛋白质被水解成氨基酸外，部分碳水化合物也会被水解成葡萄糖、果糖、木糖、阿拉伯糖等单糖。同时，水解反应也会带来一些副反应，如葡萄糖复合反应生成龙胆二糖和异麦芽糖；葡萄糖、果糖等则在高温下生成不稳定的 5 – 羟甲基糠醛等有色物质。

在酸水解过程中，要注意的是植物性油脂在盐酸作用下水解生成脂肪酸和丙三醇，丙三醇在高温下可与浓盐酸发生化学反应生成各种含氯丙醇，这种物质有一定的毒性，其中的 1，3 – 二氯 – 2 – 丙醇和 3 – 氯 – 1，2 丙二醇还具有致癌性。此外，酸水解过程也满足美拉德反应条件，所以反应的结果还会生成糠醛及其衍生物、还原酮类等化合物。

1. 水解工艺流程

豆粕酸水解工艺流程见图 2 – 1。

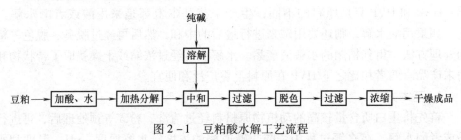

图 2 – 1　豆粕酸水解工艺流程

2. 操作要点

（1）预处理　脱脂大豆先经过预先脱皮，并用 0.5% 的盐酸进行处理，以去除其中的可溶性糖分。

（2）水解　向（1）中的原料加入约 2 倍量的含量为 20% 左右经过稀释的盐酸，然后进行升温保压，在 110～115℃ 的条件下加热保压 6h 左右，直至水解程度达到氨基态氮与总氮之比为 1∶10，外观为黑色的黏稠液状物。

（3）中和　水解结束后的水解液用纯碱液（先将纯碱用蒸馏水溶解）进行中和至 pH5～6，中和时，要注意纯碱液的添加速度。

（4）过滤　中和后的水解液用板框压滤机进行过滤，以去除那些不溶性碳水化合物降解的羰基化合物残渣，过滤结束后用 60℃左右的热水对滤渣进行洗涤。也可以选择合适分离系数的离心机进行固液分离。

（5）脱色　将水解液用活性炭和助滤剂进行脱色和精制，以去除其中的色素、异臭味，活性炭用量要视水解液和产品质量要求而定，一般为 2% 左右。脱色温度一般控制在 70～90℃。

上述经过脱色精制处理的水解液还可以视产品需要添加部分谷氨酸钠、香辛料、酵母抽提物、焦糖色素等，以制成水解蛋白调味料，制成营养成分丰富、具有特征肉香的风味型水解蛋白。

（6）浓缩、喷雾干燥　把以上液体产品通过真空浓缩、加氢化植物油包埋，经喷雾干燥可以制得吸湿性较强的喷雾干燥蛋白水解物粉末。喷雾干燥的条件是控制进风 140～160℃，排风温度 80～90℃，如果产品有粒度大小要求，则成品还要经过不同目数的筛子进行分级筛选后再包装。

任务二 **酶法水解豆粕制备植物蛋白粉**

蛋白质的酶水解必须有蛋白酶的参与，所以蛋白酶的选用十分重要，不同的蛋白酶的水解效果不同，所得到的产品性质也各异。蛋白酶的种类甚多，按其来源一般有植物蛋白酶、动物蛋白酶、微生物蛋白酶；按催化中心的不同可以分为天冬氨酰蛋白酶、金属蛋白酶、丝氨酸蛋白酶等。

1. 酶解工艺流程

酶解豆粕制备植物蛋白粉工艺流程见图 2－2。

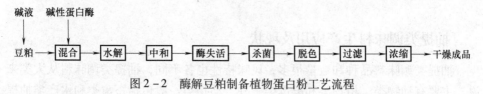

图 2－2　酶解豆粕制备植物蛋白粉工艺流程

2. 主要参数

（1）调节 pH　将豆粕用纯碱或烧碱调节 pH 至 8.0 左右，然后升温至 50～60℃，添加蛋白酶。蛋白酶添加量视底物浓度、作用时间和水解程度而定，一般添加量控制在 30～400U/g（以酶的活力为 10 万 U/g 计）。酶解时间要依加酶量及底物浓度而定，一般控制 0.5～10h，水解度一般可以达到 30%。

（2）中和灭酶、干燥　水解结束后的酶解液要及时进行灭酶，先加盐酸中和至 pH7.0，后升温至 85℃灭酶 15～30min，再加活性炭进行搅拌脱色、过滤、浓缩和干燥制成成品。

项目六 ▶

抽提类调味料生产技术

▨ 学习内容

- 学习抽提类调味品的特性。
- 学习酵母类抽提物制备工艺。
- 学习动植物抽提物制备工艺。
- 学习水产类抽提物的制备工艺。
- 学习抽提类调味品产品质量标准。

▨ 学习目标

1. 知识目标

- 熟悉酵母抽提物制备生产工艺。
- 熟悉动植物抽提类调味品制备工艺。
- 熟悉水产类抽提物制备工艺。
- 掌握相关产品的质量标准。

2. 能力目标

- 能进行动植物、微生物、水产类抽提物的工艺设计和操作。
- 能分析和解决抽提类调味品生产中常见的问题。
- 初步具备调味品企业生产和质量管理的能力。

▨ 项目引导

一、抽提类调味料生产应用及现状

抽提类调味料品种和数量很多，风味特性也各不同，抽提类调味料从大类来说，主要有动物类、植物类和酵母类三种。动物类一般包括畜禽类和水产类抽提物；植物类一般包括蔬菜类、海藻类、蘑菇类和果实类抽提物；酵母类主要是各种酵母类的抽提物。抽提类调味料因为保留了原料中的营养物质和香气，所以应用广泛。

二、动物抽提物的生产

1. 工艺流程

动物抽提物包括禽肉类和水产类，其中禽肉类调味料的制造工艺流程见图2-3。

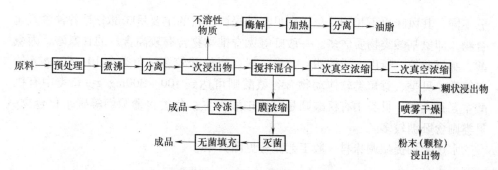

图 2-3　禽肉类抽提调味料制备工艺流程

动物类原料一般以牛肉、羊肉、猪肉、鸡肉或骨头为主，也可以使用肉类罐头企业的边角料。应用最多的是鸡肉类抽提物，因为与禽肉类的其他肉类相比，鸡肉中的游离氨基酸成分中含有更多的鹅肌肽，含谷氨酸、谷氨酰胺、谷胱苷肽也较多。不管采用什么原料，都要求新鲜和卫生。

2. 操作要点

（1）前处理　前处理是第一道工序，主要内容包括清洗，切片或切碎，热烫一次以去除臭腥味、多余的盐分和煮汁中的悬浮杂质，然后在进行煮汁，原料与水的比例一般为 1:（5~30），温度一般是先煮沸，然后再用文火慢慢煲。前处理工序中原料的切碎大小、固液比、煮汁时间和温度等条件都会直接影响抽提效率和风味。

（2）分离　分离时一般选用离心分离机或者过滤机，一次分离可以得到含有多种香气的油脂，一次浸出物和不溶性部分。为了提高抽提率，降低不溶性物比例和进一步分离出油脂。可以加酶进行水解，所用酶主要以肽链内断酶和氨基酸生产力强的肽链端酶为好。得到的二次浸出物可以和一次浸出物混合，混合时可以加入其他天然调味基料，以制成风味不同、品种繁多的产品。混合后浸出物浓度一般为浸出物 1%~2%，制成一般的液体调味料要求浓缩到 5%~10%。

（3）浓缩　浓缩可以采用一次或者二次真空浓缩，在 70℃ 以下保持料液沸腾状态，为了保护香气的散失，一般选用超滤膜或者反渗透膜浓缩，这样可以提高产品的风味。但这种方法只能浓缩到 8%~10%。

（4）无菌包装　浓缩完成的料液可以用薄板式换热器进行热杀菌，然后无菌包装。也可以膜浓缩后冷冻处理，在冰冻条件下作为商品销售。二次浓缩后的浓液可以灌装后再进行杀菌，制成糊状物进行销售。

（5）干燥　如果需要做成粉状调味料，则需要对浓缩液进行干燥处理，并要增加造粒设备进行造粒。

三、水产类调味料的生产

水产类调味料的原料主要是指鱼、贝、虾及其边角料。由于鱼、贝等所含成分不同，其风味也不相同。鱼类和贝类抽提调味料的主要呈味部分是各种含氮化合物，即氨基酸类物质居多。一般虾等无脊椎动物含有较高含量的甘氨酸、丙氨酸、脯氨酸等，所以肉质偏甜；鱼类一般含组氨酸较多，鱼类含 10～50mg/g 的谷氨酸，贝类、章鱼类软体动物含谷氨酸则可达到 100～300mg/g；鱼类中有机酸主要是乳酸，贝类中有机酸则是以琥珀酸为主；鱼类含葡萄糖等碳水化合物，贝类则含肝糖较多。

水产类抽提型调味料一般工艺流程见图 2-4。

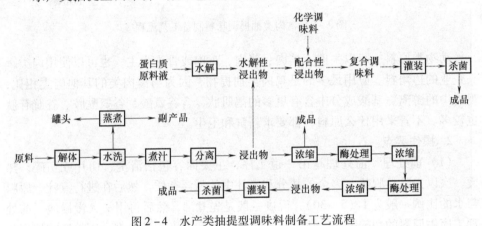

图 2-4 水产类抽提型调味料制备工艺流程

工艺操作要点包括清洗、去除内脏和鳃、切断等，基本类似于禽肉类抽提物制备工艺。

四、植物类抽提物

植物类提取物主要是以海藻类、蘑菇类、蔬菜类等原料。一般都是采用热水浸提，经过过滤、浓缩、干燥等工序而成。海藻类、蘑菇类提取物除了含有谷氨酸外，还有丙氨酸、甘氨酸、天冬氨酸、海藻糖等多种呈鲜呈味物质。蔬菜类抽提物因为含谷氨酸含量甚少，主要是利用其特征风味，烘托食品的主香，协调风味和丰富口感。

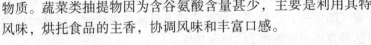

思政话题

五、酵母抽提物

1. 概述

酵母抽提物又称酵母味素、酵母精，英文名称为 Yeast extract。酵母抽提物是以食用酵母为原料，采用现代生物技术，除去细胞壁，将酵母细胞内的蛋白质、核酸等物质进行生物降解精制而成的天然调味料：其主要成分为氨基酸、呈味核苷酸、多肽、B 族维生素及微量元素。酵母抽提物分为膏状、液体状、粉状、颗粒状。酵母抽提物具有纯天然、营养丰富、味道鲜美、口感醇厚的优点，在日本、欧美等国的食品与医药行业已得到广泛应用。酵母抽提物作为一种新型天然营养复合调味料，广泛应用于食品行业，如方便面（粉丝、米粉）调味粉包、酱包、面块、肉制品、鸡精、各种调味汤料、香精基质、酱油、蚝油、酱类、醋、饼干、糕点、膨化食品、酱卤制品、速冻食品、素食、餐饮调味底料等，对产品起到风味强化和增香的作用。在营养保健品、工业培养基等方面也得到了广泛应用。酵母自溶物成分平均值见表 2－1。

表 2－1　　　　　　　　　　酵母自溶物成分平均值

成分	含量	成分	含量
固形物	95%	灰分	<20%
蛋白质	>60%	天然核苷酸含量	>6%
总氮含量	>9.6%	NaCl	10%

酵母抽提的作用原理主要是美拉德反应和鲜味相乘效应。

（1）美拉德反应　美拉德反应是食品中氨基酸、肽、蛋白质和糖类在加工和储藏过程自然发生的反应，对食品色泽、风味的形成与提高有着非常重要的作用。酵母抽提物的氨基酸、多肽、蛋白质的含量较为丰富，因此在一定的条件下，特别是高温时，美拉德反应较为剧烈，会产生大量的风味物质。因此使用酵母抽提物时适当加热处理将有利于其发挥最大的风味强化效果，最终提高产品品质。

（2）鲜味相乘效应　鲜味是一种复杂的综合味道，是人类舌上受体对食品中的鲜味成分的综合感应。当不同类型的鲜味成分同时存在时，由于它们作用于不同的受体，而发生协同作用使鲜味感成倍增加，这是鲜味相乘效应。

2. 生产工艺

酵母抽提物一般是以啤酒酵母或面包酵母为原料，生产方法一般有三种，分别是自溶法、酶解法、酸解法，它们的区别见表 2－2。

表 2－2　　　　　　　　　　几种酵母抽提物生产工艺比较

项目名称	自　溶　法	酶　解　法	酸　解　法
原料	新鲜酵母，具有繁殖性	失活酵母、需要加热和干燥、来源广	干燥酵母
酶系来源	菌体本身	酶制剂	酸
反应条件	改变温度及 pH	条件温和	高温、高压
产品特点	鲜味强、氨基酸和总氮比例高、分解率高	多样化、能增加调味时的醇厚和屏蔽作用	分解率高、呈味性差、需要脱盐
适应性	多样化	档次高	适用性差

（1）自溶法　利用酵母本身含有的糖类水解酶、蛋白水解酶、核酸水解酶系等将酵母的糖、蛋白质和核酸分解的过程。主要是通过改变温度和 pH，或加

入自溶促进剂，促使酵母细胞分子膜结构发生改变。因为自身酶系活力有限，往往需要加入蛋白酶或核酸酶以促进分解。

自溶法的工艺要点主要有：首先面包或啤酒酵母要经过过滤、洗涤、筛选，并加入一定量的碳酸氢钠进行处理，以去除其中的苦味和异味，再调配成浓度约15%的酵母液；添加酶制剂以缩短反应时间，提高抽提率。自溶需控制适当的温度（一般为40~60℃），维持30~40h。最后升温灭酶，以促进美拉德反应。该工艺生成的酵母抽提物生成成本比较低，呈味性较好，蛋白质分解率高。该法影响得率和氨基态氮的主要因素有：自溶时间、破壁处理、外加蛋白酶、pH和温度、酵母浓度、自溶促进剂等。

（2）酶解法　以菌体内酶失活的酵母为原料，通过控制一定的酵母浓度、温度和pH，干燥的酵母在细胞壁分解酶、蛋白酶等酶制剂作用下，生产小分子物质。离心分离后取上清液进行浓缩、干燥即可得到成品。该法使用的酶制剂，生成成本高，适合做比较高档的酵母抽提物。

（3）酸解法　酸解法是以酵母为原料，用盐酸作催化剂，在一定的温度、pH条件下水解一定时间后，进行过滤、脱色、除臭、碱中和后减压浓缩、喷雾干燥得到成品。工艺类似于HVP、HAP的制作工艺。酸分解率很高，游离谷氨酸高，但呈味性差，用碱量大，生成大量的盐，需要脱盐，适用性差。

以下是四种常见抽提类调味料，它们的营养成分见表2-3。

表2-3　　　　　　　几种常见的抽提类调味料成分比例

名　　称	粗蛋白（A）/%	游离氨基酸（B）/%	A/B	灰分/%	有机酸/%
酵母抽提物（自溶）	65.6	37.6	57.3	18.3	13.0
植物水解蛋白	39.4	35.0	88.8	9.3	9.6
牛肉抽提物	61.0	3.4	5.6	19.9	14.9
鲣鱼抽提物	63.2	15.6	24.7	10.9	14.9

任务一　啤酒酵母制备酵母抽提物

1. 工艺流程

啤酒酵母泥抽提物制备工艺流程见图2-5。

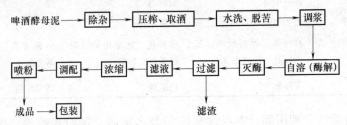

图2-5　啤酒酵母泥抽提物制备工艺流程

2. 操作要点

将啤酒厂排出的废弃酵母先用清水进行洗涤、过滤后移入带搅拌的保温容器中。在酵母泥中加水调至含干酵母 10% ~ 15%，用酸将混合物的 pH 调至 4.5。在夹层中通入热水对容器进行保温，使混合物的温度保持在 45 ~ 55℃，自溶 24h。自溶期间每隔 1h 开动搅拌 2 ~ 5min，搅拌有利于酶类和酵母内大分子物质充分接触，提高单位接触面底物的浓度，从而加快细胞内酶的反应速度。为了加速细胞的自溶，还可添加 2% ~ 3% 的氯化钠，其对提高抽提物得率和上清液氨基氮含量有一定促进作用。自溶结束后，在自溶酵母液中加入 0.20% 复合酶，调整物料 pH 为 7.0，在 50℃ 条件下酶解 24h。酶解结束后，经纳米对撞机在 150 ~ 200MPa 下进行破碎。其作用原理是：物料形成 150MPa 以上的高压射流，经分流装置被分成两股，然后，两股高压射流体在一个腔体内发生对撞，产生瞬时高压使振荡片振荡，形成频率高达 20000Hz 以上的超声波，酵母细胞在对撞和超声波的强大压力共同作用下发生纳米级破碎。经纳米对撞机处理后，用显微镜检测，混合物料中大多数为空腔细胞和大量碎片，酵母细胞壁的破碎率可达 97.9%，抽提物得率为 91.8%。破碎液经进一步纯化、浓缩后可制得淡黄色的酵母抽提物制品。

任务二 **高肽酵母精的制备**

酵母抽提物还可以进一步加工为高肽酵母精，加工方法为：以啤酒酵母或面包酵母为原料，加水、加热分解，并使酵母菌内各种酶失活，然后冷却到 45℃，加入 5% ~ 10% 的乙醇，再加入 0.1% ~ 0.2% 的复合酶（蛋白酶、溶菌酶、核苷酸酶、脱氨基酶）及米曲消化液，分解 15 ~ 20h 后，以 100 ~ 110℃ 温度加热 5min 使酶失活，然后在常温下用高速离心机分离出沉淀物，得到的上清液通过交换柱，去除苦涩等异味物质，增加鲜甜味，最后将流出液浓缩，再经喷雾干燥而制成。

任务三 **畜肉类抽提法制备蛋白粉**

1. 工艺流程

抽提型畜禽类调味料生产工艺流程见图 2 - 6。

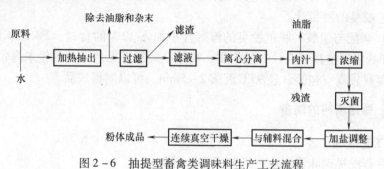

图 2 - 6　抽提型畜禽类调味料生产工艺流程

2. 操作要点

（1）原料预处理　将畜禽类肉或肉骨头清晰、切块或破碎。然后用沸水热烫约 2 分钟，除去腥臭味、多余的盐类和煮汁中的悬浮杂质。

（2）煮提　将原料放入煮提罐中，加入 8～10 倍于原料量的水、煮沸后用文火烹煮 1 小时。

（3）过滤分离　趁热过滤煮汁，用离心机分离除去煮汁中的油脂和不溶物。

（4）浓缩　将过滤后的清液用真空浓缩器进行浓缩，保持温度在 65℃以下。

（5）灭菌　将浓缩后的浓汁液进行超高温灭菌。杀菌前加入部分盐，以调整肉汁中的固形物。

任务四　**海带汤料的制备**

1. 工艺流程

海带汤料制备工艺流程见图 2－7。

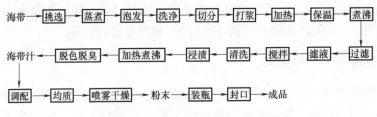

图 2－7　海带汤料制备工艺流程

2. 操作要点

（1）预处理　将海带进行筛选、清洗，然后干蒸 0.5～1h，再用约 5 倍量的 0.2%～0.5% 正磷酸盐水溶液于 50℃浸泡 8h，以去除砷。用正磷酸盐溶液还可以减少海带中的可溶性成分、蛋白质或碘的损失。浸出后取出，切割成型，入打浆机加水进行打浆，把浆液加热至 100℃保温 30min，并加入 1% 的柠檬酸继续保温 20min，过滤得到清液。在过滤清液中加入活性炭 0.5%～1.5%，在 60℃温度下维持搅拌 1h 进行脱色，最后加入约 1% 的抗坏血酸加热煮沸 10min 后过滤得到脱色脱臭的海带汁。

（2）调配与包装　脱色脱臭的海带汁中加入 12% 的食盐、2% 的味精、2% 的 β－环状糊精搅拌混合，经过均质、喷雾干燥制得无色无臭的粉末海带调味汤料，用塑料袋真空包装，经 95℃灭菌 2～5min，可以制得成品。

任务五　**香菇汤料的制备**

1. 工艺流程

干香菇浸提调味汤料生产工艺流程见图 2－8。

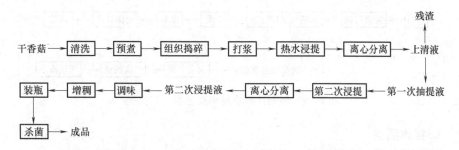

图 2 - 8　干香菇浸提调味汤料生产工艺流程

2. 操作要点

（1）前处理　称取干香菇 200g，要求无褐变、无虫咬，用水冲洗干净，放入锅内，加水约 1.5L。

（2）预煮　在电炉上加热至沸腾，以使其组织疏松并容易被捣碎。

（3）组织捣碎　先用刀将预煮后的香菇切成小块，再装入组织捣碎机内，并加入少量煮香菇的液捣碎 5 ~ 10min，使原料呈小块状。

（4）打浆　将捣碎的香菇装入胶体磨后，磨成浆状，装入烧杯中。

（5）热水浸提　将盛有香菇浆的烧杯置于水浴锅中，在 85℃ 温度下浸提 35min。

（6）离心分离　用 4000 ~ 5000r/min 的离心机离心 20min，取出上清液，得到第一次抽提液。

（7）第二次浸提　分离出离心后的残渣，向其加入含有 0.1% 碳酸钠的 3% 食盐水约 1.5L，搅拌在 80℃ 温度下浸提 25min。

（8）第二次分离　用相同的离心机离心分离 15min，取出上清液得到第二次抽提液。

（9）调味　将第一、二次抽提液合并，加入 3% 的食盐、0.15% 的鸡肉香精，调节 pH4.5。

（10）增稠　选用 CMC - Na 作为增稠剂，加入量约为 20g，并搅拌均匀。

（11）装瓶　加入防腐剂山梨酸钾 0.05%，热灌装，在 120 ~ 125℃ 温度下灭菌 15min，冷却后成为成品。

▓▓▓ 拓展与链接

一、溶剂法萃取辣椒红色素

1. 工艺流程

从红辣椒中提取的一种天然红色素，是我国重点开发的天然色素之一。从辣椒中提取辣椒红色素的工艺流程见图 2 - 9。

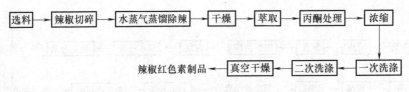

图 2 - 9　溶剂法萃取辣椒红色素工艺流程

2. 操作要点

（1）预处理　选择红色、无腐败的干辣椒为原料，并切成丝状。

（2）蒸馏　把切碎的辣椒丝放在蒸锅中蒸 20min，以去除部分辣椒素。

（3）干燥　把蒸后的辣椒丝沥干水后，在 60℃ 温度下干燥 2～3h。

（4）萃取　把辣椒丝放在 95% 的乙醇溶液中，乙醇加量以浸没辣椒丝为准，可以常温进行萃取，萃取时间一般为 5～7h，萃取后用丙酮处理 2h。

（5）浓缩　减压或者常压浓缩 30～60min。

（6）洗涤、干燥　用饱和食盐水和正己烷进行一次洗涤，再合并正己烷进行二次洗涤。然后在 30℃ 温度下，真空度 0.06MPa 的条件下进行干燥约 3h 制成成品。

二、大蒜油微胶囊的制备

1. 工艺流程

大蒜油微胶囊制备工艺流程见图 2 - 10。

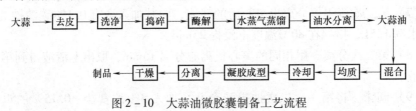

图 2 - 10　大蒜油微胶囊制备工艺流程

2. 操作要点

（1）捣碎　选取新鲜的大蒜头去皮，去除霉烂部分，在组织捣碎机上加水捣碎成浆状。

（2）酶解　该步是提高大蒜油产率的关键工艺，它是利用蒜酶分解蒜氨酸产生大蒜素，酶解过程需要加入激活剂二价铁。酶解优化工艺条件为：pH6.5，温度 35℃，酶解时间 1h，固液比 1:3，Fe^{2+} 的浓度 10mmol/L。

（3）蒸馏　保持料液比为 1:3，蒸馏时间约 1h。

（4）油水分离　油水分离后得到大蒜油，产品为黄色挥发性液体，带有大蒜特有的刺激性气味。

（5）混合　将大蒜油 150mL 与 3% 的海藻酸钠溶液 1500mL 混合搅拌，转速为900r/min，然后加入3%的明胶水溶液1500mL，转速500r/min，调节pH到4，搅拌乳化30min。

（6）均质与冷却　将60℃左右的混合液通过350MPa均质机均质，接着降温至5～10℃，并慢速搅拌。

（7）凝聚　将上述冷却液均匀滴入0.25mol/L的氯化钙溶液中，表面立刻形成凝胶生成光滑的微球。

（8）分离　待全部凝聚后经水洗过滤得到具有一定强度的微球。

（9）干燥　把微胶囊经过喷雾干燥机即可得到大蒜油微胶囊制品，喷雾干燥塔的工艺条件是进风180℃，出风温度85～95℃。

三、渗漉法提取姜油树脂

1. 工艺流程

渗漉法提取姜油树脂工艺流程见图2-11。

选料 → 清洗 → 打浆 → 过筛 → 连续渗漉 → 生姜油树脂

图2-11　渗漉法提取姜油树脂工艺流程

2. 操作要点

（1）原料处理　新鲜老姜去除霉烂变质部分，清洗、沥水，称重3kg，在DS-1型高速组织捣碎机中，在6000r/min转速下捣碎3～5min打浆，过40目筛得到姜泥。

（2）姜油树脂的抽提　姜泥装入连续渗漉法装置中，用95%酒精为溶剂，浸渍约24h后，以5mL/min的流速室温下进行渗漉，渗漉液在恒温水浴上，40～45℃，8.4～8.5kPa减压蒸馏回收酒精，得到含水姜油树脂。

一、复合调味品生产的发展和概况

在调味品的消费上，现代消费者对传统的酱油、食醋、味精等调味品的口感单一、缺乏层次感的特点越来越不满足，追求食品风味的天然化和多样化的要求越来越强烈。在这样的背景下，调味品开始发生了巨大的变化，复合型调味品应运而生。

复合型调味品是指以两种或两种以上调味料为主要原料，添加（或不添加）油脂、天然香辛料及动、植物等成分，采用物理的或生物的技术进行加工处理及包装，最终制成可供安全食用的一类定型调味料产品。复合调味品在我国起步较早，早在北魏时期盛行的"八齑粉"就是一种以8种香辛料为基料的复合调味料，传统的"十三香"、"五香粉"也属复合调味料。但我国现代化复合调味料的生产却起步很晚，在产量、品种、质量等方面均与先进国家有较大差距。复合调味品在日本发展较快，1961年日本味之素公司首先出售了用谷氨酸钠添加肌苷酸钠的复合调味料，使鲜味的效果提高了数倍，并且很快地普及到家庭及食品加工业，拉开了现代复合调味品生产的序幕。之后，随着国内外食品工业的迅速发展，各种复合调味料纷纷上市，其种类繁多、包装精美、食用方便，深受消费者的青睐。目前全世界的复合调味料品种多达上千种，它已成为当前国际上调味品的主导产品。据日本几家有名的超市的粗略统计，调味品专用货架上常年摆放着的专用复合调味品有150~180种（包括不同厂家的同类产品）。此外，袋装生面条里的复合汤料还有几十种，方便面里的复合汤料有几十种，再加上盒装熟菜等已被使用的复合调味品几十种，加起来共200多种。摆在超市上的都是一般家庭用消费品，工业用复合调味品的品种就更不用说了。

在复合调味品的生产工艺上，除了采用传统的调味料，配以鲜味素制成复合型调味料外，更重要的是采用现代生物技术，如水解动植物蛋白、发酵技术、提纯技术乃至超临界萃取技术，将理想的风味物质提取或萃取出来，经合理配制，成为高档的复合调味品。在有的产品中还配以天然的调味物质，增加了风味的浓郁和深沉。与此同时，关于复合调味的理论研究也不断深入。经过多年的探索，国外对于复合调味品呈味机理的研究已经发展到了分子水平。

对我国消费者而言，复合调味品仍系新概念，我国正式使用"复合调味料"这个专用的产品名称是从 20 世纪 80 年代开始的。1982—1983 年，天津市调味品研究所开发了专供烹调中式菜肴的"八菜一汤"复合调味料，并开始使用"复合调味料"这个专用产品名称。随后，北京、上海、广州等地相继开发了多种复合调味品，各种品牌的鸡精、牛肉精、猪肉精等也开始大量上市。1987 年我国正式制定了 ZBX 66005—1987 标准，制定了"复合调味料"专用名词、术语及定义标准。进入 20 世纪 90 年代后，复合调味品的发展尤为迅速，在技术上已实现了酵母精、水解蛋白等高档天然调味基料的国产化，为复合调味品提供了广阔的原料选择空间。目前，我国复合调味品的年产量约为 200 万 t，年增长率 20%，已成为食品行业新的经济增长点。

二、味的科学

（一）味与味的分类

所谓味，是指食物进入口腔咀嚼时给人的综合感觉。影响这种感觉的因素很多，最主要的是五味。食物的气味与味的关系也相当密切，气味能用鼻嗅到，在口腔内咀嚼时也可感觉到，前者称为香气，后者称为香味。另外，食物的视觉、触觉，就餐者的生理条件、个人嗜好、心理、种族甚至季节、温度等都是影响味的因素。可见，食物的味是个综合感觉，而那些刺激味觉神经的化学味，只是狭义的味。广义的味觉包含着心理的、物理的和化学的味觉。

1. 心理味觉

心理味觉是指食品的色泽、形状、就餐环境、季节、风俗、生活习惯等因素对人的味觉产生可口与不可口的感觉。优雅的用餐空间和美观的菜肴形状，令人心旷神怡并启发人们品位。色泽一般呈暖色能使人增强食欲。如红色最能促进人们的食欲，使人精神振奋；橙色次之；黄色稍低，但使人心情舒畅。蓝、黄绿、绿、紫色对食欲的促进作用都较差。

2. 物理性味觉

物理性味觉是指人对食物软硬度、黏度、冷热度、咀嚼感、口感、触感等物理性因素或指标的感受。例如：鲁菜中的五香肉干，具有一定的硬度和较强的耐咀嚼性，而元宵则柔软、黏糯，并具有一定的热度和咀嚼性等。

3. 化学性味觉

化学性味觉是指人对食物中所含化学物质的味觉和嗅觉。各国对化学性味觉的分类有许多差别,如中国有酸、甜、苦、辣、咸;日本有酸、甜、苦、咸、鲜(或辣);欧美有酸、甜、苦、咸、金属味、碱味等。

目前世界上对味的分类一般分为基本味和复合味。基本味又分为四原味和五原味。四原味是指由酸、甜、苦、咸组成的四种基本味,其他滋味都可由它们调配、组合而成。此外,使用谷氨酸、肌苷酸、琥珀酸之类的溶液的鲜味作为一种味觉考虑时,就定为五种原味。复合味是指由两种或两种以上含基本味的调味品混合后产生的味觉,这种味觉是十分复杂的。例如,糖与醋按不同比例混合,产生的复合效果差异极大。所以人们常说,单一味可数,复合味无穷。烹饪中正是利用复合味的这一特点,调制出丰富多彩的美味佳肴。

(二)味的相互作用

1. 对比

把两种或两种以上的不同呈味物质以适量的浓度混合在一起,导致其中一种呈味物质的味道更加突出的现象称为味的对比。如在蔗糖溶液中加入适量的食盐,溶液更甜;味精的鲜味只有在食盐存在的同时才能显出鲜味来,否则无法尝到鲜味,这些均为味的对比现象。

2. 相乘

把同一味的两种或两种以上的不同呈味物质混合在一起,可出现使味觉猛增的现象称为味的相乘作用。有人在研究甜味剂时,发现甘草酸铵本身甜度为蔗糖的 50 倍,在与蔗糖共用时,甜度可猛增到 100 倍,这些并非是简单的甜度相加,而是具有相乘的增强作用。

3. 相消

两种不同味觉的呈味物质以适当浓度混合后,可使每一种味觉比单独存在时所呈现的味觉有所减弱,这种现象称为味的相消作用。如我们在做菜时,不慎把菜的味调得过酸或过咸时,常常可以再加些适量的糖,就可使菜肴原来的酸味或咸味有所减弱,这就是利用了糖和食盐、有机酸之间可以互减味觉的原理。

4. 转化

由于受某一种味的呈味物质的影响,使得另一种呈味物质原有的味觉发生了改变,这种现象称为味的转化。例如,当我们尝过食盐或苦味的东西以后,立即饮冷开水,这时会有甜味感觉的产生。根据这个原理,在评定、品尝菜肴的质量时,优秀的评判员往往要先用白开水漱口,间歇数秒钟后,再品尝,就是为了避免在连续品尝不同的菜肴时发生味的转化作用,影响评判的正确性。

(三)呈味物质的数值表示方法

呈味物质数量较多,其味觉强度和味觉范围可用以下几种方式表示其数值。

1. 阈值

阈值是指获得感觉的不同而必须超过的最小刺激值,这是心理学上的定义。

可以理解为感觉到的特定味的最小浓度。五种原味的阈值如表 3 - 1 所示。

表 3 - 1 各种物质阈值

味	物 质	最低呈味浓度/%
咸味	食盐	0.2
甜味	砂糖	0.5
酸味	醋酸	0.0012
苦味	奎宁	0.00005
鲜味	谷氨酸钠	0.03

从表 3 - 1 可见，食盐、砂糖阈值大，酸味、苦味等阈值小。阈值小的物质即使浓度稀释仍感到其味，就是说味觉范围大。

2. 辨别阈

辨别阈是指能感觉到某呈味物质浓度变化的最小变化值。表示能区别出的刺激差异，有时也称为最小可知差异（缩写 JND）。

3. 等价浓度

当比较两种同类不同味的呈味物质时，将对共同属性达到相同感觉时的浓度称为等价浓度（缩写 PSE）。如醋酸和柠檬酸是具有不同酸味的有机酸物质，而 0.0188% 的醋酸溶液在酸味强度上与 0.0263% 的柠檬酸溶液相同。

三、配制复合调味料的关键技术

食品的滋味主要依据人的感官来做出判断。人的感官鉴定实际上就是人对味觉现象的一种反映。这种现象虽然是每个人的主观感觉，但有一定的共性和规律。所以配制复合调味品必须了解各种味觉现象，并在配制中予以应用，这也就是配制复合调味品的技术关键。

(一) 味觉的增强现象

现在常用的助鲜剂有味精、肌苷酸及鸟苷酸。但 0.1% 鸟苷酸水溶液并无明显鲜味，如果在 0.1% 鸟苷酸水溶液中加入等量的 1% 味精水溶液，则鲜味明显突出，而且是大幅度地超过 1% 味精溶液原有的鲜味，这就是鲜味增强现象的反映。现在已知这三种常用的助鲜剂在不同的配比下，可以成倍地增强味精的鲜度，鲜度被强化的程度如表 3 - 2 所示。

这种增强现象还会由于其他因素的存在而被更进一步强化。例如当有琥珀酸、柠檬酸、天冬氨酸钠等加入上述助鲜剂体系时，还可进一步产生增强效应，但用量不宜过多，一般用量为：琥珀酸 0.01% ~ 0.05%，柠檬酸 0.2% ~ 0.3%，天冬氨酸钠 0.1% ~ 0.5%。

表 3 − 2 味精和核苷酸的鲜味强度表

味精:核苷酸	混合物的鲜味强度（相对值）	
	5′− IMP（肌苷酸）	5′− GMP（鸟苷酸）
1:0	1.0	1.0
1:2	6.5	13.3
1:1	7.5	30.0
2:1	5.5	22.0
10:1	5.0	18.8
20:1	3.5	12.5
50:1	2.5	6.4
100:1	2.0	5.5

（二）味觉的掩盖现象

味的感觉（包括嗅觉）常会被另一种味的感觉所掩盖而产生味觉的掩盖现象。例如味精可掩盖苦味而使苦味减弱，肌苷酸可掩盖铁腥味及鱼腥味，花椒、肉桂等香辛料也具有掩盖异味的作用。较酸的口味（含食醋3%以上）可掩盖咸味。砂糖可掩盖咸味，例如2%食盐含量的食品中，加入6%砂糖可掩盖咸味。在配制调味品时运用掩盖作用，必须区别两种不同类型的情况：一种是无害有益的，例如香辛料、助鲜剂的应用；另一种是有害无益的，例如以糖掩盖盐。有一种观点是误将"掩盖"视为"相抵"，在口味上虽然有相抵的作用，但是被"相抵"的物质依然存在，故命名为"掩盖"较为适宜。以糖掩盐虽然是客观上存在的一种味觉现象，但应用上并不可取。加糖掩盖咸味不但增加成本而且风味也有所不同，且对消费者可能产生有害的影响。因为有的消费者由于健康原因忌糖、忌盐，在这一掩盖措施下，就不得不既多食糖又多食盐，而产生不利于保健的效果。生产中必须重视技术管理，以防止与及时发现错误操作，并采取正确的措施予以处理。

与此类似的现象还有味精可缓和咸味、酸味、苦味，使风味趋于较为和谐。

（三）黏稠度与味觉反映

如果复合调味品或被调的食品具有较好的黏稠度，首先在心理上产生一种浓厚感，实际上这仅是一种表面现象，甚至可以说是虚假现象。然而黏稠度对调味品的关系主要的还在于下述的实际味觉反映。黏稠度高的食品由于延长了食品在口腔内黏着的时间，以致舌上的味蕾对滋味的感觉持续时间也被延长，不像稀薄的食品在口腔里迅速消失，这样，当前一口食品的美味感尚未消失时，后一口食品又接着触及味蕾，从而得以产生一个接近处于连续状态的美味感。品质优良的调味品适当添加增稠剂犹如锦上添花，给人以满足的愉快感。反之，质量低劣的调味品为了伪装浓厚而滥用增稠剂，将使不良风味连续接触味蕾，而扩大了不良反映，只能产生适得其反的效应。但若试制新产品，则应根据产品的稠度、商品增稠剂的性能等做好试配试验。试配时下列各点可供参考：

（1）在一般食品 pH 范围（pH 4 以上）可有效使用的增稠剂按黏度高低排列为：黄原胶、瓜尔豆胶、甘露胶、琼脂、羧甲基纤维素钠、羟丙基淀粉、羧甲基淀粉钠、食用明胶、阿拉伯胶、卡拉胶。

（2）按黏度高低，大致可分为三档：

高黏度：黄原胶、瓜尔豆胶、甘露胶；

中黏度：琼脂、羧甲基纤维素钠、羟丙基淀粉；

低黏度：羧甲基淀粉钠、食用明胶、阿拉伯胶、卡拉胶。

（3）黏度之比相差悬殊。中黏度的约比低黏度的高 10 倍，高黏度的比低黏度的高 200 倍以上。

（4）在含食盐的液体调味料中，羧甲基纤维素钠及羧甲基淀粉钠会出现沉淀，但如果同时添加黄原胶则可防止沉淀。

（四）增香的效应

增香本来只能提供香味，并不能提供舌感之味，但由于条件反射，能促进食欲，增加对增香的调味品的吸引力，食用时易于产生愉快的感受。增香有两个必须遵守的法则：一是增香所增之香味应与被增香之调味品相和谐；二是被增香之调味品本身具有正常的质量。增香措施主要有三类：

（1）原料本身由于正确的加工方法而产生食品固有的香味。

（2）有针对性地使用人造香精。

（3）合理选用香辛料。

（五）醇厚感对味觉的效应

醇厚感并非指黏稠度增加，而是味觉的醇厚感。黏稠度增加属物理现象，而味的醇厚感则涉及味的本身的化学现象。例如单纯用味精作调味品，虽有鲜味但总有单薄的味感，但如与呈味核苷酸合用，则不仅倍增鲜味，并且产生了一种较为醇厚的味觉。又如酵母抽提物中除含核苷酸鲜味成分外，还含有较多的肽类化合物及芳香类物质，本来已可口的食品中，再加入酵母抽提物，则由此所产生的味感均衡作用就促进了诸味协调，从而形成醇厚感及留有良好的厚味，致使食品获得提升品质的效应，所以酵母抽提物是常用的风味醇厚促进剂。天冬氨酸钠也有一定的醇厚促进作用，可使肉香浓厚而爽口。

（六）pH 对味觉的作用

任何食品都有一个反映酸碱性的 pH。呈味效果最佳的 pH 为 6 ~ 7（特别是对鲜味），作为酸性食品的 pH 常在 5 以下。用味精作主要助鲜剂的食品或调味品，pH 不应小于 3，因为 pH 值小于 3 时味精会离解为谷氨酸，致使鲜味下降。

（七）细度对味觉的影响

酱类状态的调味品应按规定磨细，细腻的食品可美化口感，例如两个成分相同的番茄酱或花生酱，由于细度不同，则味觉反应较细者优于较粗者。磨细在生产上比较费事，但用胶体磨即可达到规定细度。调味品生产者应保证产品具有必要的细度，以提高产品质量。

（八）辣味的适度运用

多数人可以接受轻度的辣味，接受后易于产生一种美味感，并能促进食欲，故可选配适当的辣味复合调味品，以和谐地加辣于某些食品中（最好趁热供应），但切忌滥用。

四、复合调味品的种类及生产控制

（一）分类

复合调味品的分类有多种方法。按用途不同可分为佐餐型、烹饪型及强化风味型复合调味品；按所用原料不同可分为肉类、禽蛋类、水产类、果蔬类、粮油类、香辛料类及其他复合调味品；按风味可分为中国传统风味、方便食品风味、日式风味、西式风味、东南亚风味、伊斯兰风味及世界各国特色风味复合调味品；按口味分为麻辣型、鲜味型和杂合型复合调味品（杂合型复合调味品是根据消费者的不同口味和原料配比生产出来的，其特点是综合各地消费者的口味，根据原料的特性和营养成分生产出的一种调味品）；按体态可分为固态（包括粉末状、颗粒状、块状）、半固态（包括膏状、酱状）、液态（液状、油状），粉末状包括干燥粉末和抽出浓缩物粉末，颗粒状包括定型颗粒和不定型颗粒，油状复合调味品包括油和脂。

在 GB/T 20903—2007《调味品分类》中基本以体态将其分为四类：包括固态、液态、酱状和火锅调味料。

（二）复合调味品生产过程控制要点

1. 原料的保存

对原料的日常管理非常重要。液体和粉末原料须分开存放，特别是液体原料中适合常温保存的和需要冷藏保存的要分开。工厂中都应设有专门的原料冷藏库，里面存放的是各种动植物提取物和酱类等，而在常温下保存的是糖浆类和部分动植物提取物及焦糖色等。是否需要冷藏是根据原料的含盐量（%）、糖度（°Bx）及 pH 决定的。一般来说，含盐在15%以上或糖度在45°Bx以上的原料可以在常温（25℃）左右保存，达不到上述数值的原料则需冷藏（10℃以下）保存。此外，部分原料还需冷冻保存，像含盐量极低且浓度也低的鸡骨汤、猪骨汤、牛骨汤等液体原料须在冷冻库内（−18℃）保存。

2. 粉状和颗粒状复合调味品生产过程控制要点

（1）生产环境湿度控制　粉状复合调味品的水分含量应控制在5%左右，一般不超过8%。粉状颗粒水分含量很低且有巨大表面，使其具有极强的吸潮能力，而水分含量在10%～12%就能影响粉状颗粒流动性能。颗粒状复合调味品的合适水分含量控制在 6% ～7%。故生产过程中控制好环境的湿度至关重要，可用空调机控制相对湿度在 70% 左右为宜。

（2）产品卫生指标控制　粉状复合调味品的生产通常无热处理过程，因此在生产过程中，复合调味品的微生物指标不好控制。为了保证产品的卫生指标合格，原料的卫生指标应严格控制，在使用前进行辐照杀菌。为确保产品的卫生质量，包装后再进行一次辐照杀菌。颗粒或块状复合调味品的杀菌是将混合后的原料加水调配成乳液，采用瞬时灭菌，即在 15s 内将乳液加热到 148℃，然后立即冷却，装入消过毒的贮罐内，再进行浓缩、喷雾干燥等加工程序。

3. 块状复合调味品生产过程控制要点

（1）原辅料工艺的确定　由于块状复合调味品的生产所用原料种类和类型比较多，为保证产品的质量，对不同的原料要采用不同的预处理工艺。尤其是香辛料和蔬菜，要认真挑选，择优选用，要严格控制香辛料的水分含量和杂质含量。根据工艺要求进行必要的粉碎，或选用粉碎好的原料。

（2）生产环境湿度控制　块状复合调味品为柔软块型，水分含量应控制在 14% 以下，盐 40%～50%，总糖 8%～15%。生产环境湿度控制参考粉状和颗粒状复合调味品。

（3）产品均匀度的控制　由于块状复合调味品要用到液体原料、粉状原料、块状原料等，且有些粉状原料、块状原料可以不用完全溶解，于是要求其均匀度的意义比较大，否则产品质量相差悬殊。解决此问题的关键之处是将液体原料调整到合适的黏稠度，将粉状原料调整到合适的颗粒度，确定和控制生产（特别是成型过程）中的搅拌工艺。

（4）产品卫生指标的控制　块状复合调味品的生产中，尽管采用了热处理工艺，可以在一定程度上控制生产过程中微生物的生长、繁殖，但进行热处理的强度大小受所用原料被微生物污染程度和风味受热产生影响的制约。因此，首先要保证原料的微生物指标合格；其次，严格生产过程的卫生管理，生产中尽可能采用极限工艺条件，以减少和抑制微生物的污染和繁殖，必要时对最终产品进行辐照杀菌。

项目七 ▶

固态复配类调味品生产技术

学习内容

- 固态复合调味品的类型及特点。
- 固态复合调味品常见的制备方法及工艺要点。
- 固态复合调味品制备常见设备和问题处理。

- 固态复合调味生产技术经济指标及质量标准。

学习目标

1. 知识目标
- 掌握复合固态调味料的生产工艺。
- 掌握复合固态调味料的生产操作和设备选型。
- 熟悉复合固态调味料的生产管理和卫生质量管理。

2. 能力目标
- 能进行固态复合调味品的工艺设计和操作。
- 能解决常见固态复合调味品的生产问题。
- 初步具备复合固态复合调味品生产企业生产管理和质量管理的能力。

项目引导

一、固态复配调味品的特点和应用

固态复配调味品是以两种或两种以上天然食品为原料，配以各种食品及调味辅料加工而成。根据加工产品的形态可分为粉状、颗粒状和块状。

1. 粉状复配调味品

粉状复配调味品在食品中的用途很多，如速食方便面中的调料，膨化食品用的调味粉，速食汤料及各种粉状香辛料等。粉状香辛调味料加工分为粗粉碎加工型、提取香辛成分吸附型、提取香辛成分喷雾干燥型。粗粉碎是我国最古老的加工方法，它是将香辛料精选、干燥后，进行粉碎、过筛即可。这种加工方法植物利用率高，香辛成分损失少，加工成本低，但粉末不够细，加工时易氧化，易受微生物污染。特别对于那些加工后直接食用的粉末调味品，需进行辐照杀菌。另外，可根据各香辛料呈味特点和主要有效成分，对香辛料采取溶剂萃取、水溶性抽提、热油抽提等各种提取方式，在提出有效成分后进行分离，选择包埋剂将香辛精油及有效成分进行包埋，然后喷雾干燥；或采用吸附剂与香辛精油混合，然后采用其他方法干燥。

粉状复配调味粉可采用粉末的简单混合，也可在提取后熬制混合，经浓缩后喷雾干燥。其产品呈现出醇厚复杂的口感，可有效地调整和改善食品的品质和风味，产品卫生、安全。采用简单混合方法加工的粉状调味品不易混匀，在加工时要严格按混合原则加工。混合的均匀度与各物质的比例、相对密度、粉碎度、颗粒大小与形状及混合时间等均有关。

如果配方中各原料的比例是等量的或相差不太悬殊的，则容易混匀；若比例相差悬殊时，则应采用"等量稀释法"进行逐步混合。其方法是将色深的、质重的、量少的物质首先加入，然后加入其等量的量大的原料共同混合，再逐渐加入其等量的量大的原料共同混合，直到加完混匀为止。最后过筛，经检查达到均匀即可。

一般说来，混合时间越长，越易达到均匀，但所需的混合时间应由混合原料量的多少及使用机械来决定。在实际生产中，多采用搅拌混合兼过筛混合的一体设备。

2. 颗粒状复配调味品

颗粒状复配调味品在食品中的应用非常广泛，如分别用在速食方便面中的调味料和速食汤料等。颗粒状调味品包括定型颗粒和不定型颗粒。粉状调味料均可通过制粒成为颗粒状，如颗粒状鸡精。颗粒状香辛料加工方法通常为粗粉碎加工型，具体加工方法参照粉状复配香辛调味料一般加工程序。

3. 块状复配调味品

块状复配调味品又称为汤块，按口味不同可分为鸡味/鸡精味、牛肉味、鱼味、虾味、洋葱味、番茄味、胡椒味、咖喱味等。块状调味品通常选用新鲜鸡、牛肉、海鲜经高温高压提取、浓缩、生物酶解、美拉德反应等现代食品加工技术精制而成。由于消费习惯的不同，块状调味品是国外风味型复合汤料中的一种面市形式，重点消费地区为欧洲、中东、非洲，而在我国尚处于起步阶段，预期将会有较广阔的市场前景。块状复配调味品相对于粉状复配调味品来说，具有携带、使用更为方便，真实感更强等优点。

块状复配调味品风味的好坏，很大程度上取决于所选用的原辅材料品质及其用量，选择适合不同风味的原辅材料和确定最佳用量基本包括三个方面的工作，即原辅材料的选择，调味原理的灵活运用和掌握，不同风格风味的确定、试制、调制和生产。

二、固体复配调味品的生产及设备

（一）粉状复配香辛调味料的生产

1. 工艺流程

粉状复配香辛调味料生产工艺流程见图 3 – 1。

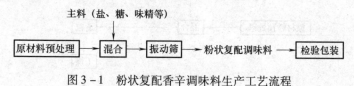

图 3 – 1　粉状复配香辛调味料生产工艺流程

2. 操作要点

（1）原料选择　选用干燥、固有香气良好而无霉变的原料。香辛料常因产地不同而致香气成分及其含量产生差异，作为工业生产用料，供货产地力求稳定。

（2）原料处理 香辛料在采集、干燥、贮运等过程中难免有尘土、草屑等杂质混入。有时还会有掺假情况，为确保用料的纯正，投料前需经识别除伪、去杂和筛选。筛选后若还达不到要求，再用水清洗，但洗后应低温干燥后再使用。

（3）原料配比 香辛料种类繁多，配制复合调味料，仿佛中草药处方，应根据需要进行组合配伍。配料主要以使被调味食品适度增香、助味为依据，并在一定程度上能遮蔽被调味食品自身的异味。

下列香辛料能对数种异味（腥、膻、臭）起到遮蔽作用：花椒、芫荽、月桂叶、肉桂、多香果、小豆蔻、洋苏叶、肉豆蔻、丁香，可供配料参考。在原料短缺时，部分香辛料在主要成分上若相类似，可试行互相代用，例如小茴香与八角茴香，豆蔻与肉桂，丁香与多香果等。

（4）粉碎 将已配伍好的香辛料先粗磨，再细磨，细度为20～40目。医药机械厂生产的钢齿式磨粉机具有能耗低、粉碎较为均匀、粉尘少、体积小等优点，较适于使用。

（5）包装 已粉碎的香辛料粉碎后即可包装。可用聚乙烯复合塑料作为包装材料，每小袋装5g，每10小袋套一外袋，外袋上标明包装法规所规定的项目。

复配香辛料能产生多重风味，因品种繁多、香型完全，并具有较强的保健功能，是一种很有开发前景的制品。国家规定，混合香辛料调味品中食用淀粉≤10%，食盐≤5%，各种香辛料总和≥85%；作为调味粉，其中不得添加食用色素，并要求口味清鲜，具有特征的调味作用。国际标准化组织（ISO）还规定，其含水量≤10%，粗纤维＜15%，乙醚萃取不挥发性残渣＜7.5%，精油≥0.4%，酸性溶解灰渣≤1%。

（二）颗粒状复配调味料的生产

1. 工艺流程

颗粒状复配调味料生产工艺流程见图3－2。

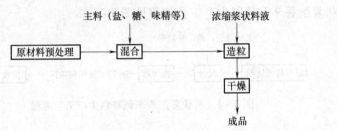

图3－2 颗粒状复配调味料的生产工艺流程

2. 操作要点

（1）原辅材料选用和预处理　参照粉状复配调味料的原辅材料选用和预处理。

（2）颗粒状复配调味料的生成　生产颗粒状复配调味料时，精料、大料混合结束后，边搅拌边加入浓缩处理好的酱状抽提物或少量水（物料含水量应为13%左右），混合（5～10mim）均匀后，经造粒机造粒，干燥工艺（如沸腾干燥床中）连续干燥，当水分<6%～8%时，用振动筛过筛，冷却。

（3）检验　需对生产出的每批产品外观、风味、水分等一些必检常规指标进行检验。

（4）包装　按照产品的包装规格要求进行分装，通常有各种规格的瓶装、罐装和复合袋装等形式。不论采用何种包装材料都必须保证良好的防潮、隔氧、阻光性能。包装检验后，在外包装打上生产日期和批次，装箱入库。

（三）块状复配调味料的生产

1. 工艺流程

块状复配调味料生产工艺流程见图3-3。

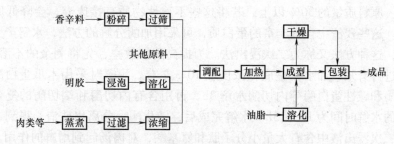

图3-3　块状复配调味料的生产工艺流程

2. 操作要点

（1）基本原料　块状复配调味料常用的基本调味原料有香辛料、肉类、水产品、蔬菜、甜味剂、咸味剂和鲜味剂等。

（2）原料处理

①香辛料的处理：粉碎香辛料加工简单，对设备要求不高。目前国内使用香辛料的主流仍是以传统的粉末状为主，将其直接用于制作复合调味料。

②肉类的处理：肉类属于动物性原料，在进入成品配制车间前须先进行预处理，主要处理内容为精选、破碎、提取、精制和浓缩。

a. 前处理。原料肉拣选后加入3倍的清水，浸泡3h，使血水溶出。然后清洗干净，沥去表面水分，切成小块备用。原料骨要先清洗，再破碎。接着100℃水热烫2min，立即捞出。经热烫可除去肉类腥味和一部分浮沫。

b. 热水浸提分离。将原料与水按质量比1∶3～1∶2的比例混合，煮数小时。在煮制时，应先将肉汤煮沸，然后使之处于微沸的状态，蒸汽压力保持在0.1～

0.2MPa。有些肉类的腥气比较重，可加入鼠尾草、生姜等香辛料，以抑制腥臭味。浸提一般在常压下进行，也可在加压条件下进行。加压浸提，可减缓浸出液中脂肪的氧化酸败速度。原料的提取率与浸提的压力没有明显的关系，而与加热的时间成正比。若要达到理想的提取率，可在煮制 1~2h 后进行一次粗过滤，在滤出的固形物内加入清水，调整固液比例，进行二次加热浸提，时间为 1h 左右。浸提完毕后，合并两次提出的肉汤，再进行过滤。

c. 过滤。经过热水浸提 1h 后，原料肉减重 40% 左右。溶出的肉汤中含有水溶性浸出物、蛋白质和部分脂肪。由于肉汤中过多的脂肪会导致产品在贮运过程中发生氧化变质，所以在加热浸提后，一般采取分离的方法除去。水溶性浸出物是肉汤呈味的主要成分，蛋白质部分分解得到的肽类能增加其显味的醇厚感。

热水浸提工序结束后，先趁热用较粗的滤网，将肉汤中残余的肉、骨滤出，这一步工序称为粗滤。粗滤后滤液一般使用卧式离心机分离出脂肪和残渣，分离过程保持在 0℃ 以上的温度进行。有些产品对于提取物的澄清度要求较高，在分离后又增加了精细过滤工序。精细过滤可以采用硅藻土过滤，也可考虑使用压滤机过滤。

d. 不溶性物质加酶分解。粗滤后剩余的肉、骨和离心机分离出的固体残渣，一般要占原料质量的 30% 以上，若将这些不溶性物质直接废弃，会降低原料的利用率。这些残渣中含有丰富的蛋白质，可采用加酶分解的方法，水解产生可溶性物质，这种方法又称为二次浸出法。为提高酶解效率，先将剩余的不溶性骨、肉残渣进行磨浆，加水调整底物浓度在 10% 左右。酶解时采用木瓜蛋白酶、中性蛋白酶和碱性蛋白酶等内切酶水解 3h，再用含有内切酶和端切酶的复合酶水解，总的水解时间为 10~13h。水解完成后，钝化酶，分离出残渣，得到二次浸出液。二次浸出液中含有大量小分子肽和氨基酸，对肉汤起到增鲜的作用。

e. 真空浓缩。将热水浸出的汤汁与二次浸出液混合后，浸出物的浓度一般在 5% 左右。要制成浓度为 40% 左右的液体产品，必须经过浓缩。肉类提取物产品富含挥发性香味成分，如果采用常压加热浓缩，这些香味成分会随水蒸气逸出，造成损失。所以，肉类浸出物的浓缩采用常温或低温浓缩法。真空浓缩是目前较为普遍使用的手段。

采用单效薄膜或双效薄膜浓缩设备将精制液浓缩至固形物含量在 50%~80%，得酱状物。浓缩物中含有大量的可溶性蛋白质、寡肽类、游离氨基酸、核苷酸和由核酸分解出的碱性物质。在特定条件下，通过使有损于精制液风味的呈味物质（主要指碱性氨基酸、碱基和苦味肽）与呈味核酸结合成一种氯化氨基酸，可使所有的苦味、涩味和不愉快的臭味得到消除或缓解，或使之变成良好的香味和呈味成分，通过这样处理可生产出非常浓厚美味的抽提物。

③蔬菜的处理：原料蔬菜要清洗干净，热水烫漂使酶失活，并保持其原有色泽在加工中不发生变化。将原料切片后，真空冷冻干燥。在冷冻过程中，蔬菜要在 -30~-40℃ 的温度下，迅速通过其最大冰晶区域，在 6~25min 内使平均温

度达到 -18℃。这样可避免在细胞间生成大的冰晶体,减少干燥过程中对细胞组织的破坏。将已冻结的蔬菜放入干燥室,使蔬菜内的冰晶升华,以水蒸气的形式逸出。真空冷冻干燥最大限度地保存了蔬菜原有的色泽和营养成分。干燥后的蔬菜,形成多孔的组织结构,能够达到快速复水的目的。

(3) 块状复配调味料的生成

①液体原料的热混:肉汁等液体原料放入锅中,然后加入蛋白质水解物、酵母浸膏和其他液体或酱状原料,加热融化混合。

②明胶溶液制备:将明胶用适量温水浸泡一段时间,使其吸水润胀,再用间接热源加入搅拌溶化,制成明胶水溶液。

③混料:在保温的条件下,将明胶水溶液加入到肉汁等液体原料中搅拌均匀,再加入白糖、粉末蔬菜等原料,混合均匀后停止加热。

④调味:将香辛料、食盐、味精、I + G、香精等加入混合均匀。

⑤成型、干燥、包装:原料全部混合均匀后即可送入标准成型模具内压制成型,为立方形或锭状,通常一块质量为4g,可冲制180mL的汤。根据产品原料和质量特点选择适当的干燥工艺,将其干燥至水分含量45%左右。每块或每锭为小包装,用保湿材料作包装物,然后再用盒或袋进行大包装。

(四)固态复配调味品的生产设备

复配调味品的种类虽多,但工厂的设备在很大程度上可以兼用,以一套设备生产多种产品,但一般都设有几套设备,可以同时生产多种产品。

1. 主要生产设备

固态复配调味品主要生产设备包括计量秤(电子秤)、粉碎机、干燥箱、S形多功能搅拌混合机、双轴S形搅拌混合机、颗粒造粒机、大型热烫设备(用于制备蔬菜汁粉时快速浸烫新鲜蔬菜等以尽量保持蔬菜的原色原味)、沸腾干燥床、干燥设备、振动筛、成型机、半自动颗粒(粉体)包装机、封罐机、电磁感应封口机、半自动复合薄膜封口机、打码机等。

另外,常用到的生产设备还有自动流量控制系统、夹层锅、混合加热罐、液体存储罐(暂时存放物料)、换热装置、优良的瞬时杀菌设备和高温杀菌装置及高压蒸煮装置、油脂混合罐、液体泵及充填装置、无菌室、成品库。

粉体香辛料的原料多为自然干燥的茎、叶、花、果、种子、树皮和根等,收货和晾晒时易混入杂草、树叶、泥沙、铁钉等杂质,所以首先应人工或分选机分选。常用的分选机可根据物料大小、相对密度和色彩不同进行分选。分选机按工作原理不同可分为风力分选、振动分选、磁力分选和比色分选等。

粉碎工序中,所用的粉碎机多种多样,如万能粉碎机或锤式粉碎机、辊式粉碎机、齿式粉碎机、冲击式粉碎机、冷冻粉碎机和超声波粉碎机等,这些粉碎机可对原料进行粗粉碎、细粉碎和微粉碎操作。发热较少的有球磨机、捣磨机等粉碎机。选择粉碎机时要考虑原料的硬度、脆性、大小、油脂含量及产品的颗粒度或细度等。

香辛料的灭菌是将杀菌气体通入粉碎香辛料中进行高压灭菌，可以得到灭菌香辛料。通常使用的杀菌气体是环氧乙烷和二氧化碳的混合物。环氧乙烷杀菌效果好，但该气体对操作人员有毒害作用，而且原料会因受热潮湿引起质量下降。目前来看，辐照杀菌是最有效的杀菌手段，预计今后会有广泛的应用。

小型工厂的产品包装多是人工用塑料袋进行热封包装，也有部分产品使用粉状自动计量包装机或全自动颗粒包装机进行包装。个别产品有真空包装。

2. 包装材料

制成成品调味料后，接下来要进入包装工序，需使用合适的包装材料和包装机械。

常用的包装材料如表3-3所示。粉末等固体调料的包装一般采用铝箔加聚乙烯（Al/PE）、赛璐玢（玻璃纸）加聚乙烯（PT/PE）、铝塑复合膜等材料，这类材料的防潮湿性和密封性良好，可以防止粉末和颗粒吸潮，且无毒、无污染。包装材料中最常用的是尼龙/聚乙烯（NY/PE）复合材料。这种材料具有耐油性和耐热性，价格低，适合一般液体汤料、塔莱（一种日本调味汁）、沙司等的包装，缺点是同铝箔材料相比，隔绝空气的性能稍差。如果产品含较多油脂或易氧化成分，如香气成分等，就需使用聚酯/真空喷铝纸/聚乙烯（PET/VM/PE）等材料包装。这类材料隔绝空气的性能良好，可延长产品的保存期。

表3-3　　　　　　　　　　　常用的包装材料种类

保存期限	种类	复合材料	厚度/μm	在常温常压下的氧穿透率/ $[mL/ (m^2 \cdot d)]$
长期保存	铝箔	PET/Al/PE	12/7/40	0
	铝雾喷附	PET/Al喷附/PE	12/60nm/40	0.2~6
	聚乙烯醇类	OPP/聚乙烯醇/PE	20/17/40	0.3~4
中长期保存	聚偏二氯乙烯类	KON/PE	12/50	6~10
		KPET/PE	15/50	6~10
		KOP/PE	20/40	5~15
		KT/PE	22/50	5~15
中短期保存	尼龙类	2层压出型	100	11~30
		3层压出型	60~90	25~70
短期保存	聚酯类	ON/PE	15/40	30~120
		PET/PE	12/40	50~120
不适合保存	玻璃纸	PT/PE	20/40	10~200
	聚丙烯	OPP/PE	20/40	1500~2000
	聚乙烯	PE	40	2000

注：PET—聚酯；Al—铝；PE—聚乙烯；OPP、OP—延伸聚丙烯；K—聚偏二氯乙烯附着；ON—延伸尼龙；T、PT—玻璃纸；CP、CPP—未延伸聚丙烯。

通常脱水蔬菜包和粉末汤料包采用透明的包装材料，以突出视觉感受。较高档次的颗粒状或块状速溶调味料采用含有铝箔的包装材料，以烘托体现内在的价值。

高压蒸煮调味品较常用的包装材料是聚酯/铝箔/未延伸聚丙烯（PET/Al/CPP）、尼龙/铝箔/未延伸聚丙烯（NY/Al/CPP）材料。高压蒸煮用包装材料不同于一般包装材料，它的耐热性、耐水性和密封性均好，不能因压力大而产生各层材料间或热封口部位的剥离或强度下降的现象，袋子也不能变形。

此外，工业用产品一般用 1.8L 塑料瓶（PET 聚酯材料），5L、18L、20L（kg）的立方形塑料袋和铁罐包装。铁罐除外，其他包装物都需再用瓦楞纸箱盛装。

三、固体复配调味品的卫生和质量管理

每个工厂都设有专门的质量管理部门，负责日常的产品质量检查。该部门的工作范围是：①检验日常产品的各项质量指标，也就是糖度（°Bx）、食盐含量（%）、pH、黏度（Pa·s）、相对密度、水分活性（A_w），看产品与配方的质量指标是否相同，如果出现差异，要立刻寻找原因和解决方法；②建立质量档案，设立产品样品库，以利查询；③建立工厂卫生管理程序和规则，检查执行情况；④协助工厂负责人、研究所（室）及车间负责人解决来自客户的质量申诉，提出应对方案；⑤向客户提出本厂产品的质量等级和分析数据。

另外，对于固体复配调味品的车间来说，必须严格按照要求进行设计，车间要安装紫外灯及臭氧装置，确保车间菌体指数在可控范围。且要严格遵守执行各种人进、灭菌、配料等程序，确保操作规范，无菌。在允许条件下，固体复配调味品可以进行辐照以杀灭细菌，但必须进行注明。

任务一　辣椒粉的制备

辣椒粉是将辣椒经人工干燥或自然暴晒、粉碎、过筛而成。

1. 主要设备

磨粉机，筛网，烘干房。

2. 配方

鲜红辣椒若干。

3. 工艺流程

辣椒粉工艺流程见图 3-4。

鲜辣椒 → 漂洗 → 暴晒 → 去蒂 → 粉碎 → 过筛 → 成品

图 3-4　辣椒粉工艺流程

4. 操作要点

（1）去杂、暴晒　红辣椒去杂用清水漂洗，沥干水分，放芦席上暴晒，每天翻动 3~4 次，晒至辣椒干缩，含水量在 12% 以下即可。

（2）磨粉过筛　剪去干辣椒的蒂，用磨粉机将干辣椒磨成粉末状，然后过 40 目筛，粗粉再磨，反复多次。

5. 质量标准

为大红色，粉末均匀、细致，具有辛辣味。无杂质、霉变。

若想降低辣椒粉的辣味，可加入山椒与陈皮同时磨碎使用，其他原料也可直接使用。此制品的辛辣味多为中等辛辣度，辣椒粉的配合比例为 50% ~60%。

任务二　颗粒鸡精的制备

1. 主要设备

粉碎机，混合机，烘干灭菌设备一套，造粒机。

2. 颗粒鸡精配方

颗粒鸡精配方见表 3-4。

表 3-4　　　　　　　　　　　　颗粒鸡精配方　　　　　　　　　单位：kg

原辅料名	数　量	原辅料名	数　量
碘盐粉剂	30	味精粉	20
白胡椒粉	0.2	I+G	1
白砂糖粉	10	鸡肉膏状香精	2
鸡肉精油（8523）	0.5	麦芽糊精	9.3
淀粉	5	蛋黄粉	10
天然鸡肉粉	12		

3. 工艺流程

颗粒鸡精工艺流程见图 3-5。

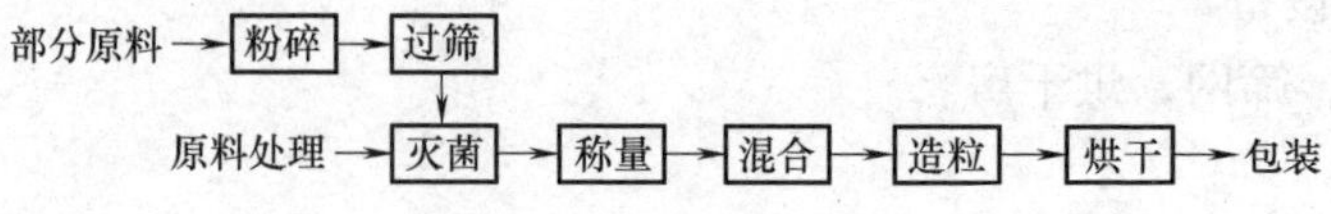

图 3-5　颗粒鸡精工艺流程

4. 操作要点

（1）先将配方中的胡椒、碘盐、砂糖、味精用粉碎机分别粉碎为 60 目的粉末，备用。

（2）将味精粉、I+G、白胡椒粉、淀粉、麦芽糊精、蛋黄粉、鸡肉粉、碘盐粉、砂糖粉投入混合机，拌和 15min，至物料混合均匀即可，再投入鸡肉精油拌和

30min。立即投入造粒机，选用15目的造粒筛网造粒，选好的颗粒马上投入烘房烘干，烘房温度控制在70℃，烘干4h。烘干时采用地面送风设备，使烘房内的水蒸气迅速排出、湿度降低，烘干后推出烘房，立刻密封包装，以免吸潮。

（3）鸡精的包装以用内衬铝箔的塑料袋或密封条件良好的镀锌桶包装较好，这两种包装能有效阻隔环境中的水分和空气的透入，有效保证成品在保质期内的质量。

5. 质量标准

水分≤6%，盐含量<35%。

任务三 **牛肉汤块的制备**

1. 牛肉汤块的配方

牛肉汤块配方见表3-5。

表3-5 牛肉汤块配方 单位:%

原辅料名	配比	原辅料名	配比
食盐	49.9	I+G	0.5
味精	8.0	粉末牛肉香精	0.1
砂糖粉	10.0	胡萝卜粉	0.80
HVP粉	10.0	大蒜粉	0.54
浓缩牛肉汁	10.0	胡椒粉	0.08
牛油	5.0	洋苏叶粉	0.04
氢化植物油	4.0	百里香粉	0.04
明胶粉	1.0		

2. 操作要点

（1）液体原料的加热混合 牛肉汁放入锅内，然后加入蛋白质水解物、氨基酸，加热混合。

（2）明胶等的混合 将明胶用适量水浸泡一段时间，加热溶化后，边搅拌边加入到牛肉汁锅内，再加入白糖、粉末蔬菜，混合均匀后停止加热。

（3）香辛料的混合 香辛料、食盐、粉末香精等混合均匀。

（4）成型、包装 混合均匀后即可进行成型，为立方形或锭形，经低温干燥，便可包装。一块重4g，可冲制180mL汤。

▬▬▬ **拓展与链接**

调味粉的保存和管理方法

调味粉容易吸潮、易结块和挥发性气味大。保管时应保存密封，存放于阴凉、通风和干燥的地方，注意避免虫蛀，防止霉变，保持其风味不丢失。最好是用不受腐蚀的容器密封保存，这样既可以保存香味不受影响，又可以防潮避湿。

进仓前场地要消毒、防虫，进仓后要经常检查，特别是梅雨季节，更要加强放潮、防虫。发现有吸潮、结块或虫蛀的现象要及时处理。

咖喱粉含油多，保管时应注意防潮，必须密封存放。受潮后的芥末粉容易跑油，产生蛤蚧的苦味，质量下降，甚至不能食用。

味精及各类添加剂，均会吸潮，存放时也要注意，且不要与碱性食品混放。

项目八 ▶

半固态复配类调味料生产技术

▌ 学习内容

- 半固态复合调味品的类型及特点。
- 半固态复合调味品常见的制备方法及工艺要点。
- 半固态复合调味品制备常见设备和问题处理。
- 半固态复合调味品生产技术经济指标及质量标准。

▌ 学习目标

1. 知识目标
- 掌握半固态复合调味品的生产工艺。
- 掌握半固态复合调味品的生产操作和设备选型。
- 熟悉半固态复合调味品的生产管理和卫生质量管理。

2. 能力目标
- 能进行半固态复合调味品的工艺设计和操作。
- 能解决常见半固态复合调味品的生产问题。
- 初步具备半固态复合复合调味品生产企业生产管理和质量管理的能力。

▌ 项目引导

一、概述

半固态复合调味料是指两种或两种以上的调味品为主要原料，添加或者不添加辅料加工而成的，呈半固态型的复合调味料。按照黏稠度不用可分为酱状和膏状复合调味料。

酱状复合调味料是指以花生、大豆等酱为基础原料，辅以各种香辛料及肉类、海鲜等辅料，经过提取、过滤精制处理，然后进行加热调配、细磨等均质处理，灌装、封口包装等工序加工而成。酱类复合调味料具有风味独特，品种繁多，携带使用方便、营养成分丰富等特点，收到广大消费者的喜欢。根据工艺不同可以分为发酵型和调配性复合调味料。发酵型调味料如蘑菇面酱、西瓜豆瓣酱等；调配性复合调味料，如辣酱、海鲜风味酱、肉酱等。此外还有沙拉酱及沙司类酱等品种。

常见的膏状调味料有膏状肉味香精、方便面调味酱包及火锅底料等。

二、半固态复合调味料生产工艺流程

半固态复合调味料包括酱类、膏状类和其他。

（一）酱类复合调味料

酱类调味料一般包括发酵型和调制型两种。

1. 发酵型复合调味料生产

（1）工艺流程

发酵型复合调味料常见的生产工艺流程见图3-6。

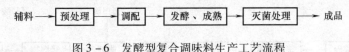

图3-6　发酵型复合调味料生产工艺流程

（2）操作要点

①辅料预处理：常见辅料包括菇类、瓜类、豆类等。发酵前要经过筛选分级、除去杂质、切碎或破碎等。

②配料：发酵前要进行培养基的调配，主要是各种主料、辅料、添加剂等按照原料配方比例进行充分的混合均匀。

③装缸发酵：将配好料的混合液置于发酵容器中，密封，然后通过自然发酵或者接入培养好的菌种进行发酵。

④调味、装瓶、冷却、验收：发酵好的混合液还要经过调味，达到要求后装瓶、灭菌、冷却后检验即可贴标，制成成品。

2. 调制型复合调味料生产

（1）工艺流程

调配性复合调味料的生产工艺流程见图3-7。

图3-7　调配型复合调味料生产工艺流程

（2）操作要点

①辅料预处理：常用的辅料如芝麻、花生仁等要先经过除杂分筛、清洗、炒培、破碎等。

②配料：破碎后的辅料根据品种要求添加一定比例的添加剂。

③成品加工：各种酱在配制过程中，一般都是从加热开始的，首先将油、作料及不同的辅料分层次地加入夹层锅进行烘炒，通过加热可以使原辅料中的微生物和酶停止作用，以防止产品再发酵或发霉变质。灭菌温度保持85℃，10～20min，同时添加防腐剂苯甲酸钠或者山梨酸钾。

④包装：成品酱一般采用玻璃瓶或者塑料盒包装。如果是用玻璃瓶包装，要先清洗干净，蒸汽灭菌。装瓶时酱料温度一般不得低于70℃。

（二）膏状复合调味料的生产

常见的膏状复合调味料主要有膏状肉味香精、方便面调味酱包及火锅底料。膏状肉味香精风味类型主要有鸡肉味、牛肉味、猪肉味、海鲜味等；方便面酱包则主要有牛肉味、大米风味等；火锅底料有红汤、白汤等。

1. 膏状肉味香精生产

（1）工艺流程

膏状肉味香精生产工艺流程见图3－8。

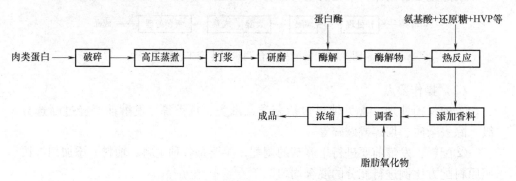

图3－8　膏状肉味香精生产工艺流程

Maillard（美拉德）反应的条件是影响肉类香精风味的主要因素。其中包括温度、时间、水分活度、水分含量和反应物组成等。

a. 温度：温度升高有助于反应进行，产生更多的香味物质，不同温度下可以产生不同的香气。

b. 水分活度：美拉德反应的最佳水分活度是0.65～0.75，水分活度小于0.30或大于0.75时的反应速度很缓慢。

c. pH：美拉德反应形成颜色的pH一般大于7.0，吡嗪形成的pH大于5.0，加热产生肉香味的pH在5.0～5.5。

d. 反应物组成：氨基酸和还原糖的种类不同，香气成分也不同。

2. 方便面酱包生产

方便面包的调味料一般包括四种：粉包、油包、酱包和软罐头。此处只介绍酱包的生产。

（1）工艺流程

方便面调味酱包的生产工艺流程见图3-9。

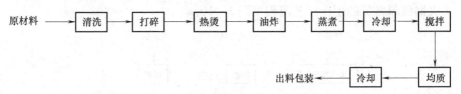

图3-9　方便面调味酱包生产工艺流程

（2）操作要点

①原料预处理：先将动物的肉、骨等经微波解冻、清洗、分选、分切。生鲜香辛料剥皮、清洗、切段。其他香辛料分成两部分，一部分用来煮炖原料，按配方配好，用纱布包住；另一部分则在炒酱时加入，需经粉碎机粉碎。

②煮炖肉类原料：将肉、骨等原料放入不锈钢夹层锅，并按一定比例加入纯净水。开启搅拌器，使原料在水中均匀分散，然后通入蒸汽进行加热。待沸腾后去除表面泡沫，加入切断的生鲜香辛料，然后减少蒸汽用量，用微沸状态炖煮2~4h，至风味物质基本溶出。然后用过滤装置，将肉粒和骨头滤出。余下的肉汤经过浓缩后，得到浓缩肉汤，在炒酱时再加入。动物脂肪加少量清水，大火加热至沸腾后改用小火，至水分耗干，直至油渣为浅黄色时出锅过滤，得到精炼动物油。

③炒酱：将煎炸油放入煮酱锅中，开启蒸汽，以0.3~0.5MPa的压力，将油预热升温至130~150℃，然后倒入葱、姜、蒜等。炸干水分后，加入豆瓣酱等进行油炸。炸好的酱体色泽由红褐色变成棕褐色，由半流体变成膏状，停止加热，除去表面多余的煎炸油，依次加入浓缩肉、骨汤、肉末、食盐、白砂糖等其他香辛料。先用大火沸腾10min再改用中火保持沸腾状态1~2h，至酱体浓缩至相当黏稠，停止加热，继续搅拌，再加入味精及I+G等鲜味剂，待溶解彻底后，开启夹层冷却水将酱体迅速冷却至40℃，加入肉类香精进行调香，当物料温度到达20~30℃时出料。

④包装：将冷却好的酱体进行自动包装。包装好后检查、装箱、入库。

3. 火锅底料

火锅底料的基础原料是各种酿造和调制酱类，主要类型有辣椒酱、芝麻酱、肉酱等。

香辛料是火锅底料的重要原料，常见的有胡椒、辣椒、八角、丁香等。干香辛料经过洗涤烘干以后，磨成粉末状备用；生鲜的香辛料如姜、蒜等则取其汁液提取物，在加工时再加入。其他酱油、醋、豆腐乳等液体调味品，在火锅调料中，可以起到调色、调味、增香的作用。增稠剂能够赋予火锅调料合适的黏稠度，使火锅调料保持一个均匀合适的体态。此外，还有味精、白砂糖、防腐剂等辅料。

1. 工艺流程

火锅底料常见的生产工艺流程见图 3 - 10。

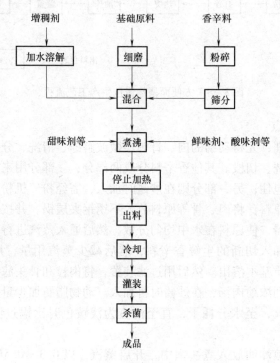

图 3 - 10   火锅底料生产工艺流程

2. 操作要点

（1）原料预处理   各种酱料要经过胶体磨磨细后备用。香辛料也要先经过粉碎，过筛。动植物原料在加工成酱状后，也最好经过胶体磨，使火锅调料的胶体均匀一致，口感更好。

（2）酱体熬制   在夹层加热锅中加入约 1.5 倍的水，加热至沸腾。启动搅拌器，加入预处理好的发酵酱类和增稠剂、香辛料粉末、甜味剂、酱油等调味品。保持沸腾 0.5h 以上，当酱体达到要求的黏稠度后，停止加热。

（3）出料冷却   加工成熟的火锅调料趁热出锅，及时转移到空气洁净的包装贮藏室内，自然冷却至 55 ~ 60℃，即可包装。

（4）包装、杀菌   火锅调料按需求进行包装，及时封盖后在 100℃沸水中杀菌 20 ~ 30min，即得到成品。

<table>
<tr><td>任务一</td><td>蘑菇面酱的制备</td></tr>
</table>

1. 配方

蘑菇 5kg、面粉 16kg、食盐 0.6kg、五香粉 0.03kg、柠檬酸 0.03kg、苯甲酸

钠 0.04kg、水 5kg。

2. 工艺流程

以蘑菇为原料的蘑菇面酱工艺流程见图 3 – 11。

和面 → 制曲 → 制备蘑菇液 → 制酱酪 → 成品

图 3 – 11　蘑菇面酱的制备工艺流程

3. 操作要点

（1）和面　先将面粉用水拌和均匀，使其成细长的颗粒，然后放入煎锅内进行蒸煮。标准是面糕呈玉色、不粘牙、有甜味、冷却至 25℃ 接种。

（2）制曲　将面糕接种后，及时放入曲池或曲盘中进行培养，培养温度为 38～42℃，成熟后即为面糕曲。

（3）制备蘑菇液　将蘑菇下脚料去除杂质、泥沙，加入一定量的食盐，煮沸 30min 后冷却，再过滤备用。

（4）制酱酪　把面糕送入发酵缸内，用经过消毒的棒将面糕摊平，自然升温，并从面层缓慢注入约 14°Bé 的菇汁及温水，用量为面糕的 100%，同时将面层压实，加入酱胶，缸口盖严保温发酵。发酵时温度维持在 53～55℃，2d 后搅拌 1 次，以后每天搅拌 1 次，4～5d 后已经糖化，8～10d 即为成熟的酱酪。

（5）制面酱　将成熟的酱酪磨细过筛，同时通入蒸汽，升温到 60～70℃，再加入溶解的五香粉、柠檬酸等，最后加入苯甲酸钠，搅拌均匀后即成蘑菇面酱。

任务二　牛肉香辣酱

1. 配方

植物油 10kg、食盐 1.5kg、熟牛肉 15kg、味精 0.01kg、辣椒 1kg、黄酱 11kg、芝麻 1kg、面酱 4kg、糊精 13kg、芝麻酱 5kg、分子蒸馏单硬脂酸甘油酯 0.4kg、植物水解蛋白粉 1kg、辣椒红色素 0.4kg、葱 0.2kg、蒜和姜各 0.3kg、保鲜剂 0.3kg。

2. 工艺流程

牛肉香辣酱工艺流程见图 3 – 12。

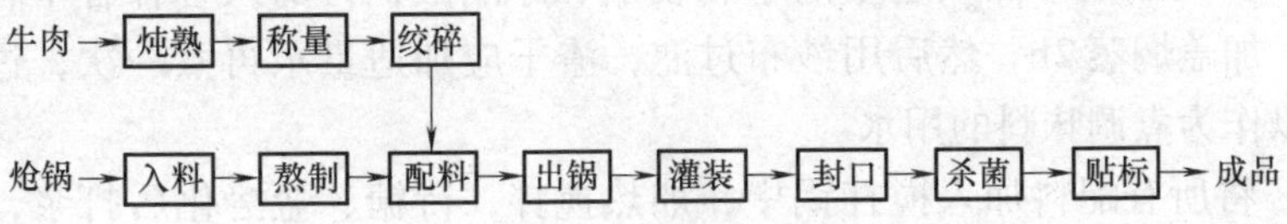

牛肉 → 炖熟 → 称量 → 绞碎

炝锅 → 入料 → 熬制 → 配料 → 出锅 → 灌装 → 封口 → 杀菌 → 贴标 → 成品

图 3 – 12　牛肉香辣酱工艺流程

3. 操作要点

（1）炖牛肉　将香料捣碎，用纱布包好，与牛肉等其他调味料一起煮沸，要求每100kg鲜肉加水300g，煮至六七成熟后，加入4kg食盐，小火炖2h即可。香料配比为：葱5kg、姜2kg、肉豆蔻200g、丁香200g、香叶200g、花椒200g、八角400g、桂皮400g、小茴香200g。

（2）炒酱　将油入锅烧热后，加入葱和姜，出味后加入辣椒，然后将黄酱、面酱、芝麻酱和糊精等加入，进行熬制。

（3）配料　分别将辅料用少量水溶化，在熬制后期加入，入保鲜剂、味精、单甘酯等可以直接加入，同时加入绞碎的牛肉和部分牛肉汤。快出锅时加入蒜泥、芝麻和辣椒红色素。

（4）灌装　将瓶子洗干净后，控干，利用80~100℃的温度将瓶烘干，然后进行灌装，酱体温度在85℃以上趁热灌装，可不进行杀菌，低于80℃灌装，应在水中煮沸杀菌约30min。

任务三　番茄沙司的制备

1. 配方

番茄泥10L、30%冰醋酸0.1L、砂糖6kg、食醋6L、食盐1kg、洋葱1kg、红辣椒50g、肉桂50g、多香果40g、丁香30g、肉豆蔻衣10g、大蒜10g。

2. 工艺流程

番茄沙司制备工艺流程见图3-13。

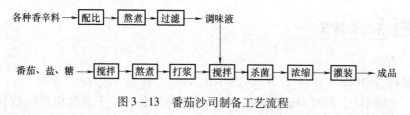

图3-13　番茄沙司制备工艺流程

3. 操作要点

（1）原辅料预处理　将洋葱外衣去除，切去根须，洗干净后切成细丝。葱头去掉外衣，并用斩拌机斩成细末。其他香辛料尽量清洗干净，然后粉碎。

（2）向夹层锅中加入适量的水和食醋、冰醋酸，再加入各种香辛料，加入煮沸后，加盖焖蒸2h，然后用纱布过滤，渣子应加适量水再煮一次，过滤取其汁，可以作为煮调味料的用水。

（3）将所有配料加入搅拌锅中，加热搅拌，待糖、盐溶化后打浆，通过约60目的筛孔过滤。打浆后加入调味液，搅拌煮沸后趁热灌装封口，先以50℃左右热水淋晒降温，再分段冷却至35℃灌装。注意的是空瓶要先清洗干净，倒置并用蒸汽进行消毒沥干。必要时还要用消毒液浸泡，并在无菌下进行灌装。

拓展与链接

调味酱生产常用的原料

调味酱的营养价值和品质很大程度上取决于原料，原料的品质状况直接影响制曲、发酵过程和最终产品的风味，合理选择调配原料是保证产品质量和风味的基础。因此，在选择原材料的时候要注意：①蛋白质含量高，蛋白质和碳水化合物的比例要适当，确保微生物繁殖的营养条件，更有利于制曲和发酵；②原料品质好，无毒无害无异味，保证酿制的产品营养好，感官品质好；③有丰富的产地资源和较低的价格，生产成本低；④便于综合利用处理，提高利用率和减少污染。

调味酱生产常见的主要原料有以下几种。

1. 蛋白质原料（大豆）

大豆是调味酱类生产中最主要的原料之一。大豆的主要成分见表3-6。大豆由于其营养价值和利用价值较高，已经被国际公认为植物油和植物蛋白的最好来源。除此之外，蚕豆、豌豆也是常见的原料。

表3-6　　　　　　　　　大豆的主要成分表

名称	蛋白质/%	脂肪/%	碳水化合物/%	纤维素/%	灰分/%	微量元素和维生素/（mg/100g）				
						钙	磷	铁	胡萝卜素	尼克酸
含量	35~45	15~25	21~31	4.3~5.2	4.4~5.4	367	571	11	0.41	2.1

2. 淀粉质原料（小麦淀粉）

小麦淀粉是酱类产品酿造淀粉质原料的最主要来源。小麦在世界上分布广泛。小麦粉营养较为全面，尤其富含丰富的纤维素物质，是人体重要保健功能成分。氨基酸组成中谷氨酸含量也高达30%以上。其他如玉米、甘薯、碎米等也可以作为酱类生产的淀粉原料。

3. 辣椒

辣椒又名番椒、海椒。味辛温，辣味重，有强烈的刺激性。辣椒是一年生草本植物，品种甚多，产地几乎遍及全国，它含有丰富的维生素C、胡萝卜素、蛋白质、糖类和矿物质、色素等。在辣椒酱中，通常选用上等肉厚色泽鲜艳的红辣椒为原料。

4. 食盐

食盐是酱类酿造的主要原料，它不但能使酱醅安全成熟，而且又是咸味的来源，与氨基酸共同作用可以产生鲜味。另外在发酵过程及成品中还可以起到防腐败的作用。

5. 白砂糖

白砂糖是最常见的甜味产品。生产白砂糖主要的原材料是甘蔗或甜菜。我国广西、海南、广东是主要的甘蔗产地。白砂糖不仅可以起到增味作用，而且可以食用与提供适量的热能。目前，部分酱类也有使用淀粉糖浆取代部分白砂糖的趋势。

调味酱生产中除了食用主料外，还要用到很多的辅料，主要有：

1. 番茄酱

番茄是一种多汁浆果。番茄酱是以番茄为主要原料经过破碎调配而制成的调味品。番茄酱富含维生素 C（一般为 $8 \sim 12mg/100g$）和胡萝卜素等物质。番茄酱色泽鲜红，酸甜可口，是西餐的重要作料，应用在复合调味酱中，可以增加产品的营养风味，调节色泽和感官。

2. 变性淀粉

变性淀粉也称改性淀粉。是经过化学处理或酶处理后使淀粉改变原有的物理性质（如黏度、色泽、味道和流动性等），使之更适应食品加工时的需要。在调味酱中它不仅是碳水化合物的重要来源，也可以起到改变产品物理性状和调节风味的作用。

3. 麦芽糖

麦芽糖是葡萄糖组成的双糖，主要由淀粉在麦芽糖淀粉酶的作用下水解而成，甜度约为蔗糖的 1/3。麦芽糖能够被酵母发酵，是调味酱中重要的糖质原料。

4. 甘薯片

甘薯又称番薯，地瓜等。它是酱类生产中很好的淀粉原料。同时，由于甘薯淀粉在酶的作用下很快转变为糖，所以不耐储存，通常切片脱水后作为调味酱等食品加工用。

5. 芝麻油

芝麻油是以芝麻籽为原料榨取的植物油。用它做调味酱辅料，具有滋补功能和特殊香味。

6. 大蒜

大蒜作为重要的调味酱辅料，要求蒜头味香辛辣，新鲜肥嫩，不干瘪，不发芽，无腐烂等。蒜头中含有约 30% 的干物质，其中蛋白质 4.4%，碳水化合物 23.6%，纤维素 0.7%。大蒜中含有约 2% 的挥发性油和蒜氨酸、蒜素等。这些成分既可以是美味，也可以起到天然杀菌的作用，还有健胃、驱虫等保健功能。

7. 洋葱

洋葱一般作为辣椒酱、番茄酱和蒜蓉酱的香辛料使用。分为红皮、黄皮和白皮三种。

8. 香辛料

香辛料是一类能够带给食品各种辛香、麻辣、苦甜等典型气味的食用植物香料的简称。它可以提供制备调味酱的风味物质，营养成分，增进食欲。还可以具有一定的杀菌防疫作用。

天然香辛料可以直接使用，也可以加工成浸提香精油、香料油及香精浸膏等二次加工品使用。

9. 酸味剂

食品中添加酸味剂可以给人爽快的感觉，还可以增强食欲，而且具有一定的防腐作用，有助于消化吸收。常见的酸味剂有醋酸，柠檬酸等。

10. 甜味剂

甜味剂是食品中重要的调味剂，可以分为天然和合成两种。天然甜味剂主要有蔗糖、麦芽糖、糖醇等；合成甜味剂主要有糖蜜素、安赛蜜、三氯蔗糖等。

11. 增鲜剂

增鲜剂也叫风味增强剂，主要指能使食品风味增强的一类物质。常见的有氨基酸、核苷酸等。

12. 增稠剂

增稠剂是一类胶体物质，在食品加工中起到增稠、悬浮、稳定乳状液等多项作用，可以有助于调味酱生产中工艺改进和产品质量的提高。主要有蔗糖脂肪酸酯、黄原胶、大豆卵磷脂、β–环状糊精等。

13. 着色剂

着色剂是具有鲜艳色泽的各种天然或化学合成的一类有色有机化合物，产品使用必须符合国家相关规定。着色剂在调味酱中主要起调色作用，使产品更具有漂亮的外观和特色。常用的着色剂有焦糖色素、红曲红、辣椒红等。

14. 防腐剂

防腐剂是具有对微生物起抑制和杀灭作用的一类物质。在调味酱中使用可以有效抑制微生物的生长，延长产品的贮存和食用时间。常见的防腐剂有苯甲酸钠（钾）和山梨酸钾（钠）。

项目九 ▶

液态复合调味料生产技术

� 学习内容

- 液态复合调味品的类型及特点。
- 液态复合调味品常见的制备方法及工艺要点。
- 液态复合调味品制备常见设备和问题处理。
- 液态复合调味品生产技术经济指标及质量标准。

1. 知识目标

● 掌握液态复合调味品的生产工艺。

● 掌握液态复合调味品的生产操作和设备选型。

● 熟悉液态复合调味品的生产管理和卫生质量管理。

2. 能力目标

● 能进行液态复合调味品的工艺设计和操作。

● 能解决常见液态复合调味品的生产问题。

● 初步具备液态复合复合调味品生产企业生产管理和质量管理的能力。

项目引导

一、概述

液态复合调味料是以两种及以上调味品为主要原料，添加或不添加其他辅料，加工而成的呈液态的复合调味料。一般包括汁状和油状复合调味料。汁状复合调味料是指以磨碎的鸡肉、鸡骨、鲍鱼等或其浓缩抽提物及其他辅料等为原料，添加或不添加香辛料、食用香料等加工而成，具有浓郁鲜香味的汁状复合调味料。汁状复合调味料包括鸡汁、牛肉汁、鲍鱼汁、香辛料调味汁等液态复合调味料。油状复合调味料包括蚝油、花椒油、各种复合香辛料调味油及各种风味复合调味油。

常见的液态复合调味料主要有鸡汁、糟卤及其他液态复合调味料。

二、液态复合调味料的生产

（一）复合调味汁的生产

1. 工艺流程

复合调味汁常见生产工艺流程见图 3 - 14。

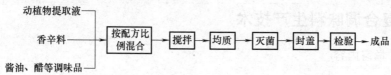

图 3 - 14　复合液体调味汁生产工艺流程

2. 操作要点

（1）香辛料预处理　香辛料一般包括姜、大蒜、葱、花椒等。首先是原料的选择，因为原料产地不同，产品的香气等品质有差异，要尽可能保证进货的产地稳定，要选择新鲜、干燥和无霉变的原料，对每批来料要进行检验，确保质量稳定；其次，原料在采收、保藏、运输的过程中会沾染许多杂质，要进行除杂，洗涤，然后再进行烘干；最后根据产品的用途和调配的原则，设计出产品的配方，按照配方称取不同原料，进行混合。

（2）动植物提取液制备　动植物提取液是指动物的肉汁、骨头浆、海鲜产品浸出液、水果蔬菜的榨汁等。原料都来源于各种畜肉、骨架、水产原料、植物原料等。根据原料的种类和成分、以及提取液的用途等，可以采取的方法主要有三种：物理性提取法、化学性提取法、酶解法提取。其中动物类提取和植物类提取的常见方法分别见图3－15和图3－16。

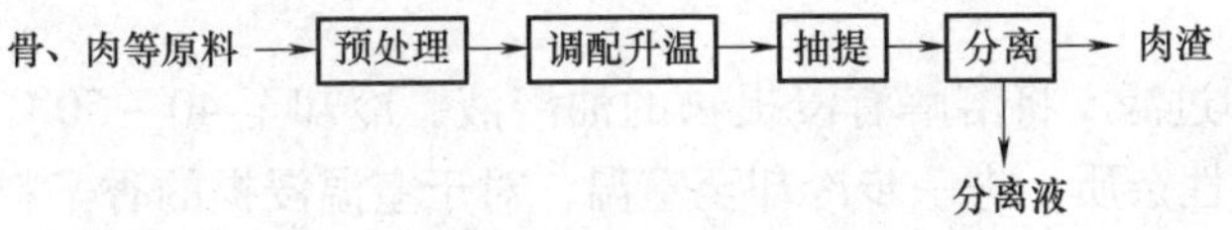

骨、肉等原料 → 预处理 → 调配升温 → 抽提 → 分离 → 肉渣
　　　　　　　　　　　　　　　　　　　　　　↓
　　　　　　　　　　　　　　　　　　　　　　分离液

图3－15　动物提取液常见生产工艺流程

原料 → 清洗 → 去皮 → 热烫 → 打浆

图3－16　植物提取液常见生产工艺流程

（3）调配　按照配方要求将原料汁液和其他各种辅料搅拌混匀。在混合过程中，可以进行适当的加热。

（4）均质　煮汁结束后，在汤汁中加入预先用温水润胀的增稠剂，搅拌均匀，然后再用胶体磨进行细磨、均质。保证了调味汁质量的均一和稳定，减少了油水和固液分离现象的发生。

（5）灌装及灭菌　经过均质后的调味液，进行灌装，然后灭菌，检验合格后作为成品入库。

（二）复合调味油的生产

1. 工艺流程

复合调味油的生产加工方法一般有两种：一种是直接将调味料与食用植物油一起熬制而成的具有某种风味的调味油；一种是用勾兑法，将选定的调味料采用水蒸气蒸馏法或超临界萃取法，将含有的精油萃取出来，再按照一定比例与食用植物油勾兑成某种风味的调味油。

复合调味油的生产工艺流程一般见图3－17。

原料　　　　　　　　　　　　　　　　　　　　　　　成品
　　　　→ 混合 → 加温 → 浸渍 → 冷却 → 过滤 → 调色 →
植物油或色拉油

图3－17　复合调味油生产工艺流程

2. 操作要点

（1）原料预处理　选用香辛料等原料要先分选、除杂、干燥，然后进行浸提。如果是新鲜原料则一定要经过清洗、切碎、磨细等前处理。植物油则要经过250℃高温进行脱臭处理。

（2）浸提　浸提方法一般采用逆流复合式浸提。对于辣椒、花椒等，则需要通过高温浸提，一般浸提油温度为100～120℃，原料与水的比例控制为2∶1，为提高浸提效果，一般要重复浸提2～3次。对于某些含烯、醛等芳香物质，则不能进行高温浸提，否则会破坏其香味。浸提油温一般控制25～30℃，重复浸提5～6次。

（3）冷却过滤　将溶解有浸提物的油溶液，冷却至40～50℃，过滤去除油溶液中的不溶性杂质，进一步冷却至室温，对于室温浸提的香辛料油，直接过滤即可。

（4）调和　分析浸提油中的成为，再按要求用浸提油勾兑调和。

任务一　鸡汁调味液的生产

鸡肉调味汁是指以磨碎的鸡肉、鸡骨或其浓缩抽提物以及其他辅料等为原料，添加或不添加香辛料和其他食用香料等加工而成，具有浓郁的鲜香味的汁状复合调味料。

1. 工艺流程

鸡肉调味汁常见生产工艺流程见图3－18。

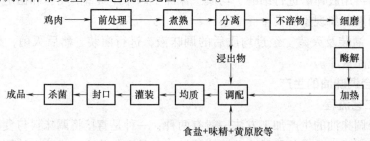

图3－18　鸡肉调味汁的生产工艺流程

2. 操作要点

（1）前处理　用65～75℃热水冲洗，去除油污、杂质等，然后切片。

（2）煮熟　原料与水按1∶1的比例配比，加入各种香辛料，将所用香辛料用纱布包好放于原料和水的混合物中煮熟，保持沸腾1h。

（3）分离　煮熟后的物料分离过滤，得到不溶物和浸出物。

（4）细磨　不溶解部分用磨浆机进行细磨，磨制过程中要同时加水，控制固形物含量在15%左右，然后再用胶体磨进一步细磨。

（5）酶解　将汁液调节 pH 至 6.8 ~ 7.5，保温至 35 ~ 37℃，加入 0.5% 的中性蛋白酶和胰蛋白酶，在搅拌条件下酶解 4 ~ 6h，然后升温灭酶。

（6）调配、杀菌　在酶解液中加入食盐、味精等辅料进行充分调配，然后灭菌。

任务二 辣椒油的生产

1. 工艺流程

辣椒油是以干辣椒为原料，放入植物油中加热而成。工艺流程见图 3 - 19。

图 3 - 19　辣椒油生产工艺流程

2. 操作要点

（1）配方　干辣椒与植物油质量比 1:（3 ~ 5）。

（2）选料　选用水分含量低于 12% 的红色干辣椒，要求强的辛辣味，无霉变和杂质。

（3）熬炼　将新鲜植物油加入锅中，大火致油沸腾，赶走不良气味后，停止加入冷却至室温。

（4）切碎　挑选好的辣椒用清水冲洗，切成小碎片。

（5）油炸　将切碎的辣椒放入冷却油中，不断搅动，浸渍 0.5h 左右。然后再加热至沸腾，炸至辣椒微黄褐色后停止加热。

（6）调色　停止加热后立即捞出辣椒，使辣椒油冷却，再经过勾调，即为成品。

蚝油的生产

1. 蚝油的生产工艺流程

蚝油的生产工艺流程见图 3 - 20。

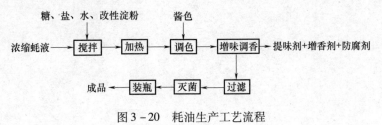

图 3 - 20　耗油生产工艺流程

2. 操作要点

（1）原料处理　鲜蚝去壳，在水中煮熟，使其中水分浸出，以便干燥成干蚝肉，将煮熟的蚝肉与汤汁分离后静置沉淀，取上清液过滤，使滤液通过120目筛孔，再经过浓缩成分低于65%、氨基酸高于1%的浓缩液，即可用来做配制。

（2）在夹层加热锅中加入所需的水，在搅拌情况下依次加入各配料，搅拌均匀后，夹层加热至沸腾，并保温20min。

（3）配料完毕后，以120目筛过滤灭菌，趁热灌入已洗净灭菌的瓶中。

（4）蚝油要求呈鲜、甜、咸、酸调和的复合味感，主要为鲜味，甜味为次味。

参 考 文 献

[1] 李平凡. 淀粉糖与糖醇生产技术. 北京：中国轻工业出版社，2012

[2] 李平凡. 食品企业安全生产与管理. 北京：中国轻工业出版社，2012

[3] 邓毛程. 氨基酸发酵生产技术. 北京：中国轻工业出版社，2008

[4] 邓毛程. 微生物工艺技术. 北京：中国轻工业出版社，2011

[5] 于信令. 味精工业手册. 北京：中国轻工业出版社，2009

[6] 于景芝. 酵母生产与应用手册. 北京：中国轻工业出版社，2005

[7] 董胜利. 酿造调味品生产技术. 北京：中国轻工业出版社，2005

[8] 尤新. 淀粉糖品生产与应用手册. 北京：中国轻工业出版社，1997

[9] 李艳. 发酵工业概论. 北京：中国轻工业出版社，2003

[10] 陈洪章. 生物过程工程与设备. 北京：化学工业出版社，2004

[11] 储炬. 现代工业发酵调控学. 北京：中国轻工业出版社，2002

[12] 岳春. 食品发酵技术. 北京：中国轻工业出版社，2005

[13] 苏冬海. 酱油生产技术. 北京：化学工业出版社，2010

[14] 杜连启. 酱油食醋生产新技术. 北京：中国轻工业出版社，2010

[15] 林祖生. 酱油生产技术问答. 北京：中国轻工业出版社，2007

[16] 包启安. 酱油科学与酿造技术. 北京：中国轻工业出版社，2011

[17] 刘明华. 食品发酵与酿造技术. 北京：中国轻工业出版社，2011

[18] 李鹏飞. 食用果酒酿造技术. 北京：中国社会出版社，2008

[19] 孙俊良. 食品生物技术. 北京：中国轻工业出版社，2011

[20] 陆广新. 现代食品生物技术. 北京：中国农业出版社，2002

[21] 田洪涛. 现代发酵工艺原理与技术. 北京：化学工业出版社，2007

[22] 胡洪波. 生物工程产品工艺学. 北京：高等教育出版社，2008

[23] 梅乐和. 生化生产工艺学. 北京：科学出版社，2001

[24] 陶兴无. 发酵产品工艺学. 北京：化学工业出版社，2008

[25] 白秀峰. 发酵工艺学. 北京：中国医药科技出版社，2003

[26] 严希康. 生化分离工程. 北京：化学工业出版社，2001

[27] 李平凡. 双酶法生产葡萄糖工艺优化研究. 现代食品科技，2008，24～26

[28] 李平凡. 超滤膜对谷氨酸发酵液过滤效果及清洗工艺研究. 四川食品与发酵，2008，Vol. 44，No22

[29] 李平凡. 超滤膜对谷氨酸发酵液除菌效果研究. 现代食品科技，2008，Vol. 24，575～577

[30] 李平凡. 谷氨酸发酵液对谷氨酸提取工艺影响研究. 食品工业科技，2010，06

[31] 李平凡. 谷氨酸发酵液对超滤膜通量影响研究. 中国酿造，2009，112～114

[32] 李平凡. 超滤膜对谷氨酸钠液脱色的工艺研究. 食品研究与开发，2008，Vol. 24，575～577

[33] 林祖生. 从生产工艺入手如何提高酱油的质量风味. 中国酿造，2010（09），13～15

［34］黄池都. 低盐固态与原池浇淋酱油工艺的比较. 中国酿造，2010（09），5～7

［35］蔡木易. 酱油市场发展趋势及生产企业的对策. 中国调味品，2001（08），3～6

［36］冯容保. 谷氨酸转晶浅述. 发酵科技通讯，2007（10）

［37］黄池都. 影响谷氨酸结晶的几项对因素及对策. 发酵科技通讯，2004（10）

［38］战宇. 氨基酸组成与调酸速率对谷氨酸结晶的影响. 食品与发酵工业，1999（10），46～49

［39］李平凡. 谷氨酸结晶控制探讨. 食品与发酵工业，2003（07），104～106